潜水の世界

人はどこまで潜れるか

池田知純 著

錘を利用して深度記録を目指す素潜りダイバー。
(Photo©Alberto Muro Pelliconi)

ステージにダイバーを乗せて降下させる。

洞窟を潜る。
(Photo©Gavin Newman)

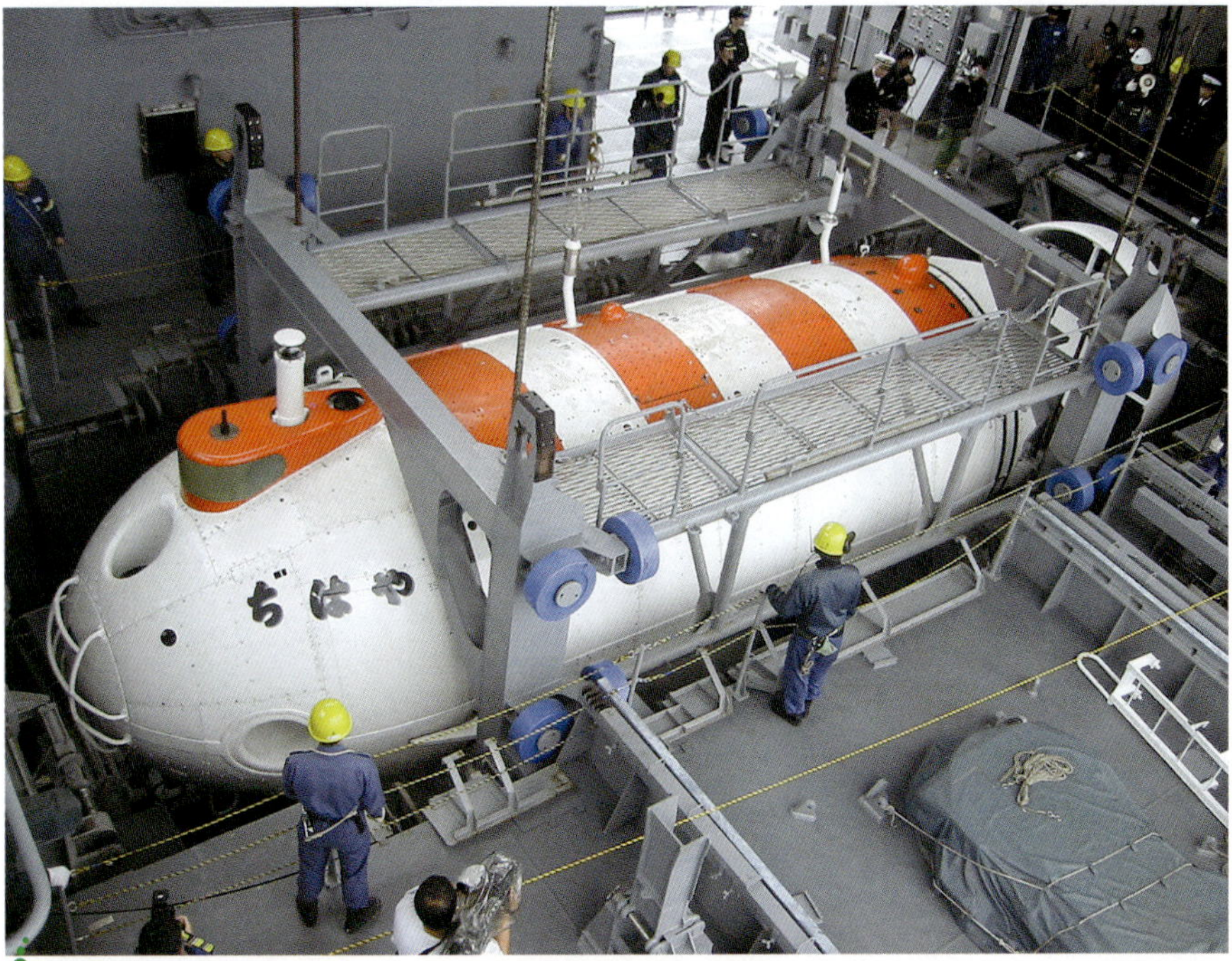

潜水艦救難艦「ちはや」から降下されるDSRV(深海救難艇)。

海中でプロペラの取り外し作業を行う。(Photo by Kevin Peters©Kirby Morgan Dive Systems,Inc.,)

(Photo © Gavin Newman)

潜水の世界——人はどこまで潜れるか

もくじ

第6章　バウンス潜水

第7章　大気圧潜水

序章

潜水学、事始め

人は生身の体でどこまで深く潜れるのだろうか？

このような質問を受けることがよくある。とりあえず、今までの実績からは七〇一メートル、と答えることにしているが、実際はそう単純ではない。

第一に、潜水にはざっと見ただけで、素潜り、スクーバ潜水、送気式潜水（ヘルメット潜水）、飽和潜水などがあり、どのような方法で潜るかによってその値が大きく異なってくるのは当然のことだろう。

また、人が潜る、ということは取りも直さず、人が後遺症もなく安全に大気圧に戻ってくることをも意味する。そのためには、空気のない水の中でどうやって呼吸をするか、水圧や水の冷たさにどう立ち向かうか、緊急時にはどのような対処をすべきか、などを考えておかねばならない。それらは、生理学的な許容レベルの把握、潜るための機材の開発、潜水手順の確立など、ソフトウェア、ハードウェア双方、多岐にわたる。

要するに、潜水とは規模は小さいながらも、典型的な学際分野の活動なのである。言い換えれば、医学や工学その他の分野の知識を総合して行うのが潜水という活動だ。[*1・2] そして当然、多くの人々の長い時間をかけた努力があってこそ、今の姿にまで至っているわけだ。

ところが、どういうわけか、わが国には総合的見地から見た潜水の書籍がほとんど認められない。たしかに、レジャー潜水の興隆に伴って、スクーバ潜水に関する本の出版数は以前とは比較にならないほど増えている。素潜りに関する書籍も多い。しかし、それらの記述は現象面を述べたものがほとんどで、潜水のメカニズムや開発過程にまで踏み込んだものは少ない。また、レジャーとは直接の関係がない潜水、具体的には送気式潜水や飽和潜水などについて体系的に書かれた書籍の数は極めて限られ、[*3]しかも学術書の体裁をなしているため、一般の目に触れることは皆無と言ってもよいほどである。

筆者は以前に『潜水医学入門—安全に潜るために』[*4]と題して、総合的な見地に留意しながらも主として医学面から潜水を見つめた書籍を出版したが、潜水そのものについては触れるところが少なく、特殊に過ぎる、というご批判をいただいたことがある。たしかに、拙著から潜水そのものをイメージすることは、前もって知識のある方以外には困難である。

そのようなところから、今回は素潜りから飽和潜水さらには大気圧潜水に至るまで、現在の世界で用いられているほぼすべての潜水について、潜水の方法ごとに複数の角度から記してみることにした。また、安全かつ効率的な潜水を行ううえで切り離せない減圧理論等いわゆる潜水医学に関する事項については、独立した章は設けていないものの、関連する場面でわかりやすく説明したつもりである。したがって、本書を読んでいただければ、潜水を専門としない方でも、日本では馴染みの少ない飽和潜水や大気圧潜水を含め、潜水全般について最低限の知識は得られるはずである。もっとも、潜水のより即物的な記述、例えば潜るに際してどのバルブを開いてどのレバーを押して、といった類についてはいっさい記していないことをあらかじめ申し上げておく。

ところで、本書では歴史的観点からの記述についても意を用いることにした。[*5]その理由の一つは単純に面白いからである。水の中に活動の場を拡げていくに際して人々がとった行動を筆者の胸の中にだけ収めておくのは勿体ない、日本のより多くの人々にもその面白さを味わっていただけたら、と考えたからである。現代のいわゆる科学の収穫逓減の時代と異なって、人が目に見える形で新しい世界に様々な形で挑戦していったダイナミックな姿を眺めるのは、ある意味で新鮮で印象的だ。そこからは、努力、意志、崇高、知能、冒険、名誉、欲望、打算、軽率、無知、等々、古今変わらぬ人の様々な性向や行為が浮き彫りにされてくる。

また、潜水の世界で日本人がなした業績についても、できうる限り触れることにした。本書を一読されればわかるとおり、本質的な意味で潜水の発展に日本人が寄与したところは寥々《りょうりょう》たるものであるが、それでもなおその航跡には、日本人ならではの捨てがたい趣がある。潜水という小さな分野の活動にも日本人の特性が如実に現れている、と考えるのはうがちすぎであろうか。

なお、用語は潜水の慣例に従っていることをお断りしておく。例えば、潜水場面における圧力は水深で表すこととし、フィートの単位も併記することとした。一気圧は深度一〇メートル（三三フィート）の圧力差に相当する。また、潜降と加圧、浮上ないし上昇と減圧は基本的には同じことを意味するので、用法に厳密な区別は設けていない。また、医学用語をはじめいくつかの専門用語の使用に際しては、能《あた》う限り一般にも理解できるように努めたつもりであるが、なお不明の箇所もあろうかと思う。それについては、やや詳しい索引を末尾に掲載することで補うこととしたので、ご理解いただきたい。さらに、通例に従って、人名については敬称をすべて割愛した。併せてご寛容を願いたい。

とまれ、本書は総合的見地に立ったうえで現在の潜水全般を概観した書籍であると自負するものであるが、如何せん非才《ひさい》の個人の能力には限界があり、どこまで所期の目的を達成できたか心許《こころもと》ないのが偽らざるところである。間違いも皆無ではないと思う。その際は、どうかご遠慮なく忌憚のないご意見をお寄せいただきたい。

本書が魅力に満ちた潜水と深い海の世界へのささやかな案内になれば幸甚である。

では、人々がそれぞれの夢を描いた海の中へどうぞ。

第1章……素潜り

潜水の基本は、やはり何といっても素潜りである。スクーバ潜水が普及するにつれて素潜りが軽視されるきらいがないでもないが、素潜りに習熟することによって水に慣れ、パニック等による事故を少なくすることができる。

この素潜りは基本的には何の用具も要らないので、非常に古くから行われている。そこで、最初にちょっと脇道にそれて、素潜りがいつごろから行われていたか、見てみよう。

◎素潜りの歴史

…最古のあかし…

「ナショナル・ジオグラフィック」誌の一九九五年三月号に世界最古のミイラの話が載っている。[*1] それは南米のペルー南部からチリ北部にかけての海岸沿いに定住していた現在チンチョロ（Chinchorro）と名付けられている人々の間で長く行われてきた風習で、最も古いミイラはエジプトのものよりも二〇〇〇年以上も前、紀元前五〇五〇年にまでさかのぼることができる。記事は、想像を絶するミイラの作成方法など（興味のある方は覚悟を決めて原文を読まれたい）、ミイラに関するものが主なものであるが、その中に本書の主題の一つである素潜りに関する記述も見られる。

それは、同じチンチョロに含まれる人々のうち、さらに古い年代の、今から九〇〇〇年も前に自然にミイラ化したアチャマン（Acha Man）と名付けられたグループが、日常的に素潜りに従事していたことを強く示唆する所見が得られたということである。

彼らの頭蓋骨を調べたところ、五分の一以上の割合で外耳の骨が外耳道の中に突出していることが見出された。これは、外耳外骨腫という外耳道の中に出現した良性の出っ張りで、サーファーやダイバーなど寒い環境に曝露《ばくろ》される機会の多い人に多く認められることが今ではわかっている。*2 一方、古代の人々は自分たちの栄養の多くを水の中から得ていたことが知られており、アチャマンの場合も例外ではない。実際に遺跡を見ても、貝などの海産物を主食の一つとしていたあとが歴然としている。したがって、このことは彼らが自分たちの外耳道が骨腫によって狭くなるほど頻繁に海に潜って海産物を得ていた、すなわち日常的に素潜りを行っていた、ということを間接的に示していることになる。

ちなみに、甚だしい外骨腫は外耳炎等の疾病を引き起こしやすくするので、この例は痕跡の認められた最初の職業病ということにもなる。

…古代の素潜り…

ところで、アチャマンの例は間接的にせよ潜水の証がある例、ということであるので、当然これよりももっともっと以前から素潜りは行われていたと思われる。海岸沿いに住んでいた人々の多くは寒冷地でない限り素潜りを行っていたと考えてもよいので、そうすると数万年以上前からということになるが、はっきりしたことはわからない。

手がかりになるのは、遺跡と神話や歴史書である。第二次大戦前に深海球（バチスフェア Bathysphere）で九二四メートルの深海に潜ったビーベ（William Beebe）が、一九三四年という早い時期に古代の歴史の主要部分を明らかにしているが、[*3]今回はそれに加えて素潜りダイバーのテリー・マース（Terry Maas）[*4]らや水中考古学者のロバート・マルクス（Robert F. Marx）の書籍、[*5]および野沢徹の手になる記事[*6]などを参考にして概観してみる。

アチャマンについで古い素潜りに関連した遺跡は、紀元前四五〇〇年ごろのものである。すなわち、メソポタミアのビスマヤ遺跡からは大きな真珠を象嵌《ぞうがん》した細工が発掘されており、また、紀元前三二〇〇年ごろのエジプトのテーベ朝の彫り込み装飾品には真珠貝の殻が大量に使われている。これらは、海に潜って真珠を採ることが仕事として成り立っていたことを示すものと言える。紀元前一五〇〇年ごろに栄えたクレタ文明、あるいはその後の紀元前一二〇〇年から七〇〇年ごろにかけてフェニキア人が栄えた文明にも、海の香りは濃厚に残っている。高貴とされる紫色の染料を得るためにホネガイ（murex）と呼ばれる貝を求めて潜っていたことが示唆されているし、当時の貴重な壺や花瓶、あるいはワイン用のゴブレットには、食用のエビやウニ、巻き貝やタコなどが、さながら海中で生きているように生き生きと描かれている。

神話や歴史書にも、素潜りに関連した様々な逸話が載せられている。中国の戦国時代（紀元前四〇〇年から同じく二〇〇年）に成立した『書経』には、中国の古代王朝「夏」の始祖と伝えられる禹《う》が紀元前二二五〇年ごろに真珠の貢ぎ物を受け取ったという記述がある。これは伝説に過ぎない、という見方もあるが、書経の成立状況を考えると信憑性のある部分も多いので、単にフィクションとして片づけるわけにはいかない。メソポタミアの場合と同じように、部分的であるかも知れないが、素潜りを行う職業集団がすでに存在していたことを示すものであろう。

ギリシャ・ローマ神話や歴史書にも、素潜りに関する記述が少なからず認められる。クレタ島に伝わるギリシャ神話によると、潜水の神として知られるグラウクス（Glaucus）は漁師だったと言われるが、これは深く潜ることのできる人物が英雄視され、ついには神にまでなったことを暗示する。[4] ヘロドトスの『歴史』には、スキュリアス（Scyllias）という名前のペルシャ側からギリシャ側に寝返った潜水の名手の話が載っている。彼は元々はペルシャのクセルクス王のもとで働き、沈んだ艦船から財宝を引き揚げるなどして活躍していたのが、王が彼を引き留めたのを嫌い、ある時化《しけ》の日に海に潜って脱走を図った、というのである。彼はその折、ペルシャ軍のガレー船の錨索《びょうさく》を切断し、船団を大混乱に陥れたとされる。また、ツキュディデスの『戦史』には、ペロポネソス戦争におけるシチリアのシラキューズ（Syracuse：シラクザ Siracusa とも綴られる）攻防戦に際して、海中に設けられた防御索を素潜りダイバーの集団が海に潜って鋸《のこぎり》で挽《ひ》き落としていったことが記されている。これらの記述からは、このころからすでに素潜りが食糧や真珠の採取のみならず、軍事あるいはサルベージにも用いられていたことがわかる。

『プルターク英雄伝』には、アントニウスとクレオパトラを主人公とした素潜りに関連する笑い話も残されている。あるときアントニウスがクレオパトラにいいところを見せようとしてダイバーを雇い、前もって針に獲物を引っかけそれを釣り上げていたのが、クレオパトラに見抜かれてしまった。しかし、クレオパトラは気づかない振りをして、次の日に自分の家来に命じて、アントニウスの針に塩漬けの魚をつけておいたところ、それと知らないアントニウスが意気揚々とそれを釣り上げてしまった、というのである。

…日本の海女…

閑話はさておき、海女の伝統がいまなお脈々と承け継がれているわが国に目を転じてみよう（図1-1）。以下は、主として民俗学的方面からの海女の研究の第一人者である田辺悟によるところが大きい。[7・8]

四界を海に囲まれたわが国の海岸地方では、主な食料を海から得ていたと考えられ、全国各地に貝塚の遺跡が散在している。それらの貝塚で認められる主な貝には、内海ではハマグリやアサリなど、引き潮のときに手軽に手が届くいわゆる潮間帯の生物が多いが、一方、岩礁帯ではアワビやサザエなどが蛋白質となる主な貝種である。ところが、アワビやサザエは褐藻類を主食としていることから、ある程度の深さに棲息していることが多い。少なくとも、潮間帯の深さではない。したがって、これらの貝を採取するためには、常識的に考えて素潜りの手段によることが最も効率的である。つまり、アワビやサザエの貝塚は、素潜りが通常に行われていたことを間接的に示すことになる。

このような遺跡を、酒詰仲男は昭和三十六年（一九六一）にまとめている。*9 それによれば、アワビが出土した遺跡は一一一例、サザエのそれは一〇三例を数え、時代は縄文から弥生にわたっており、場所は縄文文化が栄えていた関東のものが多い。なかには、アワビを岩礁から剥がす鹿角あるいは鯨骨製のいわゆるアワビ起こしの道具も認められ、盛んに素潜りによる採取が行われていたことをうかがわせる。

このように活発に海中での採取が行われていたわが国の状況は、中国の史書にも反映されている。わが国では『魏志倭人伝《ぎしわじんでん》』として知られているところの、魏・呉・蜀の三国の歴史である『三国史』の中の「魏志東夷伝《とういでん》」がそれで、ちょうど三世紀ごろに書かれた書物である。そこでは、体に入れ墨をした男子が好んで水に潜って魚やアワビ（魚鰒）あるいはハマグリ（蛤）をとらえる、とある。ただし、『魏志倭人伝』の記事の信憑性あるいは資料的価値については近年疑義が出されており、これがわが国の海人《あま》の姿を表したものとは必ずしも結論づけられない。

一方、わが国で記された記録をみると、当然時代は下がるものの意外に多く、記紀、万葉あるいは風土記、さらには地方の伝説などに再三にわたって海女に関する記述が見られる。また、租税にもアワビと明記されているものがあり、素潜りによる食料の採取が広く行われていたことをうかがわせる。詳細は前記、田辺の著作を参照されたいが、一首だけよく知られている万葉集の歌を示しておこう。

伊勢のあまの朝な夕なに潜《かづ》くとふ
あはびの貝の片思ひにして（二七九八）

ただ、ここで注意をしておかなければならないことは、現在ではアマという言葉に海女という漢字を当てはめることが多いことから、素潜りで食料採取を行うのは専ら女性であるという先入観があることである。しかし、アマは必ずしも女性に限るものではなく、男のアマも多く、特に磯付《いそつき》の魚をとる潜水漁はむしろほとんどが男性によって行われている。海士という字を充《あ》てて、アマと読むことが多い。田辺によれば、菜園から食料を採取するのに似ているアワビやサザエ採りは忍耐強い作業のためか女性が多いのに対し、タコや魚を素潜りで取ることは狩猟の要素を含んでいるために男性が多いのではないかとしている。また、東日本においては職業として女性が潜るようになったのは意外に新しく、明治期に伊勢志摩方面から伝わったもので、それ以前は男が潜っていたと、田辺は結論づけ

図1-1　三重県神島の海女（昭和30年ごろ）。左下の図は夫が引き揚げる索につかまって浮上したもので、「ふなど」といわれる。エネルギーの消費が少なく、深く長く潜ることができる（提供：池田お文）。

ている。さらに、江戸期の浮世絵などには専ら女性の海女が描かれているが、これは必ずしも男性のアマがいなかったことを示すのではなく、いわば合法的に裸の女性を描く手段として海女の姿が用いられたことによるらしい。そのためか、そこで描かれている海女はアワビ起こしの代わりに大工用のノミを持つなど、現実の姿からはほど遠い。また、海女の姿は明治以降、図1-2に示すように主に風俗的な観点から変遷しており[*10]、現在はほとんどがウェットスーツを着用して潜っている。ちなみに、アマという言葉は本来は必ずしも潜る人のみを意味するのではなく、漁撈者はもちろんのこと、製塩業や航海活動など、広く海に関係した活動によって生活する人々全般を表す言葉として用いられていた模様である。

…レジャーあるいはスポーツとしての素潜り…

海女に代表される古来からの素潜りは現在に至るまで連綿と受け継がれているが、その一方でこれまでとは異なった面を有する素潜りが近年盛んになっている。以下の記述のうち歴史的な側面に関するも

図1-2　海女の着衣の変遷（Rahn 1965[*10]）。

のは、前記マースらによるところが大きい。*4

それは、レジャーないしスポーツとしての素潜りである。もちろん、従来の素潜りにもそのような要素がなかったわけではないが、それを意識の前面に押し出した素潜りが盛んになったのは、日本では第二次大戦後、たかだか五〇年来のことに過ぎない。

アメリカではそれより若干早く、一九三三年カリフォルニア州で素潜りのクラブが結成されたあたりが、その濫觴《らんしょう》であったようだ。彼らは自らを「海底の引っ掻き屋（Bottom scratcher）」と呼んで、クラブ入会の資格として、一回の素潜りで三個のアワビを採ること、一〇ポンドのロブスターを捕まえること、素手でサメと格闘すること、などを設けていたらしい。また同じころ、アメリカの「サタディー・イブニング・ポスト」の人気記者であったジルパトリック（John Guy Gilpatric）が南仏から素潜りの体験談などを魅力たっぷりに連続して送ったことなども、素潜りが盛んになる大きな要因であったらしい。

このような傾向は第二次大戦の終結とともに一気に盛んになり、一九五〇年ごろに素潜りの隆盛を示す象徴的な出来事が集中して起こっている。主なものを挙げておくと、その一つは現在も引き続いて刊行されている「スキンダイバー・マガジン」が発刊されたことと、もう一つは最初の魚の銛《もり》突き競技（スピア・フィッシング）が開催されたことで、いずれも一九五〇年のことである。スピア・フィッシングの結果が派手にマスコミに報道されるとともに、詳報が「スキンダイバー・マガジン」に発表され、お互いに刺激し合って、素潜りを身近なスポーツあるいはレジャーとして認知することに大きく関与することになったようである。なお、「スキンダイバー・マガジン」によって提供される情報の質量は、日本の同種雑誌と比較にならぬほど高度でかつ幅広く、素潜りだけでなく広く潜水全般の知識向上にも大きく役立っている。また、素潜りで潜ることのできる深さを競い合う、いわば記録を目的とした素潜りが最初に公衆の前で行われたのも一九四九年のことであり、三〇メートルまで潜っている。さらに、冷たい水の中で快適に潜るのに欠かせないウェットスーツが開発されたのも一九五一年のことである（素潜りで重宝する面マスク、フィンおよびスノーケルの、いわゆる三点セットが開発されたのはもう少し以前のことであるが、のちほど装具の項で詳述する）。

このように、ちょうど朝鮮戦争のころから素潜りが盛んになっているが、日本は若干遅れたようである。当時はむしろ海洋開発の一環として、潜水探測機の建造、米海軍の研究者によるスクーバ潜水の展示等が大きな反響を呼び、素潜りそのものが話題になるのはかなり後のことだ。日本で最初のスピア・フィッシング競技が開催されたのは、昭和四十年（一九六五）のことである。もっとも、その後の漁協とのトラブルや動物愛護などの風潮から日本におけるスピア・フィッシングは次第に下火になり、現在では行われていない。

なお、一九七六年にフランスのジャック・マイヨール（Jacques Mayol）が素潜りで初めて深さ一〇〇メートルを超える潜水を行ったことで、先に触れた到達深度を競う素潜りも日本でも俄然注目されだしたが、それについては素潜りに関連する装備および生理を概観してから記した方がわかりやすいので、項を改めて述べることにする。

ところで、素潜りは英語で breath-hold diving、これをそのまま訳して「息こらえ潜水」、あるいは「スキンダイビング」とも呼称されてきたが、最近では「フリーダイビング」と言われることが多い。この場合、その語感から、息こらえの意味に加えて、束縛をできるだけ小さくした自由な潜りのニュアンスが含まれているのではなかろうか。したがって、この言葉はより若い世代に好んで使われる傾向があるようだ。

◎素潜りに用いる装具

このように素潜りは有史以前から連綿と受け継がれてきているが、しかし、その間における潜水技術あるいは装具の進歩発展は遅々たるものであったのが実状である。我々が現在イメージする素潜りは、面マスク

（水中めがね）、フィン（足ひれ）およびスノーケルのいわゆる三点セット、さらにはウェットスーツをつけて潜る姿だが（図1-3）、それらのほとんどはここ半世紀ぐらいの間に考案実用化されたものばかりだ。面マスクを着けることによって水中視力は格段に向上し、フィンによる推力は素足によるものとは比較にならないほど大きく、スノーケルを活用することによって顔面を水上に出すことなく呼吸を続けることができるので、今や器具を用いない素潜りというのは想像しがたいほどである。また、ウェットスーツを着ることによって冷たい水の中でもそれまでとは比べものにならないくらい長時間活動できるようになった。しかし、これらの簡単な器具の原理や使い方についても意外に正しく認識されているとは言えないので、開発の歴史的展望も含め簡単に触れることにする。[*4]

…面マスク…

面マスクについて記す前に、「ものを見る」ということについて述べておこう。

大多数の人は、外界の像から発せられる光を眼球の水晶体といわれるレンズで屈折させ、そのままカメラのフィルムにあたる網膜に投影することによって、ものを見ていると思っているのではないだろうか。しかし、これは正しいようでいて正しくはない。

光の屈折の過半は水晶体で行われるのではなく、水晶体をカバーしている角膜によって行われている。そうすると、水と角膜の屈折率はほぼ等しいので、水の中では光が十分屈折されずに網膜のはるか後ろ

図1-3　三点セットをつけた素潜りダイバー（提供：雑誌「ダイバー」、撮影：須崎康雄）。

に像を結ぶことになる。このような理由によって、視力が低下するわけだ。
もし、主に水晶体で光を屈折することによってものを見ているとしたら、水晶体は角膜によって覆われているので水とは直接関わりがなく、水の中でも面マスクを着けないでもものがはっきりと見えるはずである。水の中でものが見えなくなるのは、何となく水が邪魔をするので見えにくくなるのではない。また、見える大きさも水中と空中とでは異なり、水中ではおよそ一・二倍から一・三倍に大きく見える。さらに、色も青みがかってくる。水中で出血すると青い血が流れているように見える。

従来の面マスクは、図1-4に示すように、簡単な構造のマスクが多かったが、現在では新しい素材を用いて、視界が広く軽量でより顔面にフィットしたマスクが主流になっている。

面マスクの使用で注意すべき点が一つある。それは、マスクと顔面で囲まれた空間の圧力を周りの海の中の圧力と等しくしておかなければ、顔面や眼球のスキーズ（締め付け）という圧外傷に罹患《りかん》することだ。

人間の体は体にかかる圧力が均等であれば、七〇〇メートルを超える深度に潜っても明らかな障害を来さないが[*11]、内部の圧力が均等でなければごくわずかな圧力差でも圧外傷という疾患に罹患する。多くの人は二〜三メートルも潜れば耳が痛くなってくるのを自覚するが、これは鼓膜を隔てた耳の内外、すなわち外耳と中耳の圧力に差が生じてくることから出現する。この外耳と内耳の圧力が不均等になるのと同じことが面マスクで囲まれた顔面に起こる

図1-4　新旧両タイプのマスク。

わけで、これを防止するには深く潜るにつれて面マスクの中の圧力を増加するようにしなければならない。

では、この面マスクの中の圧力を増加させるにはどうしたらよいかというと、今では誰でも簡単に鼻から息を出してマスクの中に空気を送り込めばよいではないか、と思うかも知れないが、そうは一筋縄にはいかなかったのが実状である。鼻と眼を一緒に覆うだけの広さのガラスを組み込んでそれを顔面に密着させるような方法が容易には見つからなかったのだろう。先に述べたカリフォルニアの「海底の引っ掻き屋」に関する叙述をみても、初期のころに彼らが使用した面マスクはいわゆる水中メガネで、鼻を覆うようになっておらず、面マスクの中を均圧しようにも術《すべ》がなかったのである。彼らは痛みをこらえながらその状態で三〇フィート（約九メートル）以上潜っているのだが、実際にそのときはどうなったのであろうか。図1-5は競泳用の水中メガネを着けて一〇メートルの深さまで潜った海上自衛隊の潜水医官の写真であるが、眼球結膜が圧外傷のために真っ赤になっている[*12]。「海底の引っ掻き屋」たちが実際にどのような羽目に陥ったかは、これから推して知るべしだろう。鼻を含んだ面マスクを最初に構想したのは、一九二七年、フランス人ジャック・オマルシャル（Jacques O'Marchal）だと言われている。しかし、それが一般に広まっていったのは、一九三八年に別のフランス人マキシム・フォリオ（Maxim Forjot）が特許を取って売り出してかららしい。

ここでぜひ触れておかなければならないのが、この問題をはるか以前に実に巧妙に解決したのが、わが国の海女だと言うことである。以下は主として前記田辺[*7・8]による。

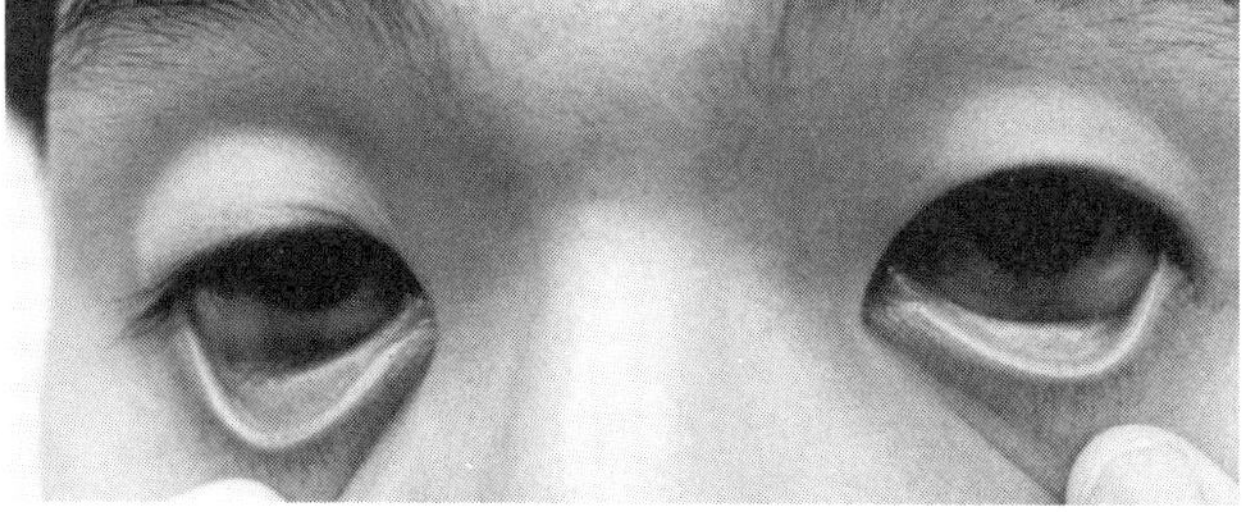

図1-5　眼球結膜の圧外傷の例。白い結膜がすべて赤くなっている。

図1-6　空気袋をつけた二眼式の潜水めがね（中村由信 1978[*13]）。空気袋の取り付け部がよくわかる。

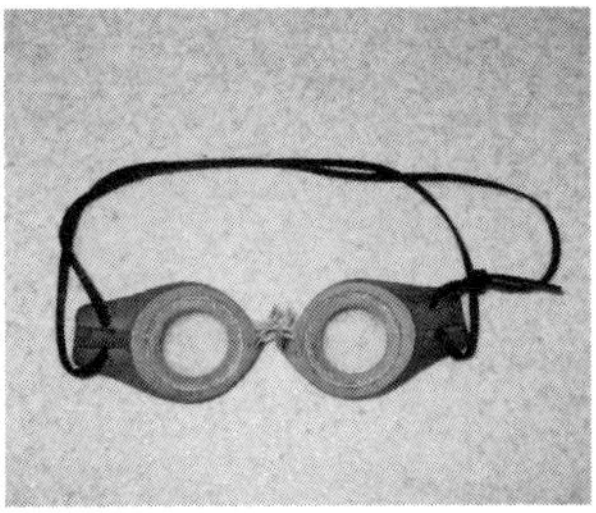

図1-7　沖縄で使われている二眼式の潜水めがね（望月昇所蔵・著者撮影）。

誰がこの巧妙な解決方法を思いついたのか、今となっては知るべくもないが、そもそも日本の海女は従来は「潜水メガネ」を着けずに素眼《すめ》で潜っており、潜水メガネを使いだしたのは明治十年（一八七七）から十五年（一八八二）ころではないかと言われている。それが、早くも明治二十三年（一八九〇）刊行の『熊本県漁業史』に、面マスク内外の圧力の問題を簡単に解決する方策が記されている。それがそこで初めて見出されたものか、それとも他からの伝播によるものなのかはっきりしないが、いずれにしても極めて早い時期に一般に実用化されたことに間違いはない。

その方法は図1-6[*13]に示したように、二眼式の潜水メガネの両端に当初は皮や腸で作った空気袋を着けて潜るというものである。そうすると、深度の変化に応じて外界の圧力も変動するので、空気袋の容積も変わり、深く潜れば空気袋が圧縮されてその中の空気がメガネの中に送り込まれ、メガネの内外の圧力が自動的に均等になる、というわけだ。言われてみればコロンブスの卵と同じで簡単なことであるけれども、世界中で誰もこの方法を思いつかなかったらしい。しかし、この方法が奏功するためには、空気袋に比較して面マスクと顔面とで囲まれる容積が小さくなければならない。したがって、マスクで囲まれる容積が二眼式に比較して大きい一眼方式の面マスクでは、必ずしも十分に均圧されるわけでもなかったようだ。

ここでついでに、面マスクそのものがいつごろから使われだしたのか、触れておこう。加工の容易さから、古い面マスクはすべて二眼式の潜水メガネである（図1-7）。浅いところでは空気袋のない二眼式メガネでも十分通用するらしい。現に沖縄では今でも二眼式の潜水メガネで潜水漁業に携わっている人がいる。日本で最初に使われたのは先に記したように明治十年以降であるが、他ではもっと早くから使われてきたようだ。いつごろから使われ出したか、はっきり記述した資料は不詳であるが、野澤によると十六世紀のヨーロッパの絵画に明らかにメガネを着けたダイバーが珊瑚《さんご》を採っている絵がある。[*6]また南米ペルーから出土した紀元二世紀の壺には魚を手にした人間が明瞭に描かれているが、その顔は水中メガネを着けた状態を示しているとされる。[*4]このように潜水メガネそのものは意外に古くから使われてきたように思われる。

面マスクの項の最後に、安全の面から次のことをぜひ言っておきたい。というのは、先に触れたように新しいタイプのマスクは顔面にフィットし外れにくいところから、マスクが外れることを想定しておらず、外れた場合の訓練も受けていないアマチュア・ダイバーがいることだ。海中でマスクが外れた場合、訓練を受けていないと高い確率でパニックに陥ると思われる。海中でマスクを取り外し取り付ける訓練、とまではいかずとも、せめてその経験はしておいて欲しい。

…フィン…

フィンは足ひれのことで、これを履くことによって推進力は著しく増える（図1-8）。脚力に自信があるダイバーは大きく硬いフィンを好んで履く傾向があるが、実際にフィンによる推力を測定してみたところ、体力のある人でも滑らかでしなやかなフィンの方が大きかったという報告もあり、硬いフィンが必ずしも効率的というわけではないことを知っておいた方がよいだろう。素潜りを本格的に行う人にとっても、やはりそれなりにしなやかなフィンの方が潜りやすいようである。また、日頃からあまり運動しておらず体力に自信のない人は、ほどほどの大きさのフィンにしておいた方がよい。無理をすれば脚の筋肉を痛めてしまう。図1-9は素潜り愛好家の姿である。いかにもプロフェッショナルなフィンが印象的である。

このフィンも、ダ・ビンチの絵などにアイデアが描かれていることもあるが、素潜りにおいて広く用いられるようになったのはそんなに古いことではない。アメリカ人のオーウェン・チャーチル（Owen Churchill）がタヒチ島の住人が用いている装具からヒントを得て商業化したのが実質的には最初であるとされており、それは一九三八年のことである（フランス人ルイ・ドコルリュー Louis DeCorlieu が、水面を泳ぐためのスイム・プロペラというフィンによく似た装具のパテントを一九三三年に獲得していることがのちにわかった）。チャーチルはフィンの大量生産を行って素潜りの普及に大きく寄与することになって、アメリカのフリーダイビング競技のトロフィーにその名を残している。そのほかに第二次大戦中の英米海軍もフィンを採用することになって、のちに黒づくめのフロッグマンとして知られる海軍の潜水水中処分部隊の創設にフィンは一役買っている。また、最近では、二本の足で一つのフィンを動かす、いわゆるモノフィンも開発され、その競技も広く行われるようになっているが、実用の面からは左右別々のフィンに劣るであろう。

…スノーケル…

スノーケルはシュノーケルともいわれ、ドイツ語で「いびきをかく」あるいは「鼻」を意味する語から来た言葉であるが、直接の語源は第二次大戦中のドイツ海軍のUボート（潜水艦）が空気のない海中でもディーゼル主機を運転できるように考案した、空中の空気を取り入れる装置をスノーケルと呼んだのに由来する。潜水で用いられるスノーケルも原理は同じで、これを用いることによって顔を水面に上げることなく息を続けることができる。

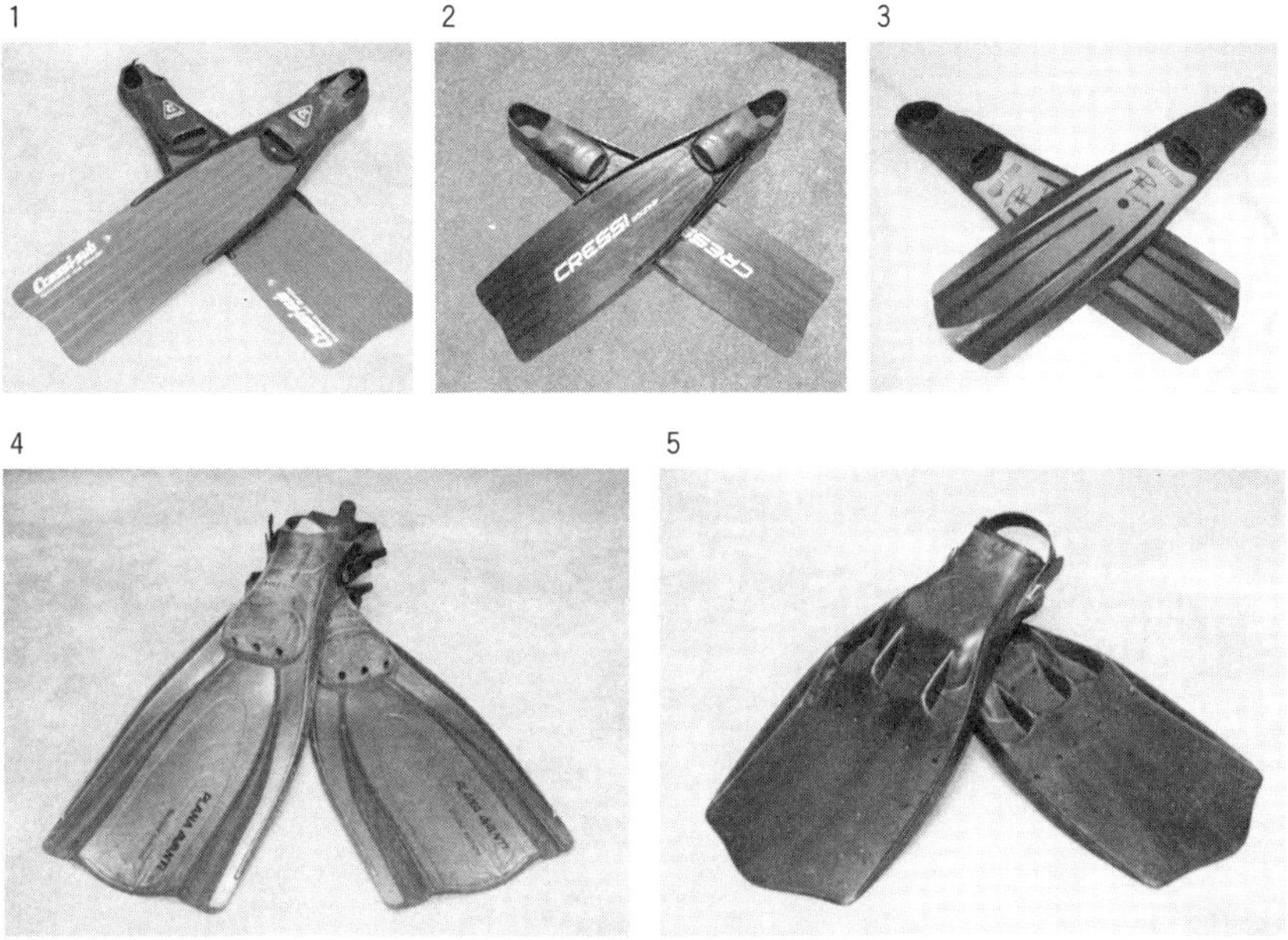

図1-8　様々な形状のフィン（提供：西部陽右）。1〜3 は、使い勝手がよく素潜りの愛好家がよく使うもの、4 はプラスティック製、5 は米海軍などで使用されている。

図1-9　素潜り愛好家の姿（提供：西部陽右）。プロフェッショナルなフィンが印象的である。

したがって、スノーケルは素潜りやスクーバ潜水ではほとんど必須の装備品として重宝されており、スノーケルを用いた素潜りに対してスノーケリングという言葉が用いられるほどである。しかし、誰が最初にスノーケルを潜水に用いたのかというと、これもはっきりしない。はっきりしているのは、前出のフランス人マキシム・フォリオが、面マスクの特許を取ったのと同じ一九三八年にスノーケルの特許も獲得したことである。それ以来、徐々に普及していったらしい。この装具は最初は「水中・水面呼吸管」と称されており、スノーケルという言葉が広く使われるようになったのは右に触れたように第二次大戦後からである。

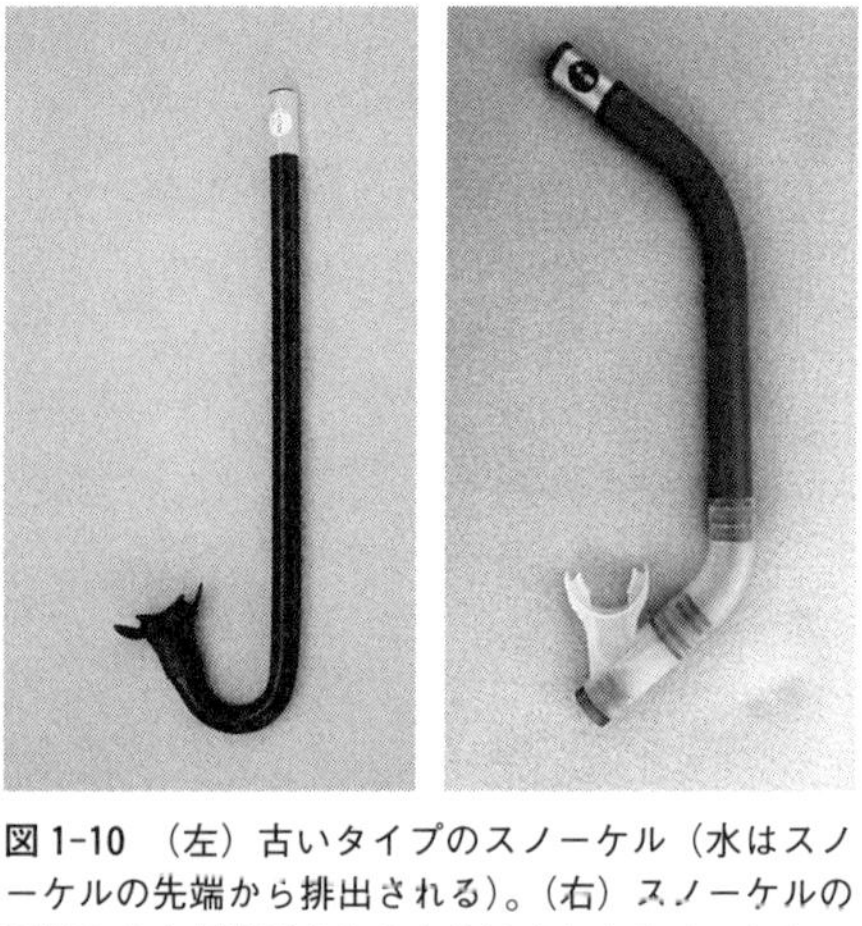

図1-10 （左）古いタイプのスノーケル（水はスノーケルの先端から排出される）。（右）スノーケルの下部から水が排出されるようにされたスノーケル。

スノーケルを考えるに当たってまず第一に知っておかなければならないことは、管の部分が呼吸抵抗になることだ。水が入らないようにと管を長くすると、電線を長くすると電気抵抗が増えるのと同じで、呼吸抵抗が増加する。かと言って、抵抗を減らす目的でスノーケルの内径を太くすると、スノーケル内の容積が増加し、中の水を排出するのに苦労することになる。またスノーケルには死腔《しこう》の問題もある。人が呼吸をする主目的は酸素を体内に取り入れて炭酸ガスを排出することにあるが、これは肺胞《はいほう》といわれる肺の中でのみ行われるので、空気が肺胞に至る途中の気管などの経路はガス交換に直接関与しない。ガス交換に関与しない部分を死腔というが、死腔の容積は少ない方がガス交換は効率的になる。そうすると、スノーケルを装着した場合、ガス交換には関与しない管の中を空気が往復するので、死腔が増加し、ガス交換の効率は低下する。呼吸抵抗と死腔の増加の二つはいずれも、酸素の取り込みと炭酸ガスの排出を阻害するように働く。

原理としては単純なスノーケルにも様々な改善が施されている。そのうち、最も大きな変化は図1-10右に示したように、スノーケルの下部に一方通行になった排水弁が取り付けられたことだ。以前の古いタイプのスノーケル（図1-10左）では、管の中に侵入した水を排出するためには勢いよく息を吐いて管の先端から排水しなければならなかったのが、この弁があると、軽く息を吐くだけで、重力の関係から水が弁を通って排出されることになり、たいへん便利になった。さらに、強く吐いたときは呼気の一部も排気され、死腔を軽度ではあるが減少させることにもなる。

また、スノーケルの先端から水が侵入しないようにするためにも、いろいろと工夫がなされている。図1-11は、キャップ構造を付けて少々の水は管の外側を流れ、内部には水が入りにくいようにしたものである。

ところで、管の中へ水が入らないようにするには、そのように回りくどいことをせずとも、単純に管の先端に水の中では閉じる弁をつけたらよいではないかと思われそうであるが、それは一般に想像するほど容易なことではなかったのである。なぜならば、スノーケル先端にピンポン玉を囲ったような弁構造を装備したスノーケルを開発したところが、たしかに先端が水の中にあるときに水は入らないものの、先端が空中にあるにも拘わらず弁が開かず、空気を吸い込めなくなって死亡する事故が無視し得ない頻度で発生したのだ。その結果、日本ではその種のスノーケルはほとんど見られなくなっている。

しかし、アメリカでは若干事情が異なっている模様なの

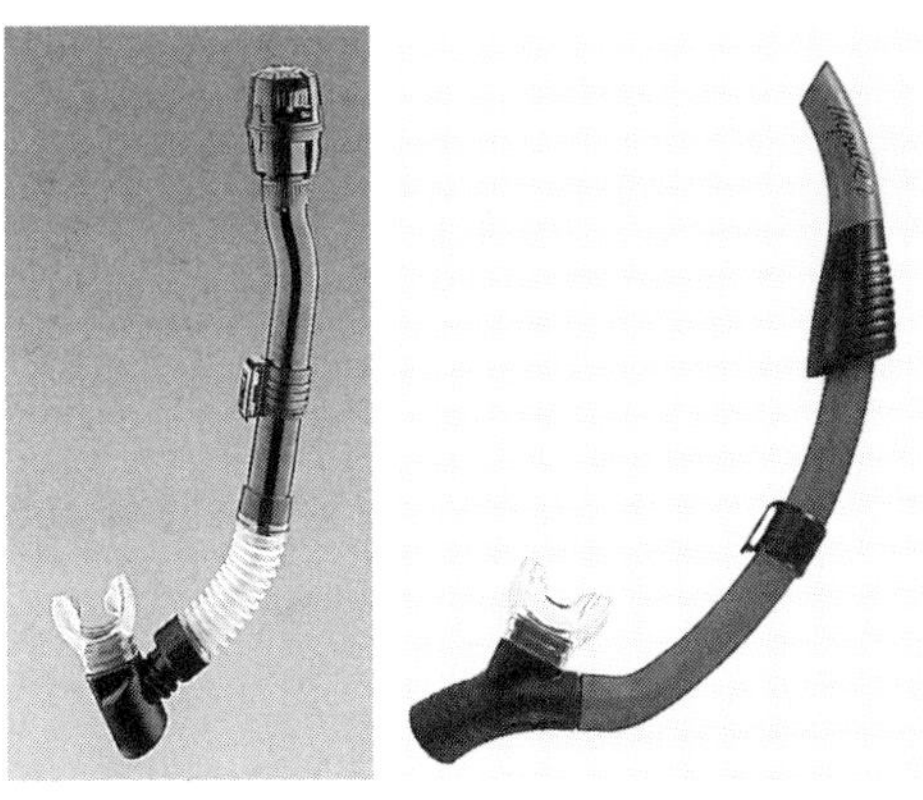

図1-11（右）　先端から入った水が中央部の仕掛けにより管の外を通って流れ出るように工夫されたスノーケル（提供：日本アクアラング）。
図1-12（左）　水が入らないようにされた、いわゆるドライスノーケル（提供：Ocean Master）。

で紹介しておこう。というのは、アメリカではドライスノーケルというのが一般化しており、人出の多い公的な公園などで貸し出されるスノーケルもそのタイプになっているところが多い。先端が外筒で覆われたような形をしているこのスノーケル（図1-12）を使ってみると、たしかに快適で、スノーケル先端を水没状態にして力いっぱい息を吸い込んでみても水は入ってこない。もちろん空気は吸えないが、水を吸い込んでしまうという不快な経験はしなくてすむ。もし、このいわゆるドライスノーケルの安全性が確実に保証されるのであれば、これを使わない手はないと思われる。ごく初心者でも、水を飲み込むことなくスノーケリングを楽しむことができるようになるだろう。

ドライスノーケルを製造しているオーシャンマスター社によると、フロートと平板な弁が組み合わされた形の構造物がスノーケルの先端に設置されており、スノーケルが空中に出ると半ば強制的に弁が開く機構になっているらしい。そして、過去一一年の間に弁が開かなくなった不具合は一例も生じていない、と言っている。一方、ドライスノーケルを用いて深く潜ると、スノーケルの構造内の圧差が大きくなり問題が生じる可能性がある、とも述べている。したがって、深く潜るスクーバ潜水にこれを用いてよいか否かについては、筆者は判断を留保しておきたい。

ところで、右に述べたことと若干矛盾するかもしれないが、面マスクと同様、安全のために次のことを特に記しておきたい。それはスノーケリングそのものよりも、むしろスクーバ潜水を行ううえでのスノーケリングの役割である。というのは、スクーバ潜水における死亡事故のほとんどは溺死であるとされており、その原因の一つとして面マスクやマウスピースが外れた場合にパニックに陥ることが考えられている。しかし、もしスノーケルを用いた潜水訓練を行って、管の中に水が入っても余裕をもって対応できるような経験を積んでおけば、言い換えれば、水に十分慣れておけば、パニックに陥る可能性も少なくなるのではなかろうか（このためには、ドライタイプよりも通常のスノーケルの方が目的にかなうが）。スクーバ潜水を始める前にスノーケリングの経験を十分つけておくことを強く勧めておきたい。

余談ながら、スノーケルに関してわが国の忍者の秘伝やダ・ビンチの絵の中に似たようなアイデアが認められるが、実際に用いられたとは思えない。というのは、人が呼吸をするためには呼吸筋を動かして空気を肺の中に取り入れなければならないが、それを水中で行うことはそれほど簡単なことではないからだ。なぜならば、スノーケルを介して肺は大気と直接に繋がっているために、肺内の圧力は大気圧に等しい。ところが、肺を収めている胸部は水の中にあるために、肺には外側から胸の水深と同じだけの力が加わっていることになる。すると、普通の呼吸をするためにもこの水深の圧力だけの余分の力が必要になってくる。実際に、水深わずか七五センチほどの浅さでも、この作業を一時間も続けることはできず、深さが二メートルにもなれば数分で意識を失ってしまうだろう。*14 したがって、スノーケルを用いて長時間にわたって水中で呼吸をすることは、海面にうつぶせになって浮かんだ場合のように水圧差が少ない場合にのみ、実現可能である。

…ウェットスーツ…

現在、素潜りでよく用いられている装具のうち、いちばん最後に出現したのがウェットスーツで、一九五一年のことである。もちろんウェットスーツがなくても素潜りは十分楽しめるが、そのままでは冷たい水の中での活動に限界がある。今では想像できにくいけれども、先に記した米海軍のフロッグマンたちも寒さには苦労している。のちに述べるスクーバの導入によって暖かい海の中での活動能力は飛躍的に向上したものの、少し冷たい水の中で満足のいく活動をするために、ずいぶん悪戦苦闘したようだ。最初は水が体に触れないようにする様々な工夫を凝らしたが、当時はどうも満足のいくものは出来なかったらしい。

そこで発想を一八〇度変えて出現してきたのが、ウェットスーツである（図1-13）。その考え方の骨子は、水の進入を完全に防ぐのではなくて、ある程度自由に水がスーツと体の皮膚との間に入り込めるようにしたことにある。すると、水が自由に入り込めるといっても、その出入りが完全にスムースなわけではないので、体とスーツの間で比較的長い時間とどまっている薄い水の層が体温によって温められ、体感温度が上昇し、長時間冷たい水の中にいることができる、というわけだ。

この革新的なアイデアを思いついたのは、当時カリフォルニアの物理学の学生だったヒュー・ブラドナー（Hugh Bradner）で、スーツの素材として現在も使われているネオプレンが最適であるという友人のアドバイスを受けて、ほとんど直ちにといってもよいほど速やかに商品化に成功している。そして折からの朝鮮戦争に従軍中の海軍のダイバーの間で評判になり、瞬く間に素潜りやスクーバ潜水の世界に広まっていったのである。

ネオプレンは塩化プレンの重合体ポリマーからなる合成ゴムで、伸縮性に富み水にも強く、内部に含まれている多数の小さい空洞が熱に対する絶縁効果を高めている。ただし、この空洞は深く潜っていくと圧力によって圧縮されるので、絶縁効果が小さくなるとともに、ウェットスーツそのものが持っている浮力も減少していくことに注意しておかなければならない。肺の容積も素潜りの場合は深度に応じて小さくなっていくので、ダイバーそのものの浮力はさらに少なくなり、潜るのは簡単だけれども浮上してこられない、ということにもなりかねない。

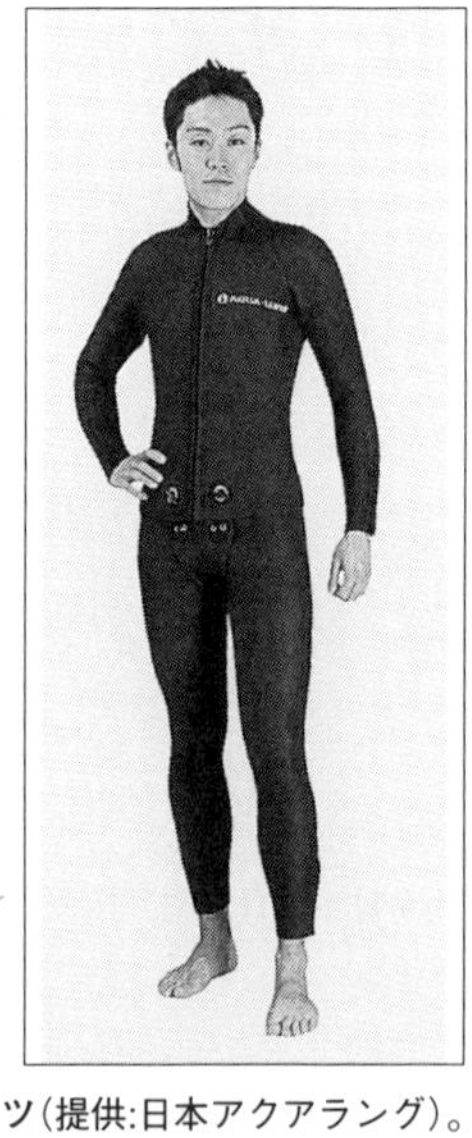

図1-13（右）　ウェットスーツ（提供:日本アクアラング）。
図1-14（左）　ドライスーツ（提供:日本アクアラング）。

先に、ウェットスーツの原理は水をスーツの内側に入れること、と記したけれども、ダイバーの体から失われる熱量を少なくするためには、進入してくる水の量は少ないに越したことはない。最近では体によく密着して水がほとんど入らないスーツも開発されているが、それが度を越すと体の動きがままならず、ひどいときには血液の循環系の反射を引き起こして意識を失うことがあるとも言われているので、注意しておきたい。

ところで、ウェットスーツが革新的なアイデアであった背景には、その当時、水の進入を防ぐことが困難だったことがあるが、テクノロジーの進歩は目覚ましく、ある意味で原点に返って、水が進入しない、いわゆるドライスーツも実用化されてきている（図1-14）。その大きな要因は水密性のジッパーの開発にあると言われている。ドライスーツの熱に対する絶縁効果はウェットスーツに比べて比較にならないくらい優れており、厳寒期の潜水も格段に楽になった。もっとも、これは素潜りよりも、スクーバ潜水などに当てはまることであるが、ここに記しておく。

なお、ウェットスーツには寒さを防ぎ、浮力を保持することのほかに、海中の岩礁や魚介類による外傷を防ぐ意味があることも忘れてはいけない。

◎素潜りの生理

素潜りを行う場合に体に現れる主要な変化は、圧力による肺の容積の変化と、息を止めておくことからくる体内の酸素の減少および二酸化炭素の増加、の二つである。以下それらについて概観するとともに、その他の注意すべき点について触れてみよう。

…肺容積の変化…

水の中では、およそ一〇メートル潜るごとに一気圧だけ圧力が増加する。地上ではすでに一気圧の圧力がかかっているので、深度一〇メートルでは二気圧、二〇メートルでは三気圧というふうに圧力が増していく。すると、ボイルの法則から気体の容積と圧力は反比例するので、素潜り中の肺の容積は、スクーバ潜水などと異なって肺の外から空気が供給されないために、深度一〇メートルで半分、二〇メートルでは三分の一に減少する（図1-15）。

このように、深く潜れば潜るほど肺は小さくなっていくが、風船のように無制限に小さくなって行くわけではない。というのは、肺は固い肋骨などで側面を囲まれた胸郭という構造の中にあり、そこから離れて肺だけで小さくはなれないので、自ずとそこには限度というものが存在するからだ。

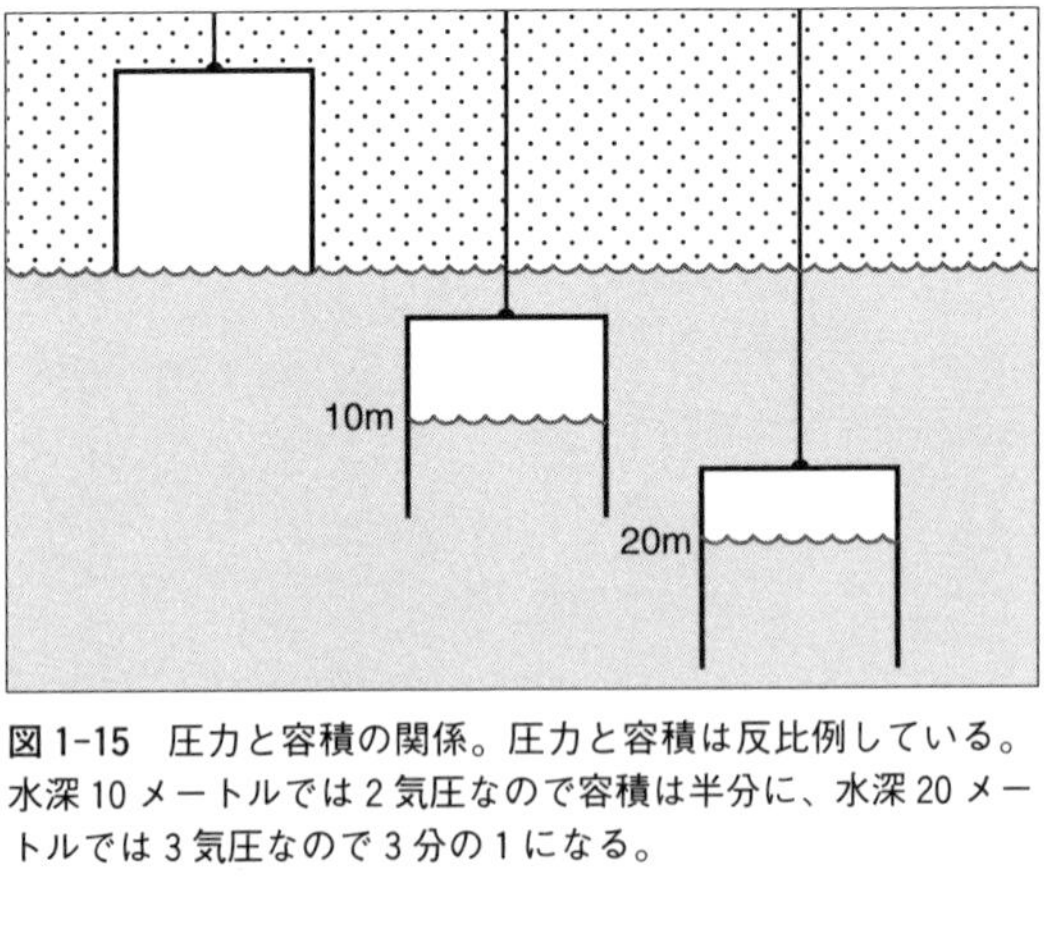

図1-15　圧力と容積の関係。圧力と容積は反比例している。水深10メートルでは2気圧なので容積は半分に、水深20メートルでは3気圧なので3分の1になる。

図1-16は肺気量分画というもので、横軸に時間、縦軸に肺の容積を示している。図中の曲線は息を吸った場合の容積の変化を表している。力いっぱい息を吸った状態の肺の容積を全肺気量といい、そこから完全に吐いたところまでの容積の差が一般に肺活量と呼ばれるものであるが、ここに示したように、完全に吐いた状態でも肺の中には空気が残っている。これを残気量といい、普通は肺はこれ以上小さくはならない。

平均的な体格の人の場合、全肺気量は五〇〇〇から七〇〇〇ミリリットル、残気量と全肺気量の比、残気率は年齢が増すにつれて増加するが二十五歳の男性ではおよそ二五%、女性では三〇%弱前後であるので、大雑把にみると残気量は全肺気量のおよそ四分の一程度になる。すると、この容積の変化だけから見ると、人は四気圧、水深三〇メートル以上潜れないことになってしまう。

したがって、以前は人が素潜りで潜れる深さの限界はこの辺りで、これを過ぎると肺の圧外傷（この場合は肺が小さくなるので、締め付け、あるいはスキーズとも呼ばれる）のために肺の浮腫《ふしゅ》や出血などの障害を引き起こすだろうと思われていたのである。ところが、のちほど詳しく記すように、人によっては一五〇メートル以上の深さまで特に後遺症もなく潜れることが最近明らかになっている。しかし、この場合も圧力が気体の容積に及ぼす力は厳然として働いているわけで、そうすると一五〇メートルの深さは一六気圧に相当するので、肺の容積は地上の一六分の一、六〇〇〇ミリリットルの全肺気量を有する肺もそのいちばん深いところでは三七五ミリリットル、握り拳ほどの大きさにまで縮小していることになる。

図1-17を見ていただきたい。これは素潜りで最も深く潜ることができるダイバーの一人、ウンベルト・ペリッツァーリ（Umbert Pelizarri）[*15]というイタリア人の地上での訓練風景である。通常の安静呼吸でも呼吸運動の七五％は横隔膜によってなされていると言われているが、これを見ると腹部が著明にへこんで横隔膜が胸郭内にせり上がり、肺の容積が極限まで減少していることがよくわかるだろう。ちなみに、横隔膜は膜という字が使われているためによく誤解されるが、その実態は体の中で最も大きい筋肉の一つである。

しかし、横隔膜を挙上させることのみによっては、肺容積を握り拳の大きさにまで縮小させ

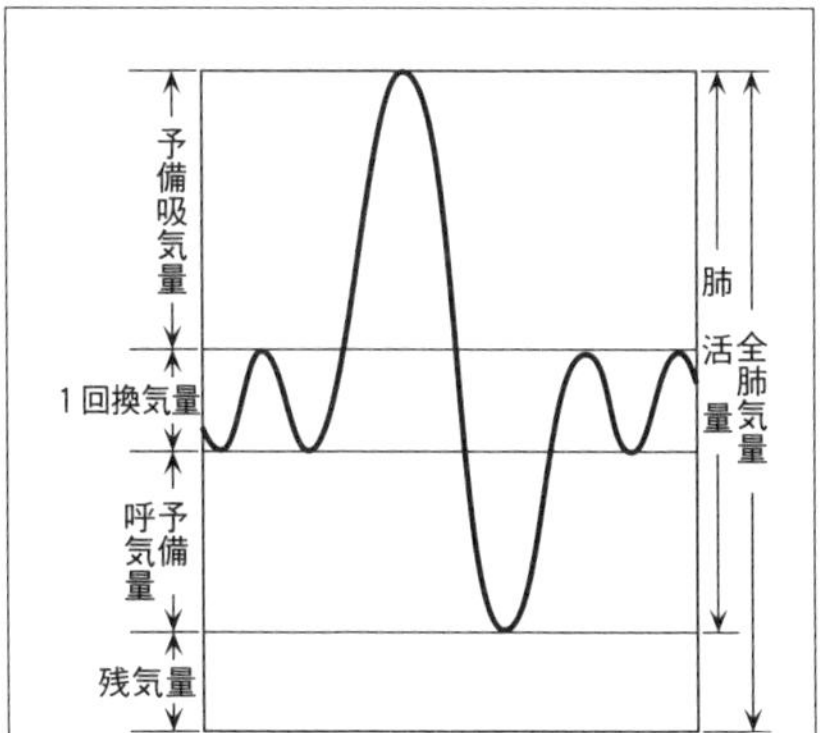

図1-16　肺気量分画。図は肺内の容積の変化を模式的に表したもの。縦軸は肺内の容積、横軸は時間を示しているが、時間と容積の正確な関係は無視している。小さい波形は通常の呼吸をしたとき、大きい波形は力いっぱい吸ってからできるだけ息を吐いたときの容積の変化である。可能な限り吐いても、肺内にはなお気体が残っており、この容積を残気量という。

ることはできない。そこで考えられるのが、胸郭の中へ血液などが移動している可能性だ。胸郭の中には心臓や大血管が含まれており、その中に大量の血液が流れ込むと、胸郭の中の肺の容積が減少することになる。胸郭の中の心臓や大血管、気管、食道などがある部位を縦隔というが、この部分を代表して食道の内圧を調べてみると、そこは普通でも周りの圧力に比べてわずかに陰圧になっている。息こらえを続けると、息をしようとする運動、言い換えれば胸を拡げようとする運動が強くなるので、この陰圧の状態がさらに強まり、それに従って血液が大量に縦隔内の血管、主には大静脈に移動してくるのではないかとされる。実測してみると、一リットル以上の血液の移動があるようである。こうすると、握り拳の大きさにまで肺の容積を減少させることができる。ただし、これは誰にも可能というのではなく、やはり限られた人にのみ許されることなのではないだろうか。

図1-17　訓練中のペリッツァーリの胸腹部[15]（©Alberto Muro Pelliconi）。横隔膜を極端に挙上させているために、腹部は著明にへこんでいる。

これらのことを、少し以前の例ではあるが、実測値から見てみよう。

素潜りによる到達深度記録を競い合っていた初期のころ、米海軍のクロフト（Robert Croft）というダイバーの値を米海軍の研究者たちが調べた記録がある。[16] クロフトの全肺気量は九・一リットル、残気量は一・三リットルであったので、胸郭の外にある気量の量を〇・一リットルとすると、肺の容積からのみ考えると、到達可能な絶対気圧で表した圧力Pは、

$$(9.1+0.1)\times 1.0=(1.3+0.1)\times P$$

から六・六絶対気圧、深度で五六メートルになる。この値は彼が実際に潜った深さ七三メートル（当時の新

記録）よりもかなり浅いことになる。そこで、今度は彼が九〇から一三〇フィート（二七・五メートルから四〇メートル）まで潜った際に、胸郭インピーダンス法という方法で間接的に胸郭内に移動してくる血液量を測定したところ、それは八五〇から一〇四七ミリリットルの値になることが見出されたのである（最近実測された量では一・四から一・七リットルにも達するとされる）。すると、移動した血液量を〇・七リットルとした場合でも、到達可能圧力Pは、

$$(9.1+0.1)\times 1.0=(1.3+0.1-0.7)\times P$$

から一三・一絶対気圧、深度一二一メートルまで潜れることになる。もし血液の移動を一リットルとすると、同じ計算から二三絶対気圧、実に二二〇メートルまで潜れることになってしまう。しかし言うまでもなく、潜れる限界は圧力だけでなく、時間の要素、言い換えれば、次に述べる酸素や炭酸ガスの影響がより以上に大きいのである。[*17]

ここで、ひとつ付け加えておきたいことがある。それは潜ることのできる深度が残気量と全肺気量の比によって決まるところから、意識的に全肺気量を増やすことによっても、到達可能深度を深くすることが理論的には可能になってくることだ。そのためには、肺の容積そのものを増加させることはできないので、肺内の圧力を上げるのである。そこで、頬ポンプと言って、肺内に空気をいっぱいに吸った状態から、頬の筋肉を動かすことによって空気をさらに肺内に送り込む操作を行うことが最近話題になっている。この方法によって二〇％以上全肺気量を増やすことができるとされているが、逆に肺に障害を与えたり、循環状態の変化によって意識障害を来す懼《おそ》れもあるので、その効果については慎重に考えておいた方がよいだろう。[*14]

……酸素と炭酸ガスの変化……

素潜りは息こらえ潜水と言われることからもわかるように、潜水の途中で息ができないのだから、時間と

ともに体の中の酸素は少なくなり、炭酸ガスは増加していく。基本的には、この単純なことが体の中に生じているに過ぎない、と言っても間違いではない。しかし、ちょっと詳しく内部を覗いてみると、必ずしもそうとばかりは言えないので、以下に素潜りにおいて死活的な役割を演じている酸素と炭酸ガスを主とした呼吸ガスの動態を見てみよう。

その前に、圧力が変化すると、気体がどのように変わり、人の体にどのような影響を及ぼすかをごく簡単に記しておく。

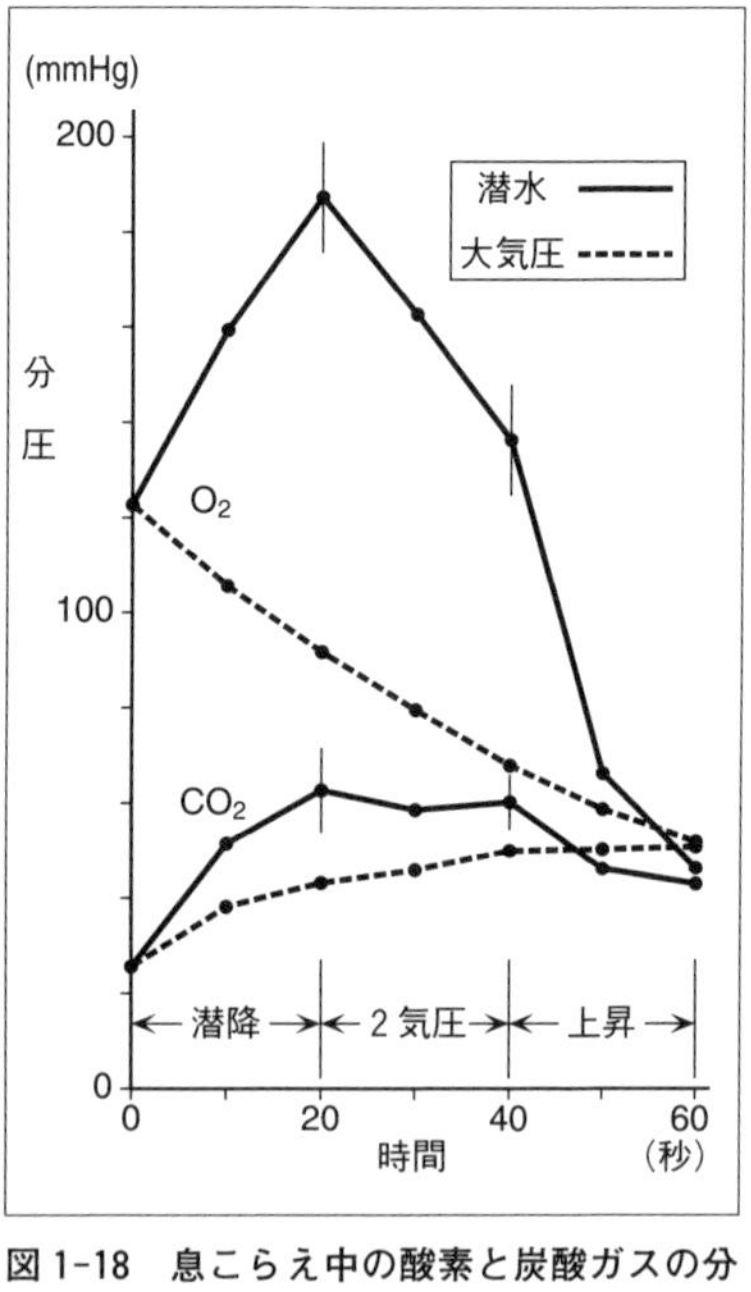

図1-18　息こらえ中の酸素と炭酸ガスの分圧の変化（Lanphier 1963[*18]）。

気体の容積は先の項で記したとおり、ボイルの法則から圧力と反比例し、深く潜って圧力が増すと減少していく。気体が二種類以上のガスから成るときは、「分圧の法則」といって、それぞれのガスによる圧力は、全体の圧力にそのガスの割合を掛けたものになり、その圧力を「分圧」という。したがって、すべてのガスの分圧を合計すると、その環境の圧力になる（厳密には、ガスの溶解度や水蒸気の存在などによってそうはならないが、この項では無視する）。そして、それぞれのガスが生体に及ぼす影響は、その分圧によるとするのである。例えば、大気中では酸素の割合は二一％であるので、生体には〇・二一気圧の酸素分圧の効果が作用するのに対し、深さ一〇メートルの海中ではその二倍の〇・四二気圧の酸素分圧の作用が生体に及ぶことになる。

ここでまず、アメリカのランフィエ（Edward H. Lanphier）が行った基本となる重要な実験データがあるので、それを紹介しておこう。[18] それは巧妙な方法を用いて、大気圧中と深度一〇メートルに潜った場合の健康な四名の肺胞の中のガスの組成を一〇秒ごとに測定したものである。もっとも、潜水中のデータは実際に潜水中に測定したものではなくて、加圧チャンバーを深度一〇メートル相当圧力まで加圧しその中で測定したのであるが、圧力の面から見ればこれで何ら差し支えない。

潜水実験のプロファイルは、二〇秒かけて水深一〇メートル相当圧まで加圧したのち、そこで二〇秒間滞在、それから加圧と同じように二〇秒かけて大気圧まで戻るという、全体で六〇秒、一分間にわたるものである。その結果を大気圧中で測定した値とともに図1-18に記しておくが、横軸は息こらえを開始してからの時間（秒）、縦軸は深度の圧力を掛けた酸素と炭酸ガスの分圧である。ここで分圧は水銀柱mmHgの単位で示しており、一気圧は七六〇mmHgである。息こらえ開始時の酸素分圧は〇・二一気圧相当の水銀柱よりもかなり低いが、これは装置を介した測定値であるので問題はない。ここに示すように、大気圧下では酸素はなだらかに減少し炭酸ガスは逆に増加しているのに対し、潜水の場合は様相が異なっている。潜ると酸素の絶対量は減っているにも拘わらず、周囲の圧力（環境圧力という）が増すので酸素分圧としては却って増加している。減圧してくると環境圧力が小さくなってくるので酸素分圧は急激に減少している。

注目していただきたいのは、実験終了時の炭酸ガス分圧をみると、潜水をした場合の方が大気圧下のデータに比べて小さいことだ。この現象を最初に発見したのは労働科学研究所の創始者として知られる暉峻《てるおか》義等《ぎとう》（図1-19）[19]で、ランフィエの実験よりも三〇年ほども前のことであるが、[20]当初は

図1-19　暉峻義等。素潜りの国際シンポジウム[10]に用いられている写真が暉峻の像として特に欧米においてよく引用されるが、それは最晩年の姿であり、彼本来の姿とはほど遠い。上の写真は彼の記念誌[19]の冒頭に掲載されているもの。

半信半疑でなかなか信じてもらえなかったと言われる。これが、このように実験室での厳密な実験によって確かめられたわけだ。なお、暉峻のこの発表に至る一連の取組みは、素潜りに関する科学的アプローチの嚆《こう》矢《し》とされ、その業績を讃えて、アマに関する最初の国際シンポジウム[*10]が昭和四十年（一九六五）に東京で開かれている。潜水あるいは潜水医学の世界では、アマという言葉がそのまま注釈なしに国際的に使われることがあるが、それには暉峻博士の業績が大きく関与しているのではなかろうか。

それはともかく、呼気中の炭酸ガスに関して予想に反する結果が得られたことの理由は、次のように説明される。つまり、普通は生体の中の炭酸ガス分圧の方が肺胞中の炭酸ガス分圧よりも高いので、炭酸ガスは体の中（ここでは血液のこと）から肺胞内に移動し体外に排出されるわけであるのに対し、潜った状態では環境圧力が高いので、肺胞中の炭酸ガス分圧の方が血液の炭酸ガス分圧よりも高くなり、炭酸ガスは逆方向、肺胞から血液の方へ移動することになって、肺胞中の炭酸ガスは却《かえ》って少なくなる、というわけだ。であるので、この現象は潜る深度が深くなればなるほど著明になるが、これはのちほど述べる深々度への素潜りによって、より明らかに示されている。

ところで、実際に潜るに当たってより重要なことは、このグラフでも記されているとおり、浮上に伴って酸素分圧が急速に減少していくことだ。潜っている場合は環境圧力が高いので酸素分圧も意識を十分保つだけの大きさがあったのに、浮上中に酸素分圧が減少し、低酸素のために意識を失ってしまう可能性が出てくる。人の意識は肺胞の中の酸素の分圧がおよそ二〇〜三〇mmHg、〇・〇三〜〇・〇四気圧前後で失われるとされているので[*16]、限界近くまで素潜りで潜ると、浮上途中に十分この値以下になって意識を失うことがある。よく注意しておかなくてはならない。

…素潜り前に深呼吸を繰り返すことは危険…

また、素潜り前に深呼吸を繰り返すことは危険であると言われているが、これも、ここに記した炭酸ガスと酸素の変化から次のように説明することができる。[*21]

深呼吸を繰り返すと体の中の炭酸ガスが過剰に排出されるのに対し、体に取り込まれる酸素の量はそれほど増えない。つまり、息こらえを始めたときの肺の中の炭酸ガスの量は、事前に深呼吸を繰り返したときの方が低いことになる。すると、息をしなければならないぞという信号は主として体内に炭酸ガスが溜まることによって発信されるので（体内の酸素が少なくなることによっても信号は発せられるが、その度合いははるかに少ない）、その信号が発せられるまでに要する時間は、深呼吸を繰り返した場合の方が深呼吸をしなかった場合よりも長くなる。一方、息こらえを開始してからの酸素の減り方は深呼吸を繰り返した場合も繰り返さなかった場合もほぼ同じと考えてよいので、息を再開しなければならないぞ、という信号が来るときの肺内の酸素の圧力は事前に深呼吸をした方が小さいことになる。したがって、通常は息を再開するときの酸素の圧力は意識を保つのに十分であるのに対し、事前に深呼吸を繰り返した場合、呼吸を再開する信号が発せられたときには、体内にはすでに意識を保つだけの酸素がなく、意識を失ってしまう可能性が高くなる、というわけだ。しかも、素潜りでは先に記したように浮上に伴って酸素分圧も低下するので、意識消失の危険性はさらに高まることになる。

このようなところから、素潜り前に深呼吸を繰り返すことが危険であることがわかっていただけると思う。ただし、血中の炭酸ガスの量を呼吸再開時に意識を失わない程度に減らすことができれば、その分、息こらえ時間は長くなるので、事前の軽度の深呼吸は素潜り時間を延ばすうえで有効であるかもしれない。後述の「記録を目的とした素潜り」においても、潜る前に軽度の深呼吸をすることが多いようだ。海女さんにインタビューしてみても、たいていは潜る前に深呼吸を軽く繰り返している。

∴潜水反射∴

素潜りではその他に「潜水反射」として知られる一連の生理的変化が認められ、人の潜水能力に深く関わっている。この潜水反射は当初潜水など体が水に触れる場合に認められることから、生命が海から発達してきた間接的な証拠であるともされてきたが、広く生物界全体を進化の過程も含めて考えてみると、全体として生物の生存が危機に瀕したときのエネルギー消費を抑える一連の反応の一つとして位置づけることが可能になってくる。[*22・23]

生存が脅かされる最も典型的な例としては、例えば水が涸《か》れてきたときの水棲爬虫類の置かれた環境が挙げられ、そこでは生物の酸素消費量が極端に少なくなり代謝は最小限度に抑えられる。当然、生体内を循環している時間あたりの血液量も少なくなり、というより最小限にとどめなければならないので、大部分の体の血流はほぼ停止し、心臓の鼓動も極めてゆっくりしたものになる。一方、素潜りはその間酸素が体に供給されない状態になることから生存が脅かされる状態の一つであると言ってもよいわけで、素潜りで見られる反応もそれらと共通する部分があるというのである。

それらのうちで最も顕著な変化は、心臓の拍動がゆっくりしてくることで、「潜水徐脈」という言葉が用いられる。そのほかにも、皮膚などの末梢血管の径が細くなりその部分の血流量が減少する変化が見られるが、これは逆に中枢を流れる血液量を増やすことになるので、単純に循環器の力学的な面から見ても脈拍数を少なくする方向に働く。

現象としての潜水徐脈を最初に見出したのは、航空生理学の祖として知られているフランスのポール・ベール（Paul Bert）で、古く一八七〇年のことであった（余談であるが、この多方面に才能を発揮した人物は、ベトナム派遣総督として当地に在留中、赤痢のために五十三歳で客死している）。以来、この現象は長きにわたって明白な事実として認識され、比較生理学の分野などで恰好のテーマであったのが[*23]、第二次大戦後、計測技術の発展に伴って詳細に調べたところ、次のような驚くべきことが明らかにされている。

というのは、従来の研究では、例えばアザラシを人工的な水空間の中で強制的に潜った状態にしておいて脈拍を計測していたのに対し、囲いのない海の中で自由に泳ぎ回っているアザラシの脈拍数を調べたところ、水中に潜っているにも拘わらず、徐脈はほとんど観察されなかったのである。[*24] したがって、従来は潜水徐脈であると思われていた変化も、その過半はアザラシ自身の生存に対する不安感によるものではないかと解釈されている。家ガモを用いた別の研究によれば、徐脈を引き起こす要因としては、潜水そのものによる脈拍数の減少は半分以下で、息ができないのではないかという恐怖心によるものが五七％を占めていたことが示されている。[*25・26]

さらに、今度は同じ人工的な水環境の中で、いつでも水面に出て息ができるような状況で潜った場合と、水面へのアクセス路を途中で閉ざして息が自由にはできないようにした場合のアザラシの脈拍数の変化をみると、アクセス路を閉じた途端に脈拍数が極端に減少することがわかった。そして、条件をいくつか変えて研究を続けた結果、アザラシは差し当たり生存への懸念がないところでは脈拍数に大きな変化を示さなかったのに対し、生存にとって危険な環境であると自分で判断した場合には、随意に（随意に、という言葉を使ってよいか若干疑問であるが）脈拍数を少なくしてエネルギー消費を抑え、生存に最大限適した変化をとっていることが明らかにされたのである。

このことは、自分の意志によって変えることが困難な脈拍数などの生理的な活動を、アザラシなどの海棲動物ではある程度自由に制御することが可能であることを示している。すると、これをさらに敷衍《ふえん》して、陸に住んでいるものの、同じ哺乳類である人間の場合にも同じような調整能力がいくらかは残っているのではないかと考えることが、必ずしも荒唐無稽な推論とは言えなくなってくる。最近よく話題になっている到達深度を競う素潜り競技では、記録を伸ばすための訓練にヨガを取り入れているダイバーが多いが、その理由をこの観点から考えてみることも意味あることかもしれない。

このように、「潜水徐脈」はすべてが潜水によって生じているわけではないが、潜水によって脈拍数が少なくなることは否定できない。[*27] 個体差が大きいが、人の場合、大気中で一分間六〇前後の脈拍が三〇台に減少することも稀ではない。後述するように、現在、素潜りによる到達深度の記録挑戦が一つのイベントとして行われており、そこでは一分間の最小脈拍数が四などというような数が挙げられている。しかし、それがどのようにして記録されたかの詳細は記されておらず、信頼性にやや欠ける。

学術論文における最も遅い脈拍数は、管見の限りでは一分間に五・六という数値がある。[*28] これは冷水に顔を浸して心拍数の変化を見たもので、ふだんの脈拍数が毎分四五～五〇を示す四十一歳の長距離ランナーで確認されている。また毎分九〇の脈拍数が毎分七・三相当の心拍数にまでまで減少したとの記載もある。[*23] 軽度の心拍数の減少は、一回の心拍ごとに拍出される血液量が増加するために心臓から送り出される時間当たりの血液量（心拍出量）は心拍数の減少にそのまま比例して少なくなるものでないが、このように著明に心拍数が少なくなった場合は当然心拍出量も大きく減少し、全体としての酸素消費量も極小に抑えられ、潜水時間の延長あるいは到達深度の増加に関与していると思われる。

これらの潜水反射あるいは潜水徐脈は、基本的には副交感神経が刺激されることによって引き起こされており、刺激の大きさは眼のあたりを中心とした顔面が冷たい水に触れた場合に最大になる。特に水の温度が冷たいほど徐脈の程度は大きくなるようだ。したがって、素潜りにおいて深く潜るためには、潜水反射を有効に利用することが肝要である。深度記録を狙う素潜りダイバーの多くが面マスクを着用していないのは、マスク内の圧力を外界と均圧するために余分なエネルギーを使いたくないことのほかに、潜水反射を最大限に引き出そうとする意味もあるのだ。

…体位の影響…

そのほかに素潜りの能力に関与する因子の一つとして、体位が挙げられる。というのは、頭を上にしていわゆるフィートファーストの状態で潜る場合と、逆に頭から潜るいわゆるヘッドファーストの場合とで、潜る能力に差が認められるからだ。

先に面マスクの項で触れたように、人が水中に潜っていくためには、人の体を取り巻く環境の圧力と人の体の中にある気体を含んだいわゆる含気体腔《がんきたいこう》の中との圧力がほぼ等しく保たれていなければならない。圧力が不均一になる状態が最もしばしば現れるのは、鼓膜を介した中耳と外耳の間の圧力で、その両者の間の圧力差を許容限度内に収めるためには、潜降中に「耳抜き」と称される操作を行って外界の空気を口腔に開いている耳管から中耳内に送り込む必要がある。この耳抜きを簡単に行えるか否かによって潜ることのできる深度は大きく左右され、耳抜きができない人は背の立つ深さでさえ潜ることができないことがある。

この耳抜きが容易に行えるか否かは人によって異なってくるが、風邪などをひいて鼻腔をはじめとする粘膜が腫れ浸出液が増えた状態では、耳管の通気が障害され、耳抜きが困難になる。ところが、風邪などに罹患していなくても体位によって耳抜きの容易さに差が出てくることが、最近確かめられている。[*29] 具体的には、耳管が開くときの圧力を頭を上にした状態と下にした体位とで検討してみたところ、頭を上にした状態の方が小さな圧力で耳管が開放することが確かめられたのである。

そうすると、頭を上にして潜った方が耳抜きに要するエネルギーは少なくてすみ、より深く潜るためには足を下にした状態、いわゆるフィートファーストで潜った方がよいことになる。熟練ダイバーが頭を下にして見事に潜降する姿を雑誌や映像でよく見かけることから、我々はともすると一人前のダイバーはヘッドファーストで潜るものと思い込みがちだが、こと到達深度の点だけから見ると、そうとは断言できないようだ。現に、次項に記すように到達深度を競う素潜り競技では、大多数が足を下にして立った状態で潜っている。

この方が実際により深く潜ることができるからだ。

今では、このようにフィートファーストの利点についても広く知られるようになっているが、そこにちょっとしたエピソードが秘められているので、紹介しておこう。

潜った深度が信頼でき、明らかにされている素潜りのおそらく最も古い記録は、イタリア海軍が有している。[*30] 日本でJapan Apnea Societyといわれる素潜り団体を主催している早川信久によると、イタリア海軍歴史記念館に公的記録が残されている由だが、イタリア語の解読が筆者にはできないために、以下は素潜りダイバーとして著名なピピン（Pipin）のサイト上の記述によることにする。それは一九一三年のことで、エーゲ海のピガディア湾でイタリアの装甲艦「レジナ・マルガリータ（Regina Margherita）」が嵐のために深さ七七メートルの海底に錨を失い、それを引き揚げるためにギリシャ人のダイバー、スタッティ（Yorgos Haggi Statti）を雇って成功したというものである。この到達深度は公式記録に記されており、海軍が関与しているところから深さはおそらく事実であったのであろうけれども、その当時で深度七七メートルの素潜りというのは想像を絶するもので、ピピン自身も半信半疑であったと述べている。ところが、歴史館でダイバーの陳述を詳しく再検してみると、足首に五〇キログラムの錘《おもり》をつけて足を下にした状態で潜降しており、これが深度七七メートルまで潜ることのできたキーポイントであったのであろうとしている。また、潜水そのものも、海底で錘を切り離した後に水兵がダイバーの索を一気に引き揚げる手順によって実施していったとあり、この方法は実に現在、素潜り競技で用いられている方法と原理としては同じ方法である。この史話がどこまで信頼できるものかはともかく、ピピンはこの報告によって彼らが取り入れようとしていたフィートファーストの潜水方法に自信を深め、以後、素潜り競技では専らフィートファーストの潜水方法が用いられるようになった、とのことである。

◎記録を目的とした素潜り

素潜りでどれだけ深く潜れるか、ということに興味が出てくるのはごく自然のことであるが、意識的にその深さを競うようになったのは第二次大戦後のことで、ヨーロッパを中心として始まったようだ。その背景としては、第二次大戦中にフランスとイタリア軍が地中海のドイツ軍の艦船を破壊する目的で素潜りダイバーを組織して活用したことがあるらしい（クストーのアクアラングは、当時まだ広く実用化されていなかった）。そういう状況があってか、記録を目的とした素潜りを公開の場で行ったのは、ハンガリー系イタリア空軍大尉だったレイモンド・ブッチャー（Raimondo Bucher）が最初であろうと言われている。[*4] それは一九四九年のことで、深度三〇メートルまで潜っている。その後、表1-1に示したように、メディアを巻き込みスポンサーを探してほとんど毎年のように到達深度が更新されてきているが、日本でもよく知られているフランスのジャック・マイヨール（図1-20）が一九七六年に一〇〇メートルの深さにまで潜ったのがよく引き合いに出される。マイヨール自身は一九八三年に一〇五メートルに達した後、到達深度を競うレースそのものからは引退しているが、その後も多くのダイバーによって挑戦は続けられており、二〇〇一年現在では到達深度は一五〇メートルを超えている。

もっとも、ここで行われている素潜りの手法は若干複雑であるので、以下に説明しておこう。

レースにおける素潜りの方法は次の三つに大きく分ける

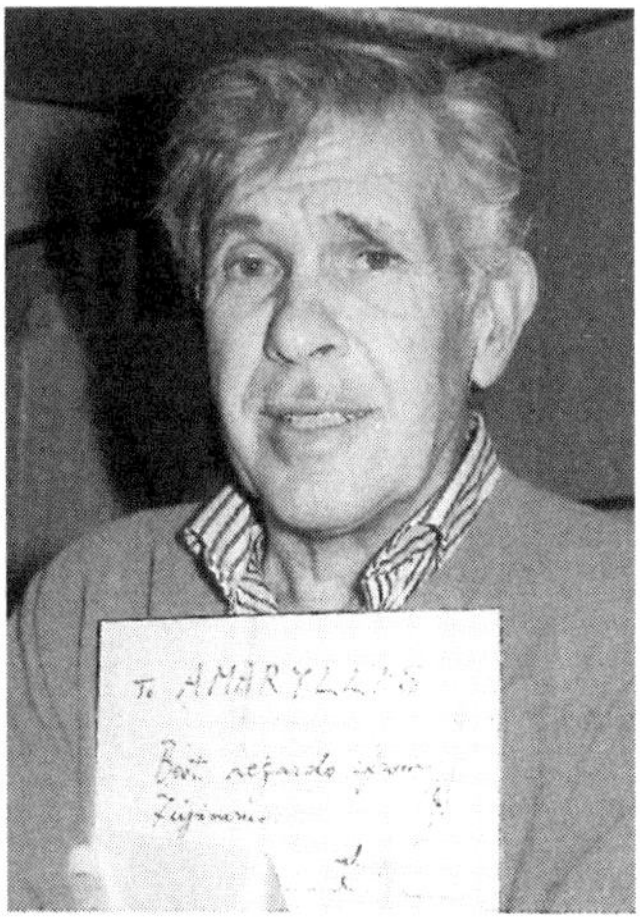

図1-20　ジャック・マイヨール（提供：望月昇）。

表 1-1　歴代の潜水記録　　提供：AIDA

名前	出身地	記録(m)	記録達成地	年
		コンスタント・ウェイト		
ステファノ・マクラ	イタリア	50	ジリオ島	1978
マリオ・イムベーズィ	イタリア	52	シラクザ(シチリア)	1978
ヌッチョ・イムベーズィ	イタリア	52	シラクザ	1978
エンゾ・マイオルカ	イタリア	55	シラクザ	1978
エンゾ・リストロ	イタリア	56	シラクザ	1979
ヌッチョ・イムベーズィ	イタリア	57	シラクザ	1980
ステファノ・マクラ	イタリア	58	ポンツァ島(イタリア)	1981
ジャック・マイヨール	フランス	61	エルバ島	1981
フランク・メセゲ	フランス	62	レウニオン島	1989
フランシスコ・フェラーレス(ピピン)	キューバ	63	ミラッツォ(シチリア)	1990
ウンベルト・ペリッツァーリ	イタリア	65	エルバ島	1990
ウンベルト・ペリッツァーリ	イタリア	67	エルバ島	1991
フランシスコ・フェラーレス(ピピン)	キューバ	68	ヴァラデロ	1992
ウンベルト・ペリッツァーリ	イタリア	70	ウスティカ島(イタリア)	1992
ウンベルト・ペリッツァーリ	イタリア	72	ヴィラシミウス(ティレニア海)	1995
ミッシェル・オリバー	フランス	72	カルビ(コルシカ)	1996
アレジャンドロ・ラベーロ	キューバ	73	シラクーザ	1997
ウンベルト・ペリッツァーリ	イタリア	75	ポルトベネレ	1997
ウンベルト・ペリッツァーリ	イタリア	80	ジェノバ	1999
ブレット・ル・マスター	アメリカ	81	ケイマン諸島(カリブ海)	1999
エリック・ファター	カナダ	82	バンクーバー	2001
ヘルベルト・ニッチ	オーストリア	86	イビザ(スペイン)	2001
		バリアブル・ウェイト		
エンゾ・マイオルカ	イタリア	87	ソレント	1974
フランシスコ・フェラーレス(ピピン)	キューバ	92	ミラッツォ	1990
ウンベルト・ペリッツァーリ	イタリア	95	エルバ島	1991
フランシスコ・フェラーレス(ピピン)	キューバ	96	シラクザ	1993
ウンベルト・ペリッツァーリ	イタリア	101	カーラ・ゴノーネ(サルディニア)	1994
ウンベルト・ペリッツァーリ	イタリア	105	ヴィラシミウス	1995
ウンベルト・ペリッツァーリ	イタリア	110	ヴィラシミウス	1996
アレジャンドロ・ラベーロ	キューバ	111	シラクーザ	1997
ウンベルト・ペリッツァーリ	イタリア	115	ポルトベネレ(西リビエラ)	1997
ジャンルッカ・ジェノーニ	イタリア	121	サルディニア島	1998
ベンジャミン・フランツ	ドイツ	117	サファーガ(エジプト)	2001
ウンベルト・ペリッツァーリ	イタリア	131	カプリ島(イタリア)	2001

ノーリミット（アブソリュート）

名前	出身地	記録(m)	記録達成地	年
レイモンド・ブッチャー	イタリア	30	ナポリ	1949
エンニオ・ファルコ	イタリア	35	ナポリ	1951
アルベルト・ノヴェリ	イタリア	35	ナポリ	1951
レイモンド・ブッカー	イタリア	39	カプリ	1952
エンニオ・ファルコ	イタリア	41	ラパッロ	1956
アルベルト・ノヴェリ	イタリア	41	ラパッロ	1956
アメリゴ・サンタレッリ	ブラジル	43	リオ・デ・ジャネイロ	1960
アメリゴ・サンタレッリ	ブラジル	44	チルチェオ	1960
エンゾ・マイオルカ	イタリア	45	シラクザ	1960
アメリゴ・サンタレッリ	ブラジル	46	サンタ・マルゲリータ・リグレ	1960
エンゾ・マイオルカ	イタリア	49	シラクザ	1960
エンゾ・マイオルカ	イタリア	50	シラクザ	1961
エンゾ・マイオルカ	イタリア	51	ウスティカ島	1962
エンゾ・マイオルカ	イタリア	53	シラクザ	1964
エンゾ・マイオルカ	イタリア	54	アチレアーレ	1965
テテク・ウィリアム	ポリネシア	59	ポリネシア	1965
ジャック・マイヨール	フランス	60	バハマ	1966
エンゾ・マイオルカ	イタリア	62	シラクザ	1966
ロバート・クロフト	アメリカ	64	フロリダ	1967
エンゾ・マイオルカ	イタリア	64	キューバ	1967
ロバート・クロフト	アメリカ	67	フロリダ	1967
ジャック・マイヨール	フランス	70	フロリダ	1967
ロバート・クロフト	アメリカ	73	フロリダ	1968
エンゾ・マイオルカ	イタリア	74	オニーナ	1970
ジャック・マイヨール	フランス	75	富戸(伊豆)	1970
ジャック・マイヨール	フランス	76	富戸(伊豆)	1970
エンゾ・マイオルカ	イタリア	77	シラクザ	1971
エンゾ・マイオルカ	イタリア	78	オニーナ	1972
エンゾ・マイオルカ	イタリア	80	ジェノバ	1973
ジャック・マイヨール	フランス	86	エルバ島	1973
エンゾ・マイオルカ	イタリア	87	ソレント	1974
ジャック・マイヨール	フランス	92	エルバ島	1975
ジャック・マイヨール	フランス	100	エルバ島	1976
ジャック・マイヨール	フランス	105	エルバ島	1983
エンゾ・マイオルカ	イタリア	101	シラクザ	1988
アンジェラ・バンディーニ	イタリア	107	エルバ島	1989
フランシスコ・フェラーレス(ピピン)	キューバ	112	キューバ	1989
フランシスコ・フェラーレス(ピピン)	キューバ	115	シラクザ	1991
ウンベルト・ペリッツァーリ	イタリア	118	エルバ島	1991
フランシスコ・フェラーレス(ピピン)	キューバ	120	ウスティカ島	1992
ウンベルト・ペリッツァーリ	イタリア	123	モンテクリスト	1993
フランシスコ・フェラーレス(ピピン)	キューバ	125	バハマ	1993
フランシスコ・フェラーレス(ピピン)	キューバ	126	シラクザ	1994
フランシスコ・フェラーレス(ピピン)	キューバ	127	フロリダ	1994
フランシスコ・フェラーレス(ピピン)	キューバ	128	シラクザ	1995
ウンベルト・ペリッツァーリ	イタリア	131	ヴィラシミウス	1996
ジャンルッカ・ジェノーニ	イタリア	135	サルディニア島	1998
ルウーイック・ルファルム	フランス	137	サン・ジャン・キャ・フェラ(フランス)	1998
ウンベルト・ペリッツァーリ	イタリア	150	ジェノバ	1999
ルウーイック・ルファルム	フランス	152	ニース	2000
ルウーイック・ルファルム	フランス	154	サン・ジャン・キャ・フェラ(フランス)	2001

ことができる。

まず第一は、コンスタント・ウェイト（constant-weight）と呼ばれるもので、我々が通常に想像するところの素潜りである。つまり、すべて自分の力だけによって潜る方法であって、潜降浮上に錘やその他の器具を使うことは許されていない。また、索も使用しないことになっている。すると当然、自分の推力で潜降浮上しなければならず、消費するエネルギーは大きくなり、到達深度は次に述べる方法に比較して限定される。記録としては、二〇〇一年にヘルベルト・ニッチ（Herbert Nitsch）が八六メートル潜っている。なお、ここに記した一連の到達深度記録は、前述の早川信久を通してＡＩＤＡ（国際アプネア連盟 Association Internationale puor le Développemnet de l'Apnée）から得たものである。

二番目は、バリアブル・ウェイト（variable-weight）と呼ばれるもので、潜るときに体重の三分の一までの錘（最大限三〇キログラム）は使ってもよいが、浮上は自力で上がることとされている。索も使用してよいことになっており、ウンベルト・ペリッツァーリ（Umberto Pelizzari）は二〇〇一年に従来の記録を一気に抜いて一三一メートルまで潜降している。

三番目は、ノーリミット（no-limit）あるいはアブソリュート（absolute）とも言われるもので、呼吸するガスを余分に用意しなければ、文字どおり何をどのように使ってもよい素潜りのことである（もっとも、これを素潜りと呼ぶことができればの話だが）。具体的に言うと、海底に降ろして固定した鋼性の索にダイバーを載せた台を取り付け、それを動力を用いて上下させることによってダイバーの潜降浮上を行うわけだ（図1-21）。この方法では当然ダイバーが消費するエネルギーを最小限にとどめることができるので到達深度は深くなり、ルゥーイック・ルファルム（Loic Leferme）が二〇〇一年に達成した一五四メートルが現在（二〇〇二年一月）の記録である。

また、このほかに途中で一回ないし二回だけタンクから息を吸うことを許している方法も、素潜り競技の一つに含ませている場合もある。

このように、同じ素潜り、と言っても方法が大きく異なることから、到達深度はそれぞれごとに考えないと意味がなくなる。時に、先に記した世界記録より浅い素潜りであっても最深到達深度を更新した、と言われることがあるが、これは潜水方法が異なるのである。混乱しないようにしなければならない。

それはともかく、実用的な観点からはほとんど意味がなく、学問的な意義づけにも苦労し、しかも一歩間違えば直ちに死につながる挑戦が今に至るまで果敢に続けられていることは、ある意味で一種の壮観でもある。上に記したように素潜りを三つの方法に分類することも、記録挑戦を狙った一種の便法のようなものである、といってよいのかもしれない。現に、国際オリンピック委員会の下部組織として認可されているＣＭＡＳ（Confédération Mondiale des Activités Subaquatiques）といわれる国際的な潜水団体も、当初はすべての素潜り記録に関与していたのが、右に挙げた二番目と三番目の素潜り競技からは危険すぎると言うことで早くも一九七〇年に手を引いている。興味あるのは、ＣＭＡＳのイタリア支部に当たる機関はいまなお後二者の競技についても関与を続けていることであり、国民性の差が出ているのかもしれない。そのためか、素潜り競技に関するニュースはイタリアから発信されているものが多い。

ところで、素潜り記録の更新は、単に身体的あるいは精神的な鍛錬のみによってなされるわけではなく、今では知力、財力、情報力

図 1-21　ノーリミットにて潜水中（提供：早川信久 © Alberto Muro Pelliconi）。

など多方面にわたる能力を駆使し、チームとして行われることが多いところから、その活動そのものも仔細に観察してみれば、いろんな意味でおそらく興味深い点が多々あるであろうが、筆者自身の活動はそれらとは無関係であり、得られる情報も限られるので、詳細について興味があれば、邦訳もある出版物や多岐にわたる電脳情報を参照されたい。

また、まことに押し付けがましいことであるが、この項の最後に、いわば門外漢の立場で素潜り競技を概観した者のささやかな感想を付け加えさせていただきたい。それはマイヨールのスマートさである。彼は七〇メートルから八〇メートルにかけて到達深度をライバルと競い合う中、記録更新だけが目的ではなくて、自分の体を生理学の研究対象にしてほしいと言明するとともに、自らの潜水をサポートするチームを結成している。キリのいい一〇〇メートルの素潜りに世界で初めて成功した陰には、単独プレーに傾きがちな素潜りダイバーの中で彼が一つの機能的な組織を作り上げていったことが大きく関与しているようだ。そして、自己の記録を一〇五メートルまで伸ばした後は競技そのものからは引退し、以後は先行者の名声と特権を保持しつつ、現在では哲学者の風貌さえ帯びた活動を続けている。[*31・32] ある意味でマイヨールの一人勝ちと言ってもよい。

そこのところから、どうしても連想するのが、スクーバ潜水の生みの親とも言われるクストーのことだ。クストーも晩年は生態学者として活動し、哲学的な発言も数多い。両者が似通って見えるのは単に偶然のことなのだろうか、それとも筆者の錯覚に過ぎないのだろうか。[*]

＊素稿の脱稿後、マイヨール自殺の報に接した（二〇〇一年十二月二十三日、自宅で自殺しているのを隣人に発見される）。それぞれの人生には余人のうかがい知れないものがあることを改めて痛感させられた。

◎素潜り競技で発生し得る身体障害

基本的に素潜りで深く潜ることは危険なので、深度を目指した素潜り競技で発生し得る身体障害を簡単に見ておこう[*14・16]。

まず第一に、素潜りの生理の項で記したように、潜っている最中に酸素が消費されて減少し、低酸素による意識障害など、重篤な疾患を招来することが挙げられる。特に、酸素分圧は環境の圧力に比例して増減するので、深いところでは意識を保つのに十分であった分圧が浮上途中で不足し意識を失う可能性があることについてはくれぐれも注意しておきたい。また脳細胞は低酸素に弱いことから、限度ギリギリの素潜りを繰り返すと、脳細胞が非可逆的な障害を受けることも十分考えられる。素潜りダイバーの脳が、一例の報告などエピソード的なものではなく、統計学的に有意に冒されているという報告はほとんど認められないと思われるが[*33]、注意しておくに越したことはない。

二番目に、先に記したように、深いところでは肺の容積が握り拳ほどの大きさに縮小することから明らかなように、潜降による圧外傷がある。現に、肺内に出血を来し、これによって死亡したと思われる症例報告もある[*34]。

三番目に不整脈が挙げられる。不整脈は冷水中に急に飛び込んだときなどの場合に引き起こされることが知られているが、それとは別に、肺が縮小し縦隔内に大量に血液が貯留されることによって、詳細は省くが心臓にかかるアフターロードといわれる負荷が大きくなり、致命的な不整脈を引き起こし得る、と言われている。

四番目に減圧症がある。深く長く潜ると減圧症に罹患し得ることがよく知られており、減圧症を防ぐためには途中で浮上を停止して余分に減圧時間をとらなければならない。しかし、ある限度内であれば減圧のために停止することなく水面まで浮上することができ、これを「無減圧潜水」という。無減圧潜水の組み合わせは深度と経過時間によるが、深度五〇メートルの場合、許容される滞底時間はわずかに五分である。そうすると、五〇メートルはおろか一〇〇メートルをも超えるような潜水では到底、無減圧潜水の枠にはまりそうになく、このようなところからも、深い素潜りでは、たった一回の潜水でも減圧症に罹患する可能性が高いことが容易に察せられよう。実際にそれを強く示唆する記述もある。なお、素潜りを繰り返すと、比較的浅い深度の潜水でも減圧症を来すことはよく知られている。

注意しておかなくてはならないのは、上昇スピードが速いと、通常は静脈側に出現する気泡が動脈側に現れる可能性があることで[*35]、この場合は空気塞栓症《そくせんしょう》と同じメカニズムが働くので、少量の気泡でも重篤な症状を呈する恐れがある。

そのほかに可能性がある障害として、窒素酔いを挙げる人もいる。しかし、記録を目的とした素潜りでは急速に潜降し浮上するために、窒素酔いの症状が出現する前に浮上してしまい、実際に窒素酔いのために困難な目に遭うことはほとんどない、という意見もある。

同じように圧力の影響として高圧神経症候群（一五五ページ参照）や加圧関節痛が出現することもあるが、これも右と同様に、症状が出現するには少し時間が足りないようだ。

第2章 ベル潜水

ベル潜水という言葉は一般にはほとんど馴染みがないと思われるが、素潜りに次いで用いられた古くからある潜水で、しかも基本的に同じ概念による潜水は現在に至るまで用いられているどころか、ある意味で最先端の潜水方法でもある。この章では、ベル潜水の変遷を概観してみるが[*1・2]、ベル潜水の一種ともいえるバウンス潜水は飽和潜水の装置を説明してからの方が理解しやすいので、飽和潜水の次に述べることにする。

◎ベル潜水の歴史

ベル潜水のベルとは鐘を表すベルで、強いて日本語で言えば、鐘潜水あるいは潜水鐘潜水とでも言えようが、語呂が悪いので、ベル潜水という用語を用いることにする。

ベルという言葉を用いる理由は、潜水に使用する装置の形状による。つまり、釣り鐘状の底のあいた容器を海中に吊して行う潜水ないし海中活動をベル潜水というのである。もっとも、底が開放されていない容器を用いる場合もベル潜水に含めることがある。

ベル潜水の最も古い記録は、アリストテレスの『問題集（Problemata）』にあり、紀元前三六〇年にベルを用いて潜った記述がされている。また、アレキサンダー大王が紀元前三三二年に現在の南レバノン付近あったフェニキアの首都ティーレの港を攻略した際に、ダイバーとベルを用いたようである。また、大王自身が容器に入って海中を観察したとの後世の言い伝えがあり、その絵も残されているが、信憑性は乏しい。

確実なベル潜水の記録は一気に下がって一五〇〇年代に求められる。一五三一年に、ローマのネミ湖に沈んだカリギュラ帝の遊覧船の引き揚げ作業にベルが使用され、また一五三八年にスペインのトレドでも大勢の観客の前でベル潜水の様子が供覧されている。特に、後者のニュースは瞬く間にヨーロッパ全土に広がり、様々なベルが建造されていくことにつながっているが、一六八九年にフランスの自然科学者ドニ・パパン（Denis Papin）が水面から大きな〝ふいご〟で空気を内部に送る装置を取り付けたベルを考案したことによって、初めてダイバーの生命に合理的な配慮をしたベルが出現したと言える。空気が供給されないベルでは、多くのダイバーが炭酸ガス中毒や低酸素症（酸欠）で斃《たお》れていったものと思われる。

図 2-1　テームズ川で使用されているベル潜水。1827 年のことである（Bevan 1996[*3]）。

また、同じころ、ハレー彗星で有名なエドモンド・ハレー（Edmund Halley）が一種の樽のようなもので空気を供給する方式の大きなベルを作って良好な成績を収めていることも、知っておいてもよいだろう。おそらく、原始的な〝ふいご〟よりも使いやすかったのだろう。

ついで、大きな進歩は一七八八年に現れる。イギリス人のジョン・スメートン（John Smeaton）が効率的なポンプを発明したのである。これによってベルが本当の意味で実用可能なものになったと言ってもよい。図２-１は一八二〇年代に盛んに行われていたベル潜水の図である。[*3]

…ケーソンのルーツ…

また、スメートンは、現在も橋梁工事など水中土木作業で広く使用されているケーソン（caisson：潜函、フランス語で大きい箱を意味する）も同じころに発明している。ケーソンとは、底の開いた構造物を海底に降ろし、構造物の中に高圧空気を送り込むことによって、構造物の中に水が進入しないようにする装置である。そうすると、内部の圧力が高いほかは基本的に陸上と同じようなドライ環境で海底の作業を実施できるために、作業そのものが飛躍的に効率的かつ容易になる。図２-２に示したような現在使われている巨大なケーソンからベルを連想することは困難かも知れないが、ベルを海底に密着させれば原理的にケーソンと同じになるので、ケーソンのルーツもベルにあるのである。

ところで、日本に古いベルともケーソンとも言える装置が現存していることについて触れておこう。それは、泳気鐘《えいきしょう》と呼ばれる底面が一・八五×一・三五メートル、高さが一・六メートル、重さ約五トンの金属製の底の開いた箱状のもので、三菱重工㈱長崎造船所史料館に大切に保存されている（図２-３）。長崎の史誌「長崎談叢」に掲載されている菱谷武平の労稿「泳気鐘雑考」等によれば、[*4・5] 寛政五年（一七九三）将軍徳川家斉によりオランダに発注、四一年後の天保五年（一八三四）長崎に到着したロンドン生まれのベルである。

図 2-2　現代のケーソン
(上)これを海底に沈める(著者撮影)。
(右)ケーソンの構造（鹿島建設㈱提供資料を改変)。
(下)ケーソンの内部は無人化が進んでおり、人影はほとんど認めない(提供：鹿島建設㈱)。

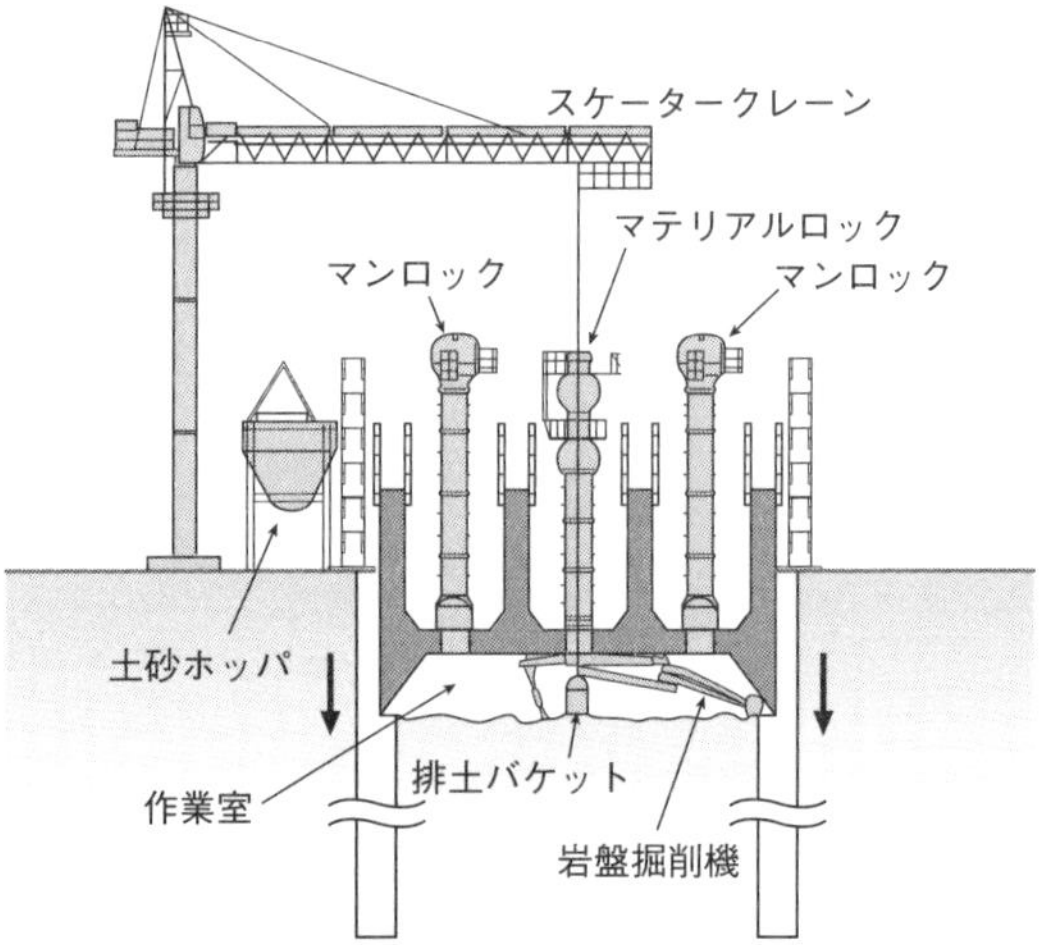

当初は真珠の採取に使う予定であったのが、使われずに保管され、安政五年（一八五六）から始まった長崎製鉄所の岸壁工事に実際に使用されている。何となく嬉しくなる話ではないか。

◎現在のベル

現在の潜水で用いられているベルは、後述するバウンス潜水を除いて、あくまで補助的な装置として使われている。基本的には減圧停止や休憩のための基地として用いられる（図２-４）。以下、それについて若干の補足をしておこう。

潜水の深度や時間が増加すると、減圧症に罹患《りかん》しないためには途中で浮上を停止して、ある決められた時間とどまらなければならない。そのための特別の装置を有しない場合は、ダイバーは浮力調整を行ったり索につかまったりして一定の深度にとどまるわけだが、これがなかなか容易ではない。というより、これが確

図２-３　三菱重工㈱長崎造船所史料館に保存・展示されている泳気鐘。下の写真はその内部で、周りの窓は採光用である（著者撮影）。

実にできることが一人前のダイバーとして認められる要件の一つでもあったわけだ。しかし、短時間の減圧停止ならばともかく、数十分以上の停止となると一人前のダイバーでも容易に実施できるわけではなく、ダイバーをケージに載せて潜降浮上し、そのケージを減圧停止の基地として使用する方法が編み出されてきたのである。しかし、この場合でもダイバーは冷たい海中でヘルメットをかぶったままで減圧停止を行わなければならない。また、スクーバ潜水による潜水作業を行った場合、スクーバで携行できる空気源には限界があり、長い減圧停止のためには余分のボンベが必要になってくる。また、水中でマスクを取ることもできない。

そのようなところから、減圧をより快適に、あるいはより長く行う装置として、ベルが見直されてきたわけで、日本ではベルを備えた母船の数は少ないが、欧米ではよく見かける。特に、スクーバを用いる際には、たいへん効率的に使えるだろう（スクーバ潜水は無減圧潜水に限定すべきだとの意見もあるが、私見ではそれなりの態勢を整えておけば、無減圧潜水に限定する必要はないと考える）。

また、水槽内の作業などでは、スクーバ潜水のみならず、素潜りにおける息継ぎの基地としても重宝されていることも忘れてはならない。なお、この場合は、水中の圧力が加わっている空気を呼吸しているので、素潜りでも息を吐きながら浮上しなければならない。

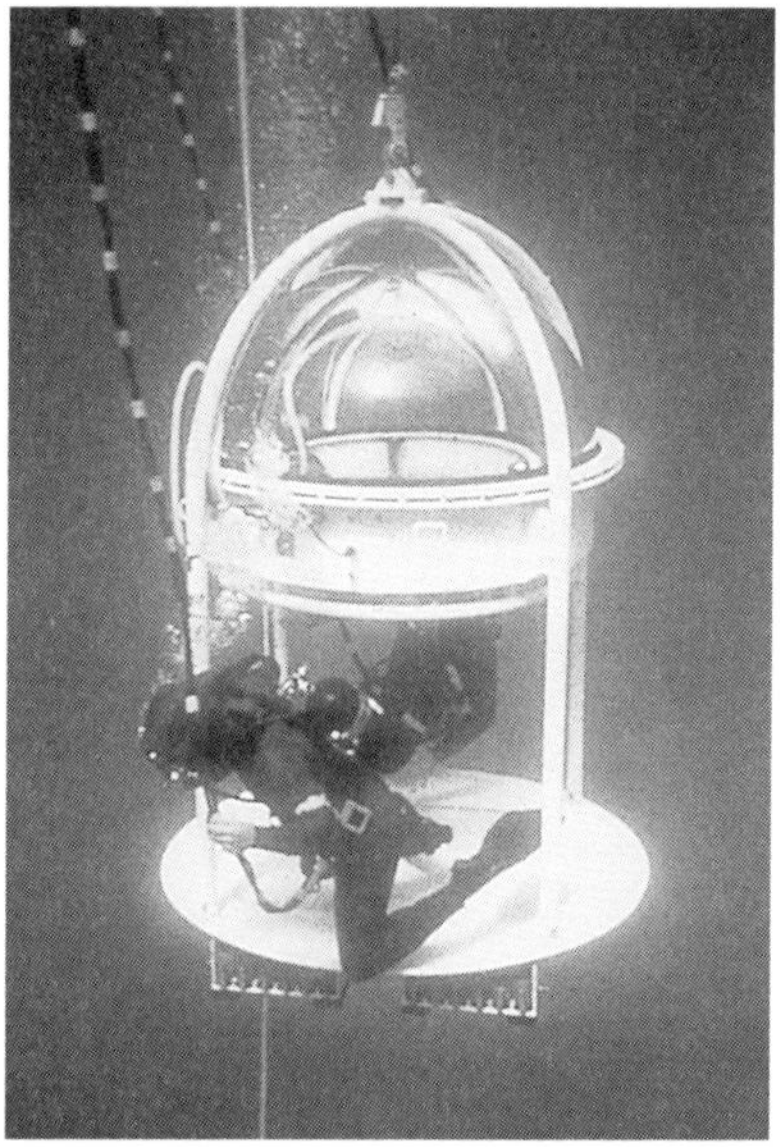

図 2-4　潜水で用いられている現在のベル（提供：Best Publishing Company; Joiner[*6] © Jim Joiner）。

◎減圧症の認識

素潜りの章でも触れた減圧症は、時に減圧症イコール潜水病と見なされることもあるほど、潜水が原因となって生じる、いわゆる潜水病のうちでも最も代表的なものである。そのためか、減圧症が広く認識され、さらにその病態が解明されたのは、潜水の現場においてではないかと思われがちだが、本当のところはちょっと異なる。以下にその事情を記すことにする。

…減圧症とは…

その前に減圧症について解説しておこう。潜水や圧気土木作業などの高圧環境下に人が曝露《ばくろ》されると、外界の窒素などの不活性ガスが外界の高い窒素分圧に応じて体内に溶け込んでくる。その状態から浮上すると、このようにして溶け込んだ不活性ガスの量ないし分圧が、浮上したところの圧力下で通常存在する量よりも大きくなる。これを過飽和状態というが、ある範囲内の過飽和は生体に目立った変化を起こさないのに対し、その程度が過ぎると生体内に過剰の不活性ガスによる気泡が発生し、生体に様々な影響を及ぼす（図2-5、2-6）。このようにして生じる疾患が減圧症である。

というと、減圧症が単に気泡が血管に詰まって生じる疾患であると見なされがちだが、決してそれほど単純ではない。例えば、減圧症はビールの栓を抜いたときに泡が出るのと同じことが生体に生じた結果である、と解説されることがよくあるが、減圧症で気泡が出現する場合とビールの栓を開けた場合との過飽和圧力を比較すると二桁ほど異なることからも、複雑さの一端が知れよう。本書の性格上、詳細は述べられないので、要すれば専門の総説記事等[*9]を参照されたい。

また、ここで「曝露」という聞き慣れない言葉を用いたが、医学用語としての曝露は、主に高圧や低圧、高温や低温など、常態とは異なる環境に生体が曝《さら》されることを意味し、exposure の訳語でもある。最初は奇異に感じられるかもしれないが、ご容赦願いたい。

…ケーソンと減圧症…

本題に帰って、では、どこで減圧症という疾患が広く認識されたかというと、それは潜水ではなくケーソンを用いた潜函工事においてなのである[*10]。その背景としては、おそらくその作業に従事する人の数、あるいは社会に対するインパクトなどが考えられる。何と言っても、それまでは職業として潜水に従事する人の数が絶対的に少なかったのだ。またその仕事の現場も、中央から遠く離れたところでなされることが多く、世間一般の話題になることも稀であったと思われる。そうであれば、ごく一部の人が遠く離れた地で減圧症に罹患することがあっても、ほとんど何の関心を惹くこともなく、ましてやその病態を探ろうなどという機運

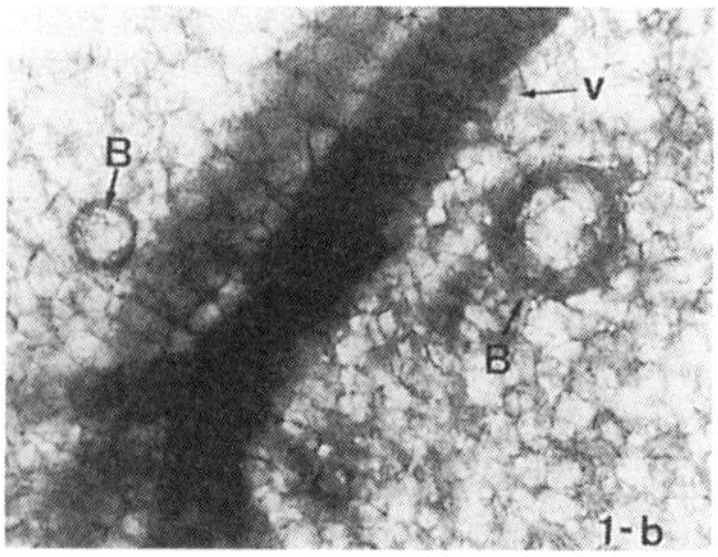

図 2-5　ラットに認められた気泡（野寺誠[*7]）。左は組織内に認められる気泡（B)、右は血管内の気泡（B）を示す。

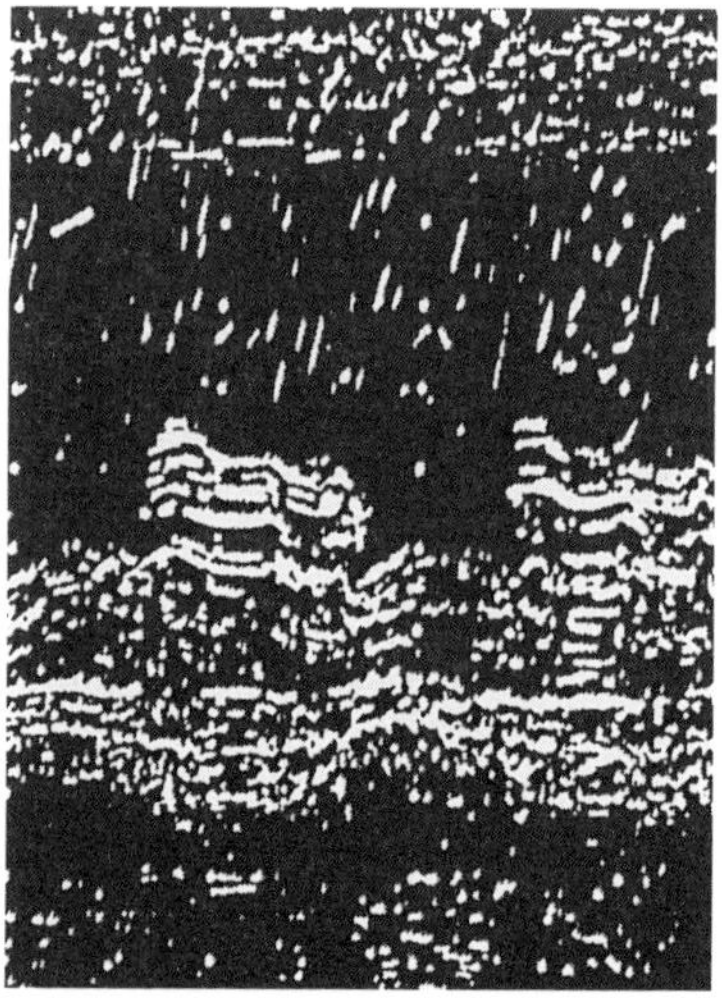

図 2-6　超音波で観察された心臓内の気泡（Ikeda[*8]）。上面が体の表面で縦軸は下に向かって表面からの距離、横軸は時間の経過を表す。右斜め上方向に描かれた線状影が気泡の動きで、心臓内の血液中の気泡が血流に乗って体の前方に向かって駆出されている状況を表している。

が生じなかったとしても、当時の社会一般の状況を考えれば、むしろ当然のことであったと思う。

ところが、社会全般の動きとして、都市の開発が盛んになってくると、話は一八〇度変わってくる。都市の至るところで様々な工事が施工され出すが、我々にとって関係してくるのは橋梁やトンネル工事だ。そこでは工事現場への浸水を防ぐために、どうしても潜函作業が必要になってくる。そして、そこに働く人の数は都市の住人にとっても無視し得ないほど多く、また距離の面から近い存在でもあったので、彼らのうちの一部にせよ、減圧症に罹患するのを運が悪いとか罹患した人の体が弱かったのだ、などとしてそのまま抛擲《ほうてき》することは、当時の決して高くはない社会水準からしても、もはや許されない状況になってきたのである。

そのような中で一八六八年に開始されたミシシッピ川に架かるセントルイス橋の工事では、当初は順調に行われていたものの、圧力が六〇フィート（一八メートル）を超えるころから患者が出始め、ひどいときには一〇日間で六名、総計で一三名の死亡者を出してしまった。高圧下の作業が何らかの形で発症に関与していることは当時から疑われていたが、実質的には何ら有効な手段はとられなかったのが実状だ。一八七〇年にはニューヨークとブルックリンを結ぶブルックリン橋の工事が始められた。工事を請け負ったレブリン父子（John A. Roebling と Washington A. Roebling）二代にわたる苦心惨憺《さんたん》の物語でも有名なこの工事は、セントルイス橋よりもずっと大規模で、これも当初は順調だったのに対し、同じく四〇フィート（一二メートル）を超えたあたりから患者が現れ、七一フィート（二一メートル）に至って死亡する者も出現し始めた。そこでレブリンは、当時名声のあったスミス（Andrew H. Smith）医師を招聘《しょうへい》して対策に乗り出したのである。これによって、たしかに状況は改善されていったのだが（総計で三名の犠牲者を出している）、節制した生活の徹底などが主なもので、今から見れば場違いの対応が多かったのも否定できない。特記すべきは、スミスが現場に減圧症の治療に本質的に有効な再圧チャンバーを備えることを企図したことだ。しかし、残念ながら実際の建造には至らず、最初にチャンバーを備えた栄誉は、次のハドソン川のトンネル工事に関わった技術者モワール（Earnest W. Moir）に譲ることになった。それははるかに下って一八八九年のことである。

‥ポール・ベール‥

また、これらの橋梁工事と同じころ、実際の工事とは別に、遠くパリで減圧症の本質に関する研究が成果を挙げ始めていたことも忘れてはならない[*11]。先に潜水序脈の項で触れたフランスのポール・ベール（図2-7）が、減圧症の原因が過飽和状態になった窒素が生体内で気泡化して生じることにある、という正しい認識にようやく至りつつあったのである（もっとも、正確に言うと、ベール以前にも圧力の関与を示唆する報告がなされているが、ベールほど注目されなかったらしい）。ちょうどブルックリン橋が建設されていたころだ。スミス医師はポール・ベールの考えを聞いていたに違いないとされているが、それがチャンバーの建造を促すきっかけになったのだろうか。

ちなみに、ポール・ベールは一八七八年に自らの研究の集大成として一一七八ページに及ぶ“La pression barométrique: Recherches de physiologie expérimentale”を出版しているが、アメリカでは第二次大戦中の一九四三年にそのすべてを英語に翻訳し、“Barometric pressure: research in experimental physiology”として出版し、さらに重版を潜水医学会から一九七八年に刊行している[*11]。このことから類推されるように、ベールの業績は現在も大きく評価されているわけだが、具体的に減圧症に罹患しない系統だった方法を見出すには、次の二十世紀を待たなければならなかったのである。

図2-7　ポール・ベール（Hitchcock 1978[*11]）。

第3章　送気式潜水

ベル潜水に続いて広く用いられるようになったのは、呼吸ガスを船上や陸上の基地から供給することによって長く海底に留まろうとする送気式潜水である。送気式潜水は、別名ヘルメット潜水などとも言われるが、その呼称が若干複雑であり、誤解されている面もあるので、最初に用語について記し、以下それぞれの送気式潜水についてその発展の歴史も含めて概観していく。

◎用語

ここでいう送気式潜水とは、ダイバーが船上から供給される空気などの呼吸ガスを呼吸しながら海に潜る潜水方法を示し、呼吸ガスを船上の装置に頼らずに自分で携行するスクーバ潜水の対をなすものと考えればよい。スクーバ潜水を自給気式潜水とも言うところから、送気式潜水を他給気式潜水とも称するが、漢字の用法としては不自然なところがあるので、送気式潜水の方がふさわしいだろう。英語ではsurface-supplied divingと記される。もっとも、後述する飽和潜水も呼吸ガスを船上から供給して潜る方法であるが、これは送気式潜水の中に含めずに独立して扱うことが多い。

この潜水を「ヘルメット潜水」と称することもあるが（以前は兜《かぶと》潜水と言われた）、これは使用する器具による呼称である。現在では、いわゆる旧来のヘルメットを用いない送気式潜水の方が多数を占めるようになっている。日本では送気式潜水を「フーカー潜水（hookah diving）」と称することが多いが、これは混乱を招く言葉の使用法ではないかと思う。フーカーの語源は水キセルに由来し、さらにそれに蔑視的なスラングも加わった言葉で、定評のある米国海洋宇宙局（NOAA: National Oceanic and Atmospheric Administration）による潜水教範にも、ごく軽便なデマンド型の送気式潜水器を指す、と明記してあるのだから[*1]、国際的な基準に従った言葉を用いた方が望ましいだろう。「マスク潜水」という言葉は日本でよく使われる。在来のヘルメット潜水では呼吸ガスをヘルメットをはじめ潜水服の中全体に供給する方式をとっているのに対し、ヘルメットの代わりに面マスクを用い、その中にガスを送り込む方式の潜水を指すことが多い。また、ガスを常に送り込む方式を「フリーフロー型」、ダイバーが息を吸うときのみに供給するタイプを「デマンド型（応需型）」と使い分けることもある。

図 3-1　ヘルメット潜水。海上自衛隊の潜水員がヘリウム酸素を用いたヘルメット潜水を行おうとしているところ。ヘルメットの後ろについている出っ張りには炭酸ガス吸収剤を収めている（著者撮影）。

◎ヘルメット潜水

…ヘルメット潜水とは…

以前はもちろんのこと現在でも、職業ダイバーからまず最初にイメージされる姿がヘルメット潜水である。図3-1に示すように、小さな窓をつけた丸い金属製のヘルメットを頭にかぶり、頭以外の全身を防水構造になっている潜水服でまとい、足には重い靴を履いて作業をする。空気などの呼吸ガスは船上からホースを通してフリーフロー状態でヘルメットに送られ、一部がダイバーの呼吸に使われるのみで、大部分の空気は呼気とともにヘルメットの排気弁から海中に排出される。ダイバーから呼出される炭酸ガスの問題は、空気を大量に供給し大量に排気することによって炭酸ガス濃度を抑える単純な方法をとっているが、ヘルメット潜水では一度ヘルメット内に吐いた炭酸ガス濃度の高いガスを吸入することがどうしても避けられないことから、炭酸ガス中毒に罹患《りかん》しやすいとされる。

空気はヘルメットに繋がった潜水服の中にも進入するので、膨らんだ潜水服とヘルメットの容積から生じる浮力は大きなものになる。逆にいうと、その浮力によって浮き上がらないだけの重さをダイバーは備えていなければならず、装具全体としての重量は大きくなり、米海軍で第一次大戦から一九八〇年代まで大きな変更は加えられることなく長く使われてきたマークファイブ（Mk V：図3-2）[*2]という標準的な装具は、靴の重量を含めて二〇〇ポンド（約九〇キログラム）にも達し、やや小型の海上自衛隊のそれでも八三キログラムを超える。呼吸ガスとして空気の代わりにヘリウム酸素を用いるときは、高価なヘリウムを節約するためにすべてのガスを海中に放出するのではなくヘルメットの中を循環させて再利用する方式をとっているために、空気使用のヘルメットに加えて炭酸ガス吸収装置を取り付けており、さらに重く三〇〇ポンド（約一三五キログラム）にも達する。[*3]

浮力の調節は給排気される空気の量を変化させ、潜水服の容積を増減することによって行う。潜降浮上は図3-1のようにケージを使ったり、図3-3に示すように索に摑まったりして実施するのが安全だが、熟練してくるとそれらに頼らないで宙づりの状態でもできるようになる。しかし、この浮力調整に失敗して浮力がつきすぎた場合は、ブローアップ（吹き上げ）と言って、たいへん危険なことになる。というのは、浮上するに従ってダイバーを取り巻く外界の圧力が小さくなるために、潜水服の中の圧力も低下し、それに反比例して潜水服が膨らみ、そうするとさらにその分浮力が増加し、ますます速く浮上する、という悪循環に陥って、そのまま水面に飛び出すように浮上するからだ。そうすると、ダイバーの体の肺も急膨張することになって、肺圧外傷や、行き場を失った肺内の空気が肺血管を経由して動脈内に侵入し発症する極めて危険な空気塞栓症《そくせんしょう》に罹患する可能性が高くなる。

とはいえ、ヘルメット潜水は水上と常に連絡がとれることもあって、送気ホースの圧迫や切断による事故以外は、比較的安全に潜水作業を行うことができ、信頼性の高い潜水であることに変わりはない。現在では、急速にデマンド・レギュレータを使用した送気式潜水に取って代わられつつあるが、漁業や港湾作業におい

図3-2　米海軍マークV潜水器のヘルメット（提供：東亜潜水機㈱佐野泰治）。

図3-3（左）　米海軍のマークV潜水器を用いた訓練（米海軍潜水教範[*2]）。

て愛用している人が今なお多い。

…ヘルメット潜水の深度記録…

ヘルメット潜水の最も深い潜水深度は、空気を用いた場合では、一九三〇年に英海軍の一連の検証潜水でなされた三四四フィート（約一〇五メートル）であろうとされている。しかし、このときの別の潜水では、中枢神経性の酸素中毒のためと思われる原因でダイバーが一名死亡しており、潜水は中止された。[*4] ヘリウム酸素潜水の方は、一九四八年スコットランドの湾で実施された三〇〇フィート（約九一メートル）以深の一連の検証潜水の最後に、くじ引きで選ばれた下士官ボラード（William Bollard）が五四〇フィート（約一六五メートル）まで潜ったのが当時の最深記録であった。しかし、八年後の一九五六年に、またしても英海軍の甲板長ウーキー（George Wookey）がノルウェーのフィヨルドにおいて六〇〇フィート（一八三メートル）の深さに潜って記録を更新し、これが現在までの最深記録である。[*5・6] いずれも英海軍の潜水艦救難艦レクレイム（HMS Reclaim）の上からなされたもので、減圧にはベルを用いている。

日本では、昭和五十年（一九七五）七月二十六日、海上自衛隊が指宿沖にて潜水艦救難艦先代「ちはや」を母艦として深度一一八・五メートルまでのヘリウム潜水を実施したことがある。[*7] これは滞底時間の極めて短い訓練潜水で、ベルは使わず、オーソドックスなヘルメット潜水であった。民間でさらに深い潜水がなされた可能性も無しとはしないが、筆者には未詳である。空気を呼吸した潜水では、山下弥三左衛門《やそうざえもん》の『潜水奇譚』にヘルメットを用いて八七メートル、マスク式潜水で九五メートル潜ったとの記載がある。[*8]

このように、ベルを使わない通常のヘルメット潜水では、一〇〇メートル前後が限界深度になっている。そこで、なぜそれ以上深く潜ることが難しいのか、以下に簡単に説明することにしよう。

ヘルメット潜水において潜水深度を制限する大きな要素は三つある。一つは減圧だ。のちほどやや詳しく述べるとおり、減圧症に罹患しないためには、潜った深度と時間に応じて時間をかけてゆっくり浮上しなければならない。潜水深度や時間が深く長くなると、ヘルメットを着けたまま冷たい海中で過ごすことが実質上不可能になるくらい浮上に要する時間が長くなる。これが第一の理由だ。二番目は酸素中毒である。これものちほど触れるが、酸素分圧が高くなり曝露時間が長くなると、痙攣《けいれん》発作を起こす。空気を用いると、空気中の酸素濃度は二一％と一定なので深く潜るほど酸素分圧が高くなり、痙攣発作を起こさないためにはどうしても潜水深度と時間に限度がある。三番目は窒素酔いである。窒素には麻酔作用があり、その程度は窒素分圧が大きいほど強くなる。深さ五〇メートルあたりから顕著になり、八〇メートルを過ぎると、人によっては何ら誘因がなくとも笑い転げるなど、窒素酔いを表す言葉「深海の饗宴（rapture of the depths）」そのものの状態になってしまう。つまり、潜水にとって最も重要な理性的な判断ができなくなるのだ。この三つが、空気を呼吸しながら深く潜ることを困難にしている主な原因だ。なお、いま空気を呼吸しながら、と述べたが、空気の代わりにヘリウムと酸素の混合ガスを呼吸ガスに用いると、三番目の要因は解消される。

ちなみに、深く潜るにつれて窒素酔いの程度が強くなることを「マティーニの法則」という言葉で表すことがあるのは、潜水の世界ではご存じの人も多いだろう。つまり、深度が五〇フィート（約一五メートル）増すごとに、マティーニを一杯飲んだのと同じように酔っぱらっていく、というものだ。しかし、ではなぜジンやラムあるいはウイスキーなどの法則ではなく、マティーニでなければならないのか、おわかりだろうか。その愉《たの》しい理由は、マティーニという言葉にはベルヌーイやカッシーニと同じような響きがあるので、本物の法則のように聞こえるからだ。「ジンの法則」ではこうはいかない。ウソのようだが、本当の話である。

…ヘルメット潜水の開発と展開…

潜水全般について言えることだが、ヘルメット潜水を開発する過程も、人と海との関わりを見るうえで素朴かつ興味深い面があり、また、つい最近までおそらく史実とは異なって理解されていた部分もあると思われるので、訂正の意味も込め、簡単にその歴史をたどってみよう。

ヘルメット潜水のアイデアはレオナルド・ダ・ビンチの残した絵など古くからあるが、実際に使用した痕跡が最初に認められるのは、十六世紀のイギリスにおいてである。海面からホースを延ばして海底で長時間作業をしている姿を目撃されている。しかし、潜水可能深度がポンプの能力によって数メートルに限られ、それほど実用的とは思われなかったためか、その情報はイギリス以外には広くは伝わらず、専らベル潜水が用いられていた模様である。実際にその後も長期間にわたって、海底の作業を制限するのはポンプの能力だったのである。なお、昭和十年代の日本の書籍で、ヘルメットを初めて考案したのは一七六〇年イギリス人ジャックである、と記載されているのを見かけるが[*9・10]、その根拠は筆者には未詳である。

ところで、ヘルメット潜水において使われるヘルメットの原型は、ヘルメット潜水の父とも称されるプロシャからイギリスに移住してきたオーガスタス・シーベ（Augustus Siebe）によって一八一九年に開発された、と記述されることが多いが、これがどうも間違いらしいことが、ジョン・ビバン（John Bevan）の丹念で精力的な調査によって近年明らかにされている[*11]。ビバンが特許書類や当時の新聞に実際に当たるなど徹底して調べたところ、本当の発明者はチャールズ・ディーン（Charles Dean）とジョン・ディーン（John Dean）の兄弟で、一八二三年にチャールズが特許申請をしている防煙用のヘルメットに源流があることがわかってきた。チャールズはシーベの協力を得て防煙ヘルメットを三〜四個作ったものの全然売れず、部屋の飾りにしかならなかったのが、当時宣伝されていたウイリアム・ジェームス（William James）のごく原始的なスクーバ潜水用のヘルメットのデザイン（一〇七ページ参照）とよく似ていることと、近くで盛んに実施されていたベル潜水のベルと防煙ヘルメットはそのサイズが異なるだけで基本的には同じ原理に基づいているのではないか、という点に気づいたことなどからインスピレーションを得て、一八二八年に潜水用のヘルメットを試作したとされる（図3-4）。これはすぐにたいへん実用的で有効なことがわかり、大量に生産され出したが、現在も使用されているヘルメットとは大きく異なる点が一つある。それはこのヘルメットがオープン・ヘルメットとも称されるように、ヘルメットの下部が開放されていることだ。すると当然、体を傾けたときには水がヘルメットの中に侵入するわけで、潜水作業に大きな制約があることになる。たくさんのダイバーがこのことによって溺死したものと思われる。

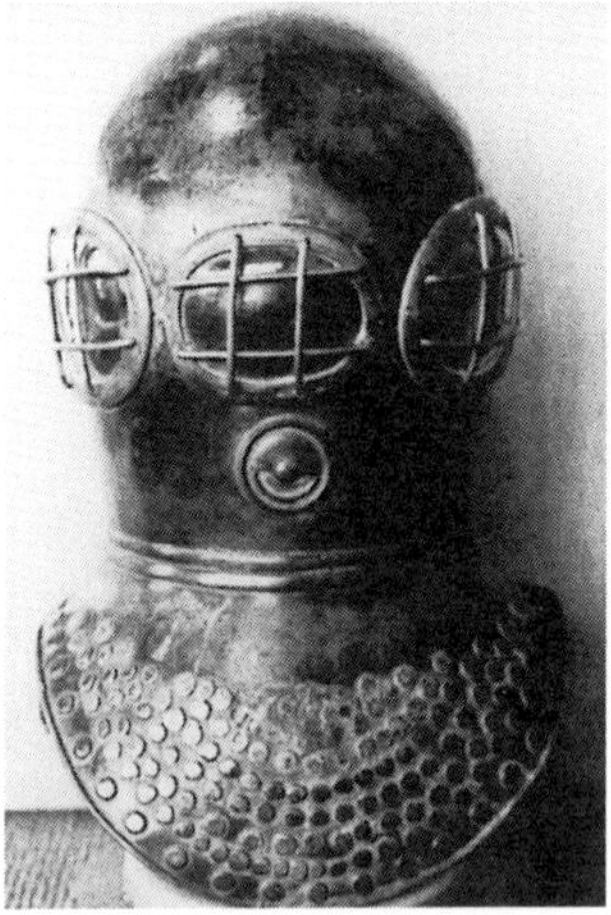

図 3-4　最初期のヘルメット（Bevan 1996[*11]）。

しかし、このままではいかに人の命が軽んじられていた当時とて困るわけで、ヘルメットとタイトドレスと呼ばれる防水の潜水服をボルトによってしっかり締め付け、水が入らないようにした、いわゆるクローズド・ヘルメットが次に開発されたのである。これもなぜか、シーベによって一九三七年になされたと記述されることが多いが[*12]、実状はその前にジョン・ベセル（John Bethell）やフレーザー（John Fraser）などがタイトドレスを考案していたらしいことが、同じくビバンによって明らかにされている[*11]。

詳細はともかく、これは画期的な改良で、この潜水器を用いることによって、従来とは比較にならないほど安全に海中作業を行えるようになった。今なお世界中で使用されているヘルメットは、後述する逆止弁という装置を付け加えたことを除いて大きな変更は施されておらず、基本的にこのときのヘルメットと同じである。

そして、このタイプのヘルメットがその模造品も含めて世界中で使われるようになり、しかもその大部分がシーベの会社によって、あるいはそれに倣《なら》って生産されていったことからか、いつの間にかヘルメットはシーベが開発したと誤って伝えられるようになったものと思われる。しかし、ここでシーベの名誉のために言っておくと、シーベは意図的に開発者としての名誉を剽窃《ひょうせつ》したものではなかったらしいのである。シーベとディーン兄弟の関係は良好なものであったことが知られている。ところが、ディーンの兄の方が一八四八年に自殺し、弟は一八八四年まで生きていたものの、子孫は海外に移住して潜水に関与する人がいなくなったのに対し、シーベの方は自らが起こしたシーベ・ゴーマン（Siebe Gorman）社が現在も広く活動を続けていることからも想像できるように、その後も潜水に深く関与していったのである。そして、直接の当事者が世を去ったのち、ディーンの業績を積極的に伝えようとする動きがなかったこともあって、いつの間にかシーベがヘルメットの開発者である、とする見方が広まっていったのだろうとビバンは結論づけている。なお、ビバンは記していないが、シーベ社から出版され評価の高い深海潜水に関するテキスト[*5]において、シーベによって開発された、と明白に書かれていることも大きく関与していると思われる。

ここで、先に触れた逆止弁について記しておこう。クローズド・ヘルメットは利点ばかりではない。もしダイバーがクローズド・ヘルメットを用いて海の中にいるときに空気を供給しているホースが裂けたり、ポンプが機能しなくなった場合に（当時は、ほとんどが人力ポンプであったことを心に留めておいてほしい）どのようなことが起こるかというと、潜水服の中の圧力がホースを通って逃げていくので、ダイバーの体が固いヘルメットの中に押しつけられてしまうという、圧外傷の中でもヘルメットスキーズとして知られる悲惨な結果が生じる。ひどい場合は、肉片がホースの中にまで侵入していた、という記述もある。[*12]このような事故が頻繁に起こったために、それを防ぐために開発されたのが逆止弁である。単に空気がヘルメットから供給ホースの方に流れないようにしただけの簡単な構造で、これによって類似の犠牲者は格段に少なくなっていったわけだ。最初の取り付けは、一八四二年になされている。[*11]

…日本におけるヘルメット潜水の普及…

ディーンによって開発され、シーベによって製造販売されたヘルメットは、従来のものに較べて信頼性が高く安全なことから、前述のように世界中に広まっていったが、ここで、日本の動きについても触れておきたい。

日本で最初にヘルメット潜水を行ったのは、後述のスクーバ潜水と同様、外国人であった。すなわち、安政元年（一八五四）ロシアのプチャーチン提督が日本を訪れ、その乗艦「ディアナ」が下田に入泊中、折から発生した安政の大地震のために船が破損し、その調査にヘルメット潜水が使用されたのがそれである。[*13] しかしながら、これは単に日本で潜ったというだけで、その後の日本の潜水に直接は大きな影響を与えていない。

日本人がヘルメット潜水に実質的に関わったのは、慶応二年（一八六六）横浜に停泊中の英国軍艦の艦底作業のため、横浜居留地の世話役だった増田万吉が潜ったのが最初とされる。[*13・14] このときは、船の乗員から潜水方法を教わり、見よう見まねで潜ったわけだが、彼は引き続いて系統的にヘルメット潜水を学び、明治五年（一八七二）ころには「器械潜水業」を起こし、日本におけるヘルメット潜水の創始者として各地で活躍することになる。また同年には、東京月島の加藤潜水器工場において民間で最初のヘルメットが製造されたらしい（海軍工場では、すでに明治元年に製造されているとされる）。[*9] しかし、千葉県水産課長などを務め『房総の潜水器漁業史』[*14] などを著している大場俊雄によると、潜水業が安定した職業となるためには、当時の港湾潜水だけでは不十分で、漁業にヘルメット潜水を使用するようになったのが大きいという。すなわち、明治十年（一八七七）房州の森精吉郎らが増田からヘルメット潜水を教わり、翌十一年アワビ漁に用いたところ、莫大な収穫を得、以後急速にヘルメット潜水が広まっていったという。もっとも、間もなくアワビなどの水産資源が著明に減少し、早くも明治十五年（一八八二）には漁業規制の考えが打ち出されるに至っている。

このようにして、ヘルメット潜水は漁業潜水や港湾潜水を中心として普及していったが、忘れてはならないものに、日本人ダイバーの南洋やカリフォルニア沖への進出がある。明治から昭和にかけ、海底の真珠やアワビ採りは日本人の独壇場であったと言っても過言ではない。しかしながら、過酷な条件での無理を冒した就労によって、多くの人が斃《たお》れていったことも事実である。[*9・15〜18]

ところで、意外に思われるかもしれないのが潜水におけるわが海軍の沈黙で、米英海軍の饒舌《じょうぜつ》ぶり[*19・20]と対照的である。しかし、これは意外でも何でもなく、むしろ日本海軍の特性を如実に表した結果と考えてよいのではなかろうか。というのは、そもそも海軍には潜水分野を独自に開拓しようとする姿勢が乏しく、まとまったある一定規模以上の潜水作業を要するときは、民間のダイバーを軍属として雇うことによって事を済まそうとしていた節《ふし》がある。現に多数のダイバーが軍属として海軍の潜水業務に参加していったことが、各種の記録に見える。[*8・9・15・16]といっても、もちろん海軍が潜水に直接は全く関与しなかったと断言するものではなく、民間で潜水器の製造に携わっていた佐藤賢俊《けんしゅん》によれば、昭和十一年（一九三六）ごろ横須賀の海軍工機学校には深さ一〇メートルほどのタンクがあり、彼らが開発した後述のアサリ式潜水器の評価を受けるためにそのプールを使用した、という。しかし、そのプールの使用も装具の評価試験などに使われるにとどまっていた可能性が高い。ちなみに佐藤は、氷の張った厳寒期のプールで防水構造になっていない潜水衣を着て被験者になるのは水兵も尻込みし、佐藤自身が潜らざるを得なかった、と述べている。また、海軍から引き続いて海上自衛隊でも潜水職種を勤め上げた三宅玄造によれば、正規の水兵の潜水員もいたが、それはあくまで艦艇の保守を任務とした船匠（工作）職種で、主流からは遠く外れたものであったという。[*21]したがって、米英海軍では大佐はおろか、稀ではあるが提督に昇任した潜水を主任務とする将校が存在するのに対し、日本海軍ではそのような兵学校出身の正規将校は皆無で、潜水に実質的に関与するのは下士官からたたき上げた特務将校に限られていた。以上からすると、潜水技術の発展に海軍が直接寄与することは極めて限定されたものであった、と言っていいようだ。

この項の最後に、日本人が加えた改良について簡単に記しておく。他の分野と同様に、軽量化とちょっとした使い勝手の改良がその主なものである。なかでも軽量化は、当時の日本人の体格が小さかったこともあってか、かなり顕著で、例えば米海軍の標準的潜水器マークV《ファイブ》の空気用が九〇キログラムであるのに対し、東亜潜水機㈱の作っている漁業用のそれ（図3-5）は六〇キログラムという軽さに収まっている。双方の潜水器の経験がある後述の井関泰亮《いせきたいすけ》によれば、東亜潜水機㈱製の潜水器の方がはるかに使いやすかったそうだ。

図 3-5　東亜潜水機㈱製ヘルメットを用いた潜水作業シーン（提供：東亜潜水機㈱、撮影：水中造形センター）。

◎軽便フリーフロー型送気式潜水

古典的なヘルメット潜水はたしかに堅実で信頼性の高い潜水であるが、大きな弱点もある。その一つは、ガスがフリーフローの状態で供給されるために大量のガスを必要とすることだ。ただでさえ、ヘルメットと潜水服で囲まれた小さくないスペースにガスを送り込むために供給しなければならないガス量は多いのに、深く潜れば潜るほどさらに所要量が増えることになる。例えば、一〇〇メートルの深さに潜ると、同じ容積を得るためには、その水深の圧力が一一気圧であることから、水上の一一倍のガスが要求される。

この弱点を解決するためには、現在ではスクーバ潜水で用いられているところの、息を吸うときのみ呼吸ガスが供給されるデマンド型（応需型）の呼吸器を採用すればよいではないかと思われるかも知れないが、それが開発実用化されるのは一九四二年のフランスのクストーまで待たなければならない。また、それが広く行き渡るのはさらに先のことだ。そこでどうしたかというと、同じフリーフローガス状態でダイバーに呼吸ガスを供給する場合でも、ガスを送る先のスペースが小さければ供給ガス量も少なくてすむことを利用したのである。具体的には、ヘルメット全体にガスを供給するのではなく、顔面を覆うマスク内に呼吸ガスを定常流で送り込み、余分なガスはマスク外へ排出するようにすればよいわけだ。

ここでは、この考え方に基づくいくつかの潜水器のうち、アメリカおよび日本でそれぞれ独自に開発され、それなりに広く使用された例と、参考のためにそれらとは概念が大きく異なる極めて原始的な方法を示してみよう。

…ジャック・ブラウン軽便潜水器…

最初に、第二次大戦中のアメリカで広く使われた非常に簡単な構造の潜水器を取り上げる。もともとはオランダ人ビクトル・バーグ（Victor Berg）がマスク内に直接送気するシステムとして開発して米海軍に納入し好評を得ていたのが、戦争のために入手が困難になったこともあって、アメリカ人が独自に改良を加え独自に販路を広げていった、通称ジャッ

図3-6　ジャック・ブラウン軽便潜水器（米海軍潜水教範[*23]）。

ク・ブラウン（Jack Browne）軽便潜水器あるいはデスコ・マスク（Desco mask）と称するものがそれである。[*22・23] 図3-6に示すように、逆三角形の面マスクをストラップで顔面に縛りつけ、面マスク内へ直接ガスを送り込む構造になっている。そして、一九四五年に潜水会社の社長であるジャック・ブラウン自身が、チャンバーの中に設けられた模擬水槽の実験ではあるが、当時のヘリウム酸素混合ガス潜水の世界記録である五五〇フィート（約一六八メートル）まで自ら被験者となって潜っている。[*20] 本品は、浮力調整ができないなどの短所があるが、とにかく装置が簡便であることから非常に広く普及し、半世紀以上経過した今に至るも、アメリカでは水槽の清掃などに愛用されている。

…**アサリ式マスク潜水器**…

もう一つは、昭和十二年（一九三七）わが国の浅利熊記《あさりくまき》（図3-7）と佐藤賢俊によって独自に開発された、いわゆるアサリ式マスク潜水器である（図3-8）[*24〜26]。これは、面マスクの両端に空気の貯気槽としての袋を装着した組み合わせをヘルメットの代わりに用いるもので、旧来のヘルメット潜水に要求される送気流量が毎分六〇リットルであるのに対し、アサリ式マスク潜水では約半分の毎分三五リットルで済んだのである

図 3-7　浅利熊記（提供：佐藤賢俊）。

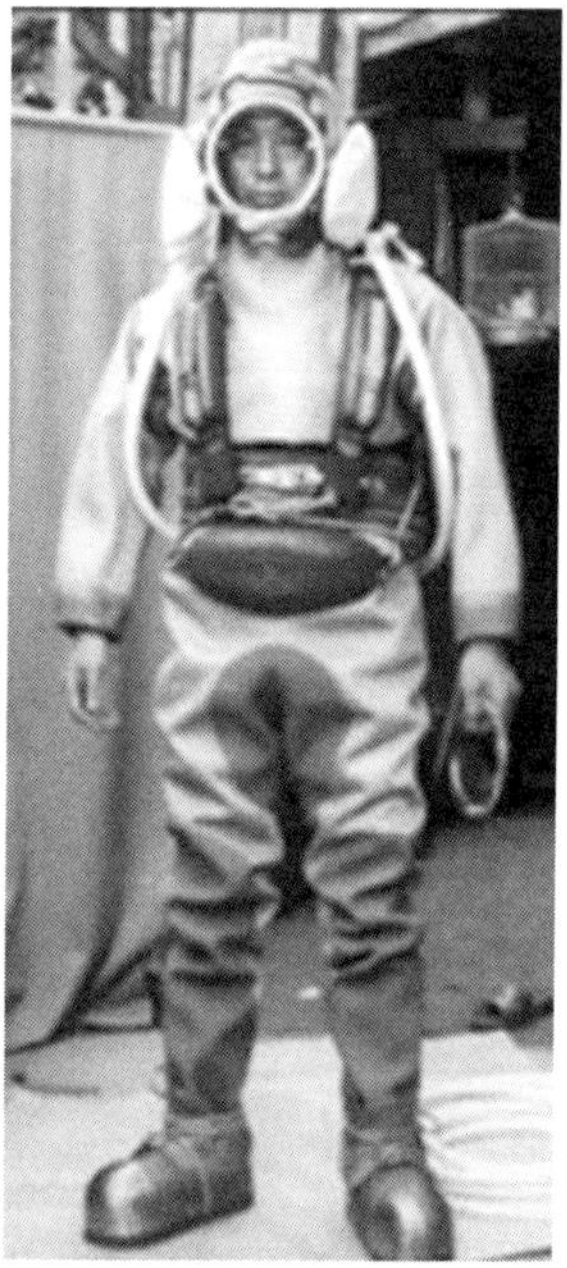

図 3-8　アサリ式マスク潜水器（提供：佐藤賢俊）。

（佐藤による）。このために高性能のポンプが必ずしも行き渡っていなかった海軍でも重宝がられ、小型艦を含む全艦艇に配備されるようになったという。しかし、より重宝がられたのは、人力ポンプが主流であった民間の漁業や港湾潜水で、多くの人がアサリ式潜水器を用いて潜っている。海軍が消滅した戦後は、テングサ採りに引っ張りだこにされていたらしい（図3-9）。しかし最近は、スクーバ潜水など他の潜水方法が普及してくるに従って使用される機会は減少している。

アサリ式の他に、金王式（海王式とも称される）潜水機という国産機材が、金王潜水機㈱によって製作されているが[*24]、これはマスク内に直接給気し、余剰の空気はそのままマスクの縁から排出する構造で、貯気槽は有していなかった。

…ホースダイバー…

これは、現在もフィリピンなどで実際に行われている極めて原始的な潜水方法である。発動機に市販のビニールホースを直結し、ダイバーが自分で発動機を起動し、油のにおいのすることが多い空気がビニールホースに送られているのを確認した後、それを口にくわえ、ホースを噛むことによって流量を調整しながら潜る、というにわかには信じがたい潜り方だ。決して誉められた潜水方法ではないが、零細なダイバーがやむを得ずやっているのであろう。このように原始的な潜水も、強いて言えば送気式潜水の一つであると言えないこともなく、また映像で紹介されたことはあ

図3-9　海中のアサリ式潜水器（海事広報協会「海の世界」1971年9月号）。

るものの文章としてはほとんど残されていないと思われるので、あえて触れておく。ホースダイバーという言葉がこのタイプの潜水の別名として使われることが多いが、英語では卑猥《ひわい》な意味も有しているので、それなりの場ではこの言葉は使わない方がよいだろう。

◎新しい送気式潜水

先に記したように、従来のヘルメット潜水は呼吸ガスの消費量が多いことが大きな弱点として挙げられるが、その他に装具がかさばって重く、機動性がお世辞にもよいとは言えないことも、そのウィークポイントである。それらの課題を解決していったのが、これから述べる送気式潜水で、現在では旧来のヘルメット潜水に急速に取って代わりつつある（これは日本での話で、欧米ではその変換はほぼ完了している。図3-10～3-13）。以下に改善の要点ごとに記していこう。

まず、ヘルメットに替えてマスクの導入が挙げられる。先に示したジャック・ブラウン軽便潜水器もマスクを用いているが、より堅牢でしっかりしたマスクが開発されていったのである。[*3·22] それは一九六〇年代の初めにボブ・カービー（Bob Kirby）とベブ・

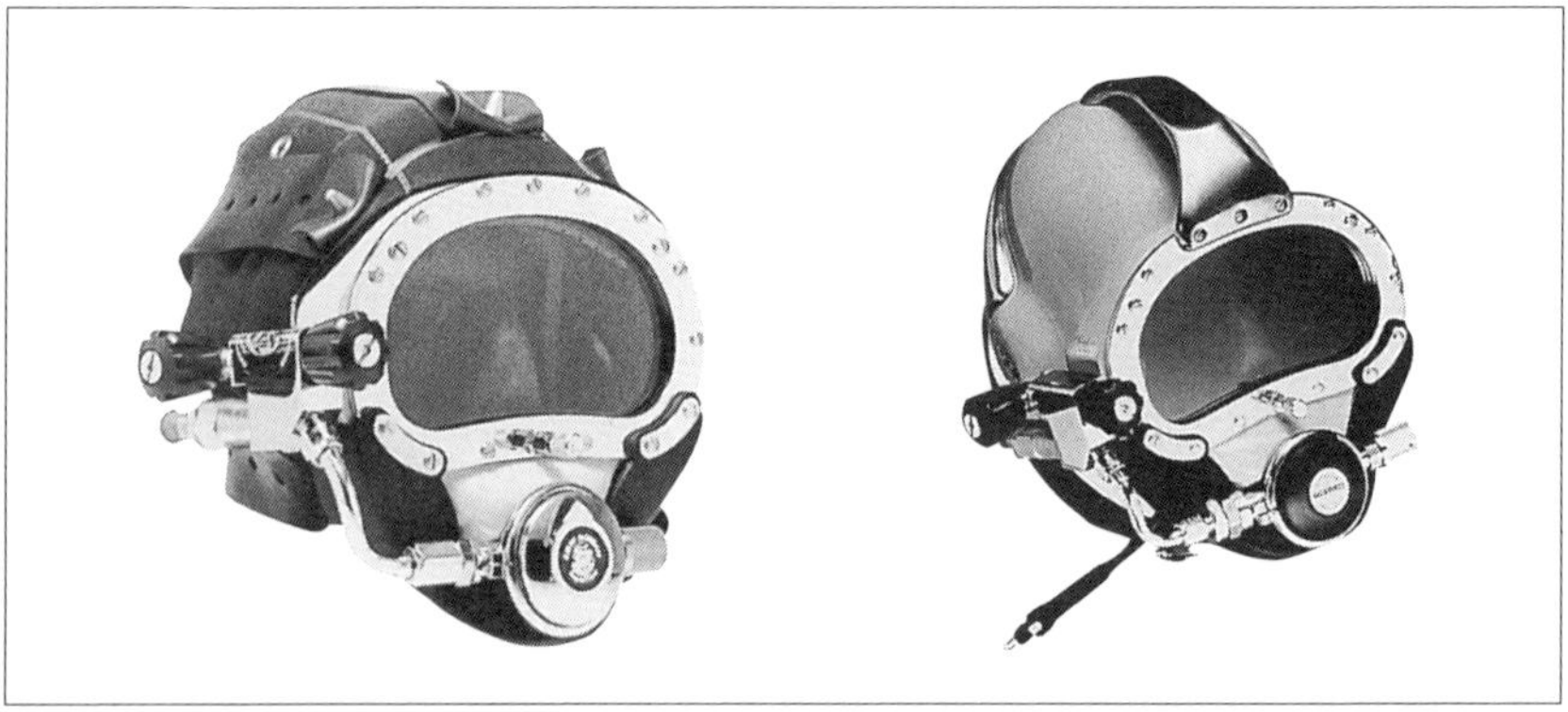

図 3-10　各種の新しい送気式潜水器。（左）カービーモーガン・バンドマスク、（右）ウルトラフロー501（提供：日本海洋）。

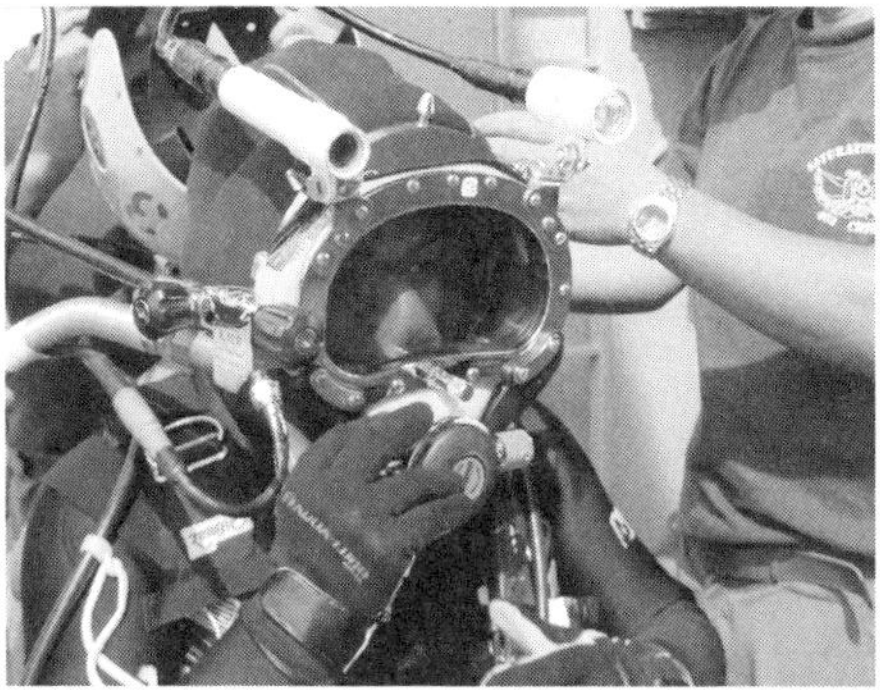

図 3-11　新しいヘルメットの装着シーン。ハードハットをかぶせている（提供：磯井直明）。

図 3-12　ステージにダイバーを乗せて降下させる（提供：磯井直明）。

図 3-13　海底で作業を行う（提供：磯井直明）。

モーガン（Bev Morgan）によって製造され市販されたのがその最初とされる。これは、ステンレス製のバンドでマスクをフードないし顔面のシールと連結しているために、別名カービーモーガン・バンドマスク（Kirby-Morgan band mask）とも呼ばれ、現在もこの発展改良タイプが世界中で広く採用されている。また、フードを使わずに、スパイダー（蜘蛛手《くもで》）といわれる蜘蛛の手のように広がったシーツでマスクを顔面に装着するタイプもある。

もう一つは、ヘルメットそのものの近代化と軽量化だ。[*22・27・28] これを最初に行ったのは、アメリカのジョー・サボエ（Joe Savoie）で、最初はプラスチック製で自動車用のヘルメットを改良したものだった。しかし、それよりも重要なのは、ダイバーの首の部分をシールするネックダム（neck dam; ダムは堤防の意味）を開発したことだろう。これを用いることによって、ヘルメットと潜水衣の間の連結を断つことができ、呼吸ガスをヘルメットの中だけに供給することも可能になったのである。つまり、要すればダイバーはヘルメットを着けた状態で、体の方はスイムモードといって水中を遊泳することもできるようになったのだ。当然ガスの供給量は少なくてすみ、また軽量化にも寄与する。このように軽量コンパクト化したヘルメットもまた広く行き渡り、カービーモーガンにもヘルメットタイプのものがたくさん出現してきている。硬いヘルメットにすると、頭部の打撲を防ぐことができるので、閉所へ進入する潜水などでは重宝する。

三つ目として、呼吸ガスの供給方法を従来のフリーフロー型から、吸気のときのみ供給するいわゆるデマンド型に変更したことが挙げられる。[*22] デマンド型の構造などについては、次のスクーバの項で記すのでここでは詳細は省くが、これによってガス消費量は格段に少なくてすむようになったのである。これは、スクーバと同じように口に直接マウスピースをくわえるタイプもあるが、通常は口と鼻の両方を覆う口鼻《くちはな》マスクを用いることが多く、それをヘルメットあるいは顔面全体を覆う別の意味のマスクの中に装着して使う。

要するに、この新しいタイプの送気式潜水の主な特徴は、必要とするガス供給量が少なくてすむことと、軽量で機動性が高いことで、これらはいずれも潜水深度が深くなるときに大きな利点となる。すなわち、深い潜水では窒素酔いを避けるために、空気の代わりに高価なヘリウム酸素混合ガスを用いなければならなくなるが、デマンド型を用いることによってコストを抑えることができる。また軽量で機動性が高いことから、潜るモードとしてヘルメット潜水のように専ら海底を歩くだけでなく、フィンを着け、海底や海中を広く速くカバーすることができるようになった。さらに、飽和潜水では、複雑な構造をもった一種のベルの中にダイバーの潜水装具一式を収めておかねばならないが、これも軽量コンパクトなこのタイプの潜水器があってこそ初めて可能になる。また、後述のスクーバとの比較で言えば、潜水中に交話が可能なことも大きな利点であろう（現在では、交話が可能なスクーバもある）。

欠点と言うほどではないが、何らかの理由によってガス供給が止まった場合、旧来のヘルメット潜水では潜水服の中のガスを呼吸することによって数分間は生命を維持できるとされているのに対して、新しいタイプでは、途中の余分のスペースが少ないために、ガス供給が止まるとすぐに呼吸できなくなることを知っておいた方がよい。したがって、常に非常用の呼吸ガスを充填《じゅうてん》したボンベを持って潜らねばならない。もっともこれは、旧来のヘルメット潜水では空気が途絶した際にほとんど有効な対策がないことを逆に示しているだけなのかもしれない。

ここで、また混乱を防ぐために用語の確認をしておこう。新しいタイプの送気式潜水にもヘルメットを用いる場合があるが、通常、ヘルメット潜水と言えば、旧来のヘルメット潜水を指すことが多い。旧来のヘルメットであることを特に明らかにしたいときは、スタンダード・ヘルメットという言葉を用いることもある。ハードハットという言葉を用いることもあるが、これの用い方もはっきりしない。旧来のヘルメットを指すこともあれば、新しいタイプのヘルメットを示す場合もある。また、ヘルメットを使用しないでフードを用いる新しい送気式潜水をソフトハットと呼ぶこともある。日本では、旧来のヘルメット潜水ではない新しい送気式潜水をフーカー潜水と呼ぶことが多いが、必ずしも適切な呼称とは言えないことは、先に記したとおりである。

◎大串式潜水器

よく、大串式潜水器はクストーによってスクーバ潜水器が開発される前に独自に日本で生まれたスクーバ潜水器、というように紹介されることがある。[*29] たしかに、ボンベを背負えばスクーバ潜水器として使えるし、またその実績もあるので、先の記述も誤りではないが、実際は送気式潜水に使われたケースの方が多いと思われるので、この章に記すことにする。

大串式潜水器（図3-14）は、大正六年（一九一七）に大串岩雄（図3-15）によって基本的モデルが開発されている。以前に渡辺理一あるいは大串金蔵によって開発された、と言われることがあったが、正しくは大串岩雄であることが、雑誌「マリン・ダイビング」誌上で明らかにされた。[*29・30]

その構造は図3-16に示すように、マスクの左外側に導かれた空気を一度マスクの下部に設けられた管を通ってマスク右側に導き、そこからマスク内に空気を供給するようにされている。[*15] その管の途中で、ちょうど口に当たるところに送気弁の開閉を調整す

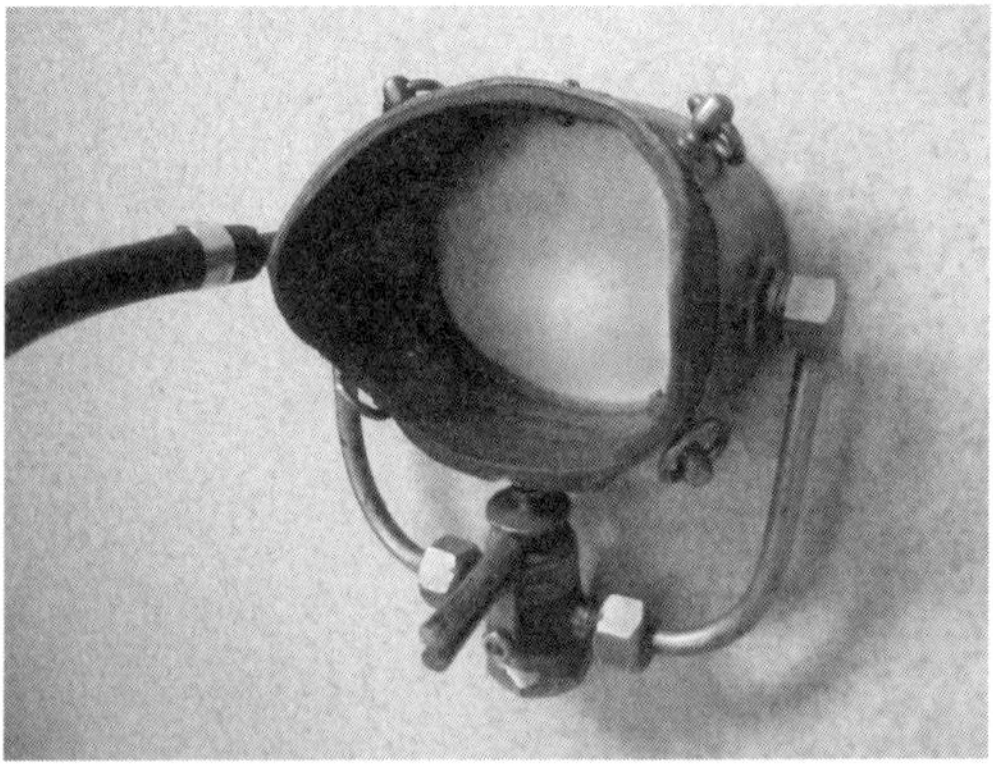

図 3-14　大串式潜水器。レバーを噛んで、空気の供給量を調節するようにしている（望月昇宅にて著者撮影）。

図 3-15　大串岩雄（大串岩雄 1971[*30]）。

る口金をつけ、口でそれを噛むことによって送気流量を調整するようになっているのが大きな特徴だ。不要のガスは、そのまま面ガラスの隙間から外に排出されたらしい。したがって、ここでなされていることはあくまでバルブの開閉の調整であって、現今のスクーバ潜水のように、吸気運動に伴って自動的にバルブを開閉する構造を有していたわけではない。

大串式潜水器の利点の一つは、従来どうしても片手を送気量調節バルブの操作のために取っておかなければならなかったのに対し、口で操作することによって両手を作業に使えるようにしたことにある。また、小さな面マスク内に送気するのであるから、格段に少ない送気流量でもよかったことも利点の一つとしてよいだろう。さらに、通常のヘルメット潜水に比較し軽量であることも、作業がしやすいことにつながると見なされていた。また、おそらく当時は認識されていなかったと思うが、鼻で空気を吸い込み口から直接海中に呼気を吐き出せば、ヘルメット潜水のように呼気が混じって炭酸ガス濃度が高いガスを吸入しなくてもすむ、というのも利点の一つとして挙げてよいかもしれない。

しかし、ここでどうにも筆者にとって理解しにくいことは、空気を鼻から吸って口から吐く構造をとっていることだ。潜水

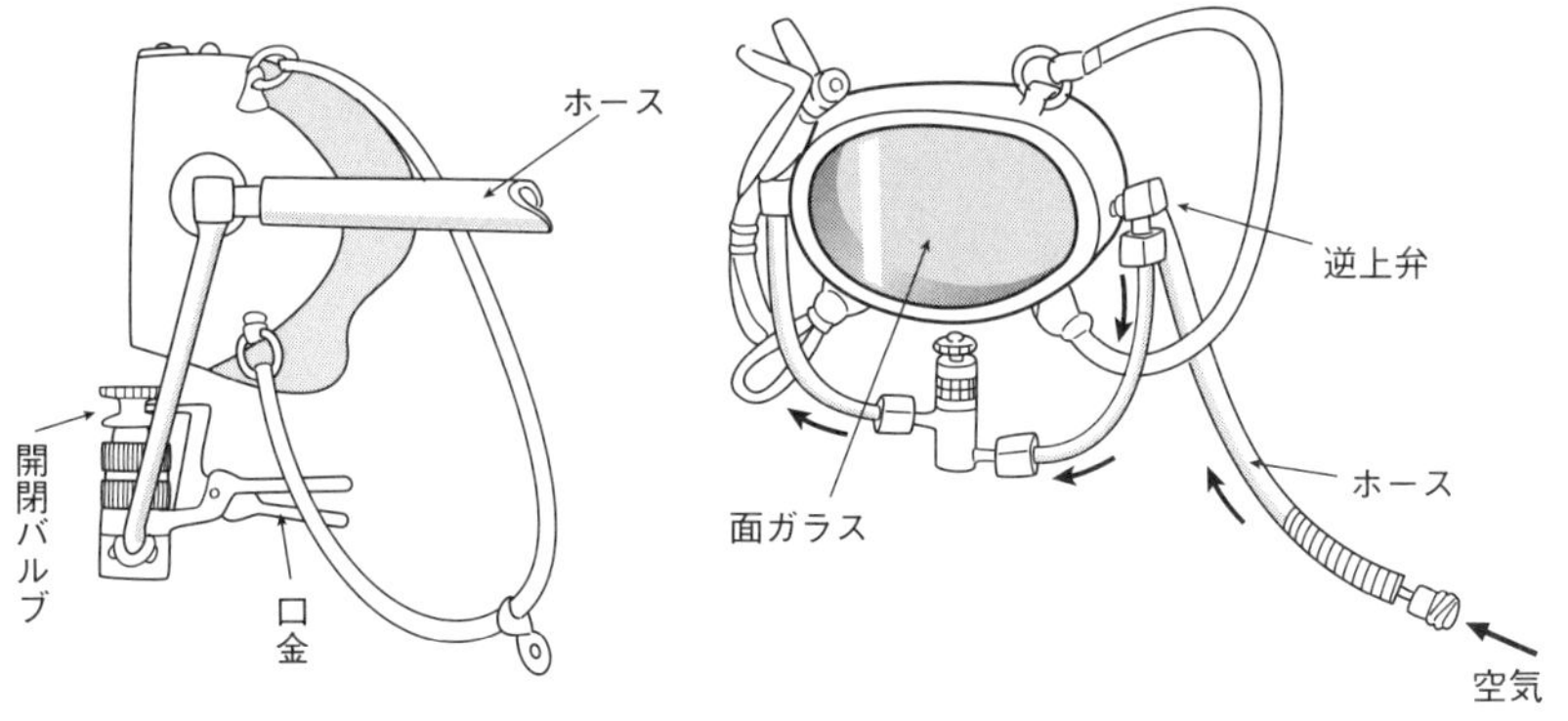

図 3-16　大串式潜水器の構造（三浦貞之助 1935*15）。いったん面マスクの左側に達した空気は、呼吸開閉バルブ機構をその間に有している管を通った後に面マスク右側からマスク内に供給される。ダイバーはバルブの口金を歯で噛んで空気の供給量を調節する。

の場面で鼻から息を吸うなど信じられない気がするし、もし面マスクの中に水が入ったらどう対処したのだろうか。あるいはもっと単純に、鼻水で鼻が詰まったらどうするのだろうか、と余所事《よそごと》ながら気になるが、構造を見たり当時の解説書を読む限り、たしかに鼻から空気を吸ったとしか考えられない。

　この信じられない呼吸方法を採用した軽量の大串式潜水器は、しかし実際の現場では評判がよかったのだろう。当時のヘルメット潜水よりもはるかに効率よく潜水作業ができることが証明されて、逆にアラフラ海の真珠ダイバーが英国製のヘルメットを使用しなくなるのを防ぐために、大串式潜水器の使用禁止令が出されるほどだったという。

　また、そのころ大串式潜水器を使った潜水として大きな話題となったものに、地中海で沈没した八坂丸からの金塊引き揚げ作業がある[*31〜34]（図3-17）。これは、当時としては（今でも）極めて深い深度約八〇メートルへの潜水であるが、減圧症による死者を出しながらも、ほとんどすべての金塊を回収できたのには、〃日本人ダイバーの優秀さ〃と小型軽量の潜水器の賜である、と評判になった。なお、ここに示したように戦前の記述などでよく言われる〃日本人ダイバーの優秀さ〃については、最後の章で言及する。

　ところで、ここでは大串式潜水器という言葉を用いたが、マスク内に空気が供給されることから、大串式潜水器を指してマスク式潜水器と呼ぶこともある、というよりも、以前はマスク潜水器と言えば大串式潜水器を指す場合が多かったことを、混乱を防ぐために付け加えておく[*9・15]。

図 3-17　八坂丸からの金塊引き揚げ広報用と推測される写真（田村孝吉 1979[*33]）。中央のダイバーが大串式潜水器を装着している。

◎減圧表の制定

送気式潜水の発展と深く関連しているのが、減圧表の制定だ。送気式潜水が普及するに従って信頼のできる減圧表が求められ、減圧表が制定されたことでさらに深く長い送気式潜水が可能になる、というように、それらは車の両輪となって改善されていったわけだ。送気式潜水がなければ減圧表を改善しようと推進する力も小さく、逆に減圧表がなければ深く長時間は潜れなかったろうし、潜ったとしても悲惨な目に遭っていただろう。この項では、少し長くなるが、深く長く潜るためには必要不可欠な減圧表がどのようにして制定されていったのか、眺めてみることにしよう。

…ハルデーン…

先に記したように、ベールなどの研究によって、減圧症の原因が潜水中に生体内に溶け込んだ窒素にあることは、徐々に理解されるようになってきた。しかし、減圧症の発症を防ぐための具体的な方策に関しては、単にどうもゆっくり減圧した方がよいようだという、いわば素朴な感覚に長くとどまっていたのが実状である。

そのようなところへ、はじめて科学的なアプローチの方法をもって登場したのが、イギリスの著名な生理学者ハルデーン（John S. Haldane: 1860-1936）である（図3-18）。なおハル

図3-18　J．S．ハルデーン（Historical Diving Times, No.26.*35）

デーンはホールデンあるいはホールデーンとも記されるが、本稿ではハルデーンに統一する。

この強烈な個性をもった人物を、得てして我々、特に潜水の分野で活動する者は、初めて減圧表を作成したとんでもなくエライ人、重要な人物であると決めてかかり、敬して遠ざけてしまう傾向があるが、どうしてどうして、彼はそのような言葉に収まるような人物ではないのだ。[35~37] 彼について語れば、ゆうに一冊の書籍以上のものが出来てしまうが、なぜか潜水の分野では彼の人となりについて日本語で書かれたものはほとんど見受けられなかった。さいわい、つい最近（二〇〇〇年）、『ダイバー列伝』としてハルデーン父子について生き生きと書かれた書籍[37]が翻訳されており、我々にも少し身近になった。詳細はそちらを参照していただくとして、他の資料も参考にしながら簡単に彼の人となりについて触れておきたい。

スコットランドの由緒ある家系に生まれ早熟な才能を示していた彼は、世事に疎《うと》く、一つのことに熱中するとそれに没頭してしまうタイプ、と言われるが、それはむしろ天才によくありがちな類型的なことかもしれない。彼をより特徴づけるものは、対象に大胆に踏み込んで観察し、そこから具体的な成果を導く、明敏な頭脳と類《たぐい》まれな行動力にあるのではなかろうか。

このことは、彼が実際にとった行動から見ても肯ける。エジンバラ大学卒業後の主題であったスラム街の健康の問題にしても、彼は実際にスラム街に足を踏み入れ試料を入手したうえで、その問題点を明らかにしようとしている（今から見ると当たり前のように感じられるかもしれないが、当時はあのビクトリア朝時代であったことを考慮されたい）。あるいは、一酸化炭素中毒の病態を解明するために、自ら一酸化炭素を含んだガスを呼吸し、見事に（？）中毒に罹患して倒れている。この性向は、彼が潜水畑にエネルギーを注いだときにも一貫して続いており、例えば、海軍省に提出された潜水に関する報告書[38]の中でも、ハルデーン父子ともども（彼はしばしば自分の子供を実験に帯同した）酸素中毒で意識を失った場面を一再ならず読むことができる。潜水と直接の関係はないが、彼の性行の極端な例として、自分で毒を飲んだり嗅いだりもしている。そのため彼の歯はぼろぼろになり、そのときに冒された肺はとうとう直接彼の命を奪うに至っているほどだ。

以上のところから、次のようなよく知られた評伝が生まれたのだろう。曰く、彼は、動物は実験には向かない、なぜなら動物はしゃべらないから（もっとも、本音は動物を殺したくなかった気配がある）、動物を使うよりは人を使った方がまし、しかし、そうすると契約やら何やら面倒くさいので、自分や自分の息子ども（娘も含まれるが）、あるいは理解のある同僚を使ってしまおう、と考える性質《たち》（ちなみに、彼の子供たちは後年それぞれ一廉《ひとかど》どころか、著名な人物に成長している）。曰く、彼は、何ら具体的な意味もないことにうつつを抜かしているアカデミックな連中を小馬鹿にしていた、等々。

しかしながら、当然のこととして、彼はこれらの一風変わった態度や行動で名を残したわけではない。一見、無頓着な振る舞いの陰では、明敏な頭脳が油断なく活動していたのだ。では、彼は一体どのような考えに基づいて減圧表を制定していったのだろうか。

潜水深度が深くなるに従って減圧症に罹患する水兵がこれ以上増加するのを黙視できない、と考えた英海軍の招聘を受けたハルデーンは、まず、山羊《やぎ》を用いた潜水実験を精力的に実施した。山羊を用いた理由は、減圧症への罹患しやすさは動物の大きさによって大きく異なるからである。小さい動物は人間に比べてはるかに減圧症になりにくい。犬やネズミの減圧表を作っても意味がない。そのようなことから、人間に比較的近く、扱いやすい山羊を選んだのだ。そして、痛みのために足を挙げたりする姿から、山羊が減圧症に罹患したか否かを判断したわけだ（図3-19）。

一連の実験の結果、山羊を、二絶対気圧から一絶対気圧つまり大気圧まで、四絶対気圧から二絶対気圧まで、さらに六絶対気圧から三絶対気圧までのように、浮上前の絶対気圧からその半分の圧力の深さまで浮上しても減圧症に罹患しないことがわかった。そして、彼はその事象を基本にして人間用の減圧表を作成したのである。では、どのような数学的処理を行って減圧表を作成したかというと、人の体に出入りする不活性ガスの圧力は経過時間の指数関数に従って変化するものとし、それに基づいて計算された不活性ガスの生体内の圧力が、浮上の場合もそのときの深さの圧力、つまり環境圧力の二倍以下に収まるように制御しながら水面に向かうものとしたわけだ。このときの制御された浮上速度が、減圧表に他ならない。

というと、簡単そうに聞こえるが、具体的に加えた数学的処理は極めて複雑かつ煩雑また人為的で、本書の性格上とてもここには詳述できない。ご興味がおありの方は、減圧に関する専門の総説論文を参照されたい。[39~43]

それはともかく、この成果は一九〇八年刊行のイギリスの衛生学雑誌に公表されており、[44] その論文は以降減圧を語るに避けては通れない地位を占めている。

図 3-19　ハルデーンによる山羊を用いた潜水実験（Boycott 1908[4]）。減圧症による痛みのために前足を挙げている。

∴米海軍による減圧表の改訂∴

それまでは、単に経験とカンに頼るしかなかったのが、右に記したように、ハルデーンの減圧表を用いることによって、減圧症に罹患しない限度を初めて数量的に把握することができるようになったのである。したがって、ハルデーンの減圧表は着実に全世界に広がっていき、例えばわが国の海軍においても、その内容を一〇〇%理解していたか否かはともかく、外見上はそれに似た減圧表を一九二〇年代に制定している。[45]

しかしながら、このようにハルデーンの減圧表が広く使われることによって、それに対する新たな問題が出現してきたことも事実である。というのは、ある意味で当然といえば当然だが、減圧表の評価というのは実際に潜ってみて初めてなされるものであるからだ。そこで明らかになったことは、ハルデーンの減圧表は決して満足できるものではなく、改善すべき点が多々あることである。具体的には、深度、滞底時間ともにある程度以上に深く長くなった場合は、高率に減圧症に罹患することがわかった一方で、滞底時間が短い場合は十分すぎる余裕があることなどが判明したのだ。つまり、このままでは減圧表を十分に活用できないわけで、どうしても改定する必要がある。その改訂作業に当たったのが、米海軍の制服医官や数学者、あるいはシビル（文官）の生理学者たちだ。ちなみに、減圧表はその源を英海軍に有するものの、これから以降の主要な作業はほとんどすべて米海軍によるものである[*39〜41・46]（正確を期すために付け加えておくと、英海軍などでも減圧表の改訂作業は実施されていたが、汎用性やその及ぼした影響が米海軍とは比較にならないために、ここではそれらについて特別には触れないことにする）。

と言っても、本書の性格上、先に断ったのと同様、複雑を極める減圧表改訂の詳細をここで述べる余裕はないので、ごくかいつまんで述べるにとどめておきたい。

改訂作業は、当時ワシントンDCにあった米海軍の潜水実験隊（Experimental Diving Unit: EDU）が主導して行ったもので、まず生理学者のホーキンス（James A. Hawkins）や医官のシリング（Charles W. Shilling）らが改訂の方法を示し、それに若干訂正を加えた成果は、報告書を作成した医官ヤーボロー（O.D. Yarbrough）の名前を冠した「ヤーボロー減圧表」の名前で公示されている。しかし、のちにこれを実験水槽を使用して厳密にチェックしたところ、信じられないほど高率に減圧症に罹患することが判明し、米海軍はさらなる改定を余儀なくされている。そして紆余曲折を経て一九五六年に、現在も通用している減圧表がデ・グランジェス（M. Des Granges）を著者として公表されたのである。その間に作業に関与した主な人としては、初期の段階では医官のヴァンデオー（O.E. Van der Aue）、後半は数学者のドワイヤー（J.V. Dwyer）や医官のワークマン（Robert. D. Workman: 図3-20）らが挙げられる。特にワークマンは、それまでの計算方法が煩雑極まるものであったのに対し、減圧症に罹患することなく体の組織が耐えられる不活性ガス分圧、すなわち許容不活性ガス分圧を減圧停止のために一時そこに留まる深度ごと、および体の想定上の組織ごとに示すことによって、深度や滞底時間などの状況の変化に容易に対応でき、しかも計算自体も格段に体系的で簡単な方法を見出したことで重要な人物である。*47 この許容不活性ガス分圧はM値として知られ、M値を適宜変えることによって、様々な減圧表を生み出すことが可能になったわけだ。現在も多くの場面でその概念が用いられている。

図 3-20　R.D.ワークマン（U.S. Navy）。

そこで、つくづく感心するのが、減圧表の制定という大きな目標を長期にわたって保持し、試行錯誤を繰り返しながらも、ついには目標を達成していった米海軍の対応とその情報開示である。おそらく日本の大多数の方は、いま自らが使用している減圧表がどのようにして制定されていったか気にもせずに潜っていると思われるが、この分野における米海軍の貢献については、素直に感謝すべきであろう（最近のスポーツ潜水用の減圧表は米海軍によらないものが多いが、その基礎として米海軍の減圧表があったことは否定できない）。

…減圧表に関する最近の動向…

送気式潜水の章で減圧に関する最近の動向について記すのは、些《いささ》か時間を飛び越えた感がするが、減圧という面から見れば同じ主題なので、ここで記すことにしよう。

実は、減圧は思いのほか複雑な事象である。先に見たような組織内に溶け込んでいる不活性ガス分圧のみが減圧症の発症に関わってくるのではない。気泡の存在もあろうし、生体側の要因も無視できない。つまり、加減圧‐過飽和‐気泡の形成‐減圧症の四者の関係を数学的に叙述することは、気泡の形成が相転移《そうてんい》という一種の複雑系の要素を含むことなどもあって、極めて困難なのである。[*42・43] 別の言葉で言えば、ある数式から減圧症に罹患するリスクを演繹《えんえき》的に把握することは容易ではないのである。それを逆に言えば、その困難さが改めて認識され出したのが最近の傾向とも言える。

そのようなところから、これまでの方法とは一八〇度方向を変えて、実際の減圧結果を用いて許容できる減圧表を帰納的に制定しようとする動きが出現してきており、大きな流れとなって現在に及んでいる。[*48・49] しかし、この方法によって減圧表を作成してみると、現行の減圧表よりも場合によっては五〇%以上減圧時間が長くなることから、新しい減圧表の採用に待ったがかかっているのが現状だ。この帰納的方法を提唱したのは、技術畑出身の米海軍士官ウェザスビ（P.K. Weathersby）である。余談になるが、このように出身分野にとらわれずに個人の能力を活用するところに、アメリカの強さの一端があるのではなかろうか。ちなみに、欧米の定評ある複数の潜水医学のテキストで減圧の章を担当しているヴァン（Richard D. Vann）は、米海軍の特殊部隊として知られるシール（SEAL）出身の大佐の経歴を有しており、また、宇宙船の船外活動に伴う減圧に関して論文を発表しているゲルンハルト（Michael L. Gernhardt）は、職業ダイバーから身を興して宇宙飛行士になっている。

ところで、このように最も客観的科学的アプローチと思われる帰納的な取り組みに対しても、そのためには減圧データのストックが必要であり、計算過程も複雑であることから、演繹的なアプローチに基づく減圧表の作成が今もなお行われていることにも触れておかなければ、公平とは言えないだろう。

その一つは、他ならない米海軍によるもので、不活性ガスの取り込みは指数関数に従い、排出は直線的に行われるという、米海軍の医官ソールマン（Edward D. Thalman）が提唱したいわゆるELモデルに基づく減圧表とその減圧コンピュータである（コンピュータは近々市販される予定だそうである）。[*50] もう一つの群は、主にスポーツ潜水などで使用されることが多い減圧コンピュータに採用されている方法だ。これは、主に海軍以外の数学能力に長けた人が減圧問題に積極的に関与するようになって出現したもので、気泡の存在なども考慮した極めて複雑な過程を読み込んでいるものが多い。なかでも核兵器テクノロジーで有名なロス・アラモス研究所の応用物理学部門に勤めるウィンケ（Bruce Wienke）は、繰り返し潜水では減圧症に罹患しない許容圧差が減少するとした気泡モデルを提唱して大きな反響を呼んでおり[*51]、そのアルゴリズムは多くの減圧コンピュータに採用されている。

…安全な減圧表？…

このように減圧表の制定は今に至るも複雑を極めているが、それはある意味では、減圧表の本質から見て当然のことではなかろうか。その本質というのは、減圧表はあくまで潜水という実用のための手段であり、一つの妥協の産物であることだ。

その視点から、誤解を与えかねない言葉をよく見かけるので、コメントしておきたい。それは、「安全な減圧表」という概念だ。たしかに「危険な減圧表」はあり得る話だが、その逆の「安全な減圧表」は果たして存在するのだろうか。

というのは、減圧時間を延ばせば減圧症に罹患する可能性が減少するのは自明の理であるものの、今度は逆に潜水効率が低下し、その安全な減圧表を使う人はいなくなってしまうからだ。そして結局、ダイバーが減圧症に罹患する確率が許容できる範囲内で減圧時間が最も短い減圧表のところに落ち着くのである。したがって、求めるべきは「安全な減圧表」ではなく、減圧症に罹患する可能性がある程度の確率で一定範囲内にある「信頼できる減圧表」ということになる。しかし、滞底時間や潜水深度の相違に拘わらず同じような信頼性をもつ減圧表を求めるのは至難の業であり、多くの人が今なお苦労している理由でもあるのだ。

また、右の議論から明らかなように、減圧表を制定するに当たってキーポイントとなるのは、減圧症に罹患するリスクを許容できる範囲である。そして、その許容範囲は、そのときの社会情勢や人の意識に左右されるのである。現在では、人権意識の向上に伴って、軽微な減圧症にも敏感になっており、総じて減圧表は安全な方向に、別の言葉で言えば、より保守的な方向に向かっている。

◎減圧症の治療

減圧症に罹患しないように浮上する速度を決めたのが減圧表であるが、減圧表を遵守《じゅんしゅ》しても減圧症の発症を一〇〇%防ぐことはできない。また、限度を超えた潜水を行った場合は、当然、減圧症に罹患する頻度も高くなる。総じて、送気式潜水の発展により潜水の活動範囲が深く長時間に及ぶようになるに従って、減圧症の発症も増えてきたのが現実である。というところから、ある意味では必然的に、発症した減圧症への適切な治療法が切実に模索されてきたわけだ。そこで、以下に減圧症に対する治療法がどのようにして発展してきたか、ごく簡単に触れることにしよう。治療の実際に関する詳細は、別稿[*52·53]を参照されたい。

先に、減圧症は高圧曝露に伴って生体に溶け込んだ不活性ガスが浮上によって過飽和になったために気泡化して発症すると記したが、それであれば、生体をもう一度高圧下に置けば症状は消失ないし軽減するはずである。このことは、その理屈を知っていたかどうかはともかく、経験的にはダイバーによく認識されており、現に減圧症に罹患したダイバーを再び海中に曝露することによって、減圧症を治療しようとする試みが洋の東西で産み出されていったのである。

日本でこの方法に本格的に取り組んだのは、自身潜水に携わっていた静岡県出身で南総川津に住む丹所《たんどころ》春太郎で、明治三十年（一八九七）から四十年（一九〇七）の間に拡まっていったとされる[*54~57]。この治療法を開発したのは明治三十八年（一九〇五）[58]、最初の実施例は明治二十八年（一八九五）である[59]、との記述があるが、いずれも根拠は明瞭には示されていない。丹所の方法は「ふかし」と言われ、その顕彰碑と像が関係者の浄財によって勝浦市川津の津《しん》慶寺《けいじ》に建立されている（図3-21）。碑文には「医学界ニ諮《ハカ》リシモ何等《ナンラ》適切ナル対策ヲ得ズ」（矢代嘉春の解読による）と、当時の悲痛な訴えが記されている。

図3-21　丹所春太郎の像。南総川津にあるコンクリート製の像の傍らには、ヘルメットが置かれている（著者撮影）。

興味があるのは、この方法がどのようにして編み出されたかである。減圧症の発症に窒素が関与していることは先に述べたとおり徐々に明らかにされており、一九〇八年にはイギリスの権威ある医学雑誌に海中再圧が有効な治療法として明記されている[60]。そのようなところから、丹所の「ふかし」も、結局は海外の知見からヒントを得てなされたのではないかとする考えもある。しかしながら、南洋で真珠採取に従事していた、主として日本人からなるダイバーの間において発症した八年間に二〇〇例にものぼる減圧症例（うち六〇例は、報告者が診たときにはすでに死亡している）の報告が、一九〇九年にイギリスの同じ医学雑誌に発表されているが[18]、海中再圧については一言も触れられていないこと、あるいは、日本ではお礼参りと称して、潜水後に体の調子が異常を来した場合には海中にもう一度入ることによって異常が軽減され得ることが伝わっていたこと[9,15]、さらには当時の日本の交通事情や知識の普及度などを考えると、丹所が独自に日本で経験的に作り上げていったのではないか、と考えてみてもあながち的はずれではないかもしれない。確実なところはこのようにはっきりしないが、丹所の「ふかし」療法が大きな成果を挙げ多数のダイバーの命を救ったことは、碑文に記す内容に加えて、地元の人々が自発的な拠出金によって彼の像を建てていることからも間違いはないと思われる。

「ふかし」療法の実際について記した記事[9·15]は多くはないが、第二次大戦末期に出版された『海底に戦ふ[10]』に、当時潜水界のリーダーでもあった三浦定之助その人の罹病闘病状況をはじめ、「ふかし」療法の実態が臨場感ゆたかに記されていることを紹介しておく。もっとも、そこでは時化《しけ》のために海中で「ふかし」ができないときには、身動きのままならない罹患者にヘルメット潜水衣を着せてそのまま浜辺に寝かせておく、といった治療上意味のあるとは思われない対応がなされているなど、驚かされることも多い。

　ところで、現在から見ると、「ふかし」はもう一度海の中へ入ることから、それは取りも直さず繰り返し潜水と同じことになり、処置を誤れば救命どころか病状を悪化させることにもなりかねない。したがって、今では後述の治療用の再圧タンクが各地に装備されていることもあって、この方法をとることは少なくとも日本の現状からは勧められない。もっとも、再圧タンクが装備されている医療施設から遠く離れたところで潜ることが多いオーストラリアなどでは、水中再圧を行うことの妥当性が近年再び議論されるようになり、水中再圧に関するワークショップも開かれているほどだ[61]。この場合、水中で酸素を呼吸することによってさらに有効な治療効果が期待されるが、酸素中毒に罹患する可能性もあり、慎重に対処したい。日本でこれを用いることは、医師法の壁があって今のところ不可能だろう。

「ふかし」の問題点の一つは、治療を水中という、とても理想的とはいえない環境下で行うことにある。そこで、水中再圧の次に行われたことは、水中と同じように圧力をかけられる高圧タンク（再圧タンクとも呼ばれる）を陸上に設置して、その中へダイバーを収容して治療する方法だ。これは再圧治療として知られている治療法で、高圧下とはいえ水中ではなくて空気環境下で治療するので、時間をかけてゆっくり治療することができるようになり、治療成績は格段に向上した。

とは言いながら、ダイバーは減圧症の原因となっている窒素をふんだんに含んだ空気を再圧タンク内で呼吸するので、再圧治療も「ふかし」と同様、結局は繰り返し潜水と同じことになってしまい、治療に難渋することが多かったのも事実である。

そこで、今度は再圧タンクの外部から一〇〇%の純酸素をタンク内に供給し、患者はマスクを介して酸素を呼吸できるようにしたシステムが開発されたのである。この方法を用いることによって、再圧治療が繰り返し潜水になることを防ぐとともに、生体からの窒素の排出を促進する、いわゆる酸素再圧治療が可能になったわけだ。もっとも、マスクの装着状態が悪いと、マスクの中の酸素濃度は五〇%以下に下がることもあるので、気をつけておきたい。

この酸素再圧治療の考え方のアイデアは以前よりあったが、具体的な提案は一九三七年に米海軍の医官ベンケ（Albert Behnke: 図3-22）によって表明されている。[*62] しかし、それが治療法として確立されたのは第二次大戦後一九六七年のことで、[*63] その成果はすばらしく、基本的には同じ考えに基づく治療が現在に至るも減圧症治療の基幹をなしている。これらの再圧治療法を開発したのも、減圧表の制定と同じく実質的にはすべて米海軍である。

図3-22　A.R.ベンケ（U.S.Navy）。

この項の最後に、抜本的に新しい治療法の可能性についても触れておきたい。その一つは、生体に窒素との親和性の高い物質を注入すれば、減圧症の原因となる窒素がそちらに吸収されて、過飽和の程度が減少し治癒《ちゆ》が促進される、というものだ。その物質として有力な候補であるパーフルオロカーボン（perfluorocarbon）を用いた動物実験はずいぶん以前よりなされていたが、[*64] 最近、人へ応用することも考えられている。もう一つは、腸内微生物を用いたガスの除去である。窒素を水素で置き換えた環境下ではそれが可能であることは実証されているが、[65] もし遺伝子導入の手法によって窒素を除去する微生物が開発されれば、減圧症の治療と減圧の両面で大きな影響が出るだろう。

◎ヘリウムの使用

送気式潜水の発展の段階でもう一つ忘れてはならないのが、ヘリウムの使用だ。空気中の窒素を麻酔作用がほとんどなくかつ密度の小さいヘリウムで置き換えることによって、窒素酔いと呼吸抵抗の増加という、深く潜るに際して避けられない二つの大きなハードルを越えることができたのだ。もし、ヘリウムが使用されなければ、潜水の発展はかなり様相を異にしていただろう。

…ヘリウムの導入とエピソード…

ところで、ヘリウムに関してはちょっと面白いエピソードと意外な側面があるので、以下に記しておこう。ヘリウムの名前の由来は太陽にある。というのは、十九世紀中ごろ、太陽に見られるハロー（暈輪《うんりん》）は水素によって引き起こされていると思われていたのが、どうしても、水素としてはスペクトラムなどが合わなかったのである。そこで、ハローは地球上には存在しない物質によって形成されているものと考え、ギリシャ神話の太陽神ヘリオスにちなんで、それをヘリウムと名付けたわけだ。[6] ところが、二十世紀に入って間もなく、テキサス州から産出される天然ガスの中に無色無臭の燃えないガスが見出され、それが他ならないヘリウムであることが判明し、地球上にも存在することがわかったのである。

この、風船を膨らます以外には使い道のなかった（と言っても、当時は軍用の飛行船が大手を振っていたが）ヘリウムを潜水や潜函作業に用いることを提案したのは、エリュー・トムソン（Elihu Thomson）で、第一次大戦が終了した直後の一九一九年のことである。トムソンはこのアイデアを鉱山局に持ち込んだものの、のちに彼に無断でヘリウムを潜水に用いた論文が鉱山局の関係者によって発表されしまった。[*66] どういう経緯かわからないが、トムソンのクレームは科学誌「サイエンス」に掲載されており、そこで彼は特許を申請すべきだったと臍《ほぞ》をかんでいる。[*67]

また、右に記したように、ヘリウムを用いることの大きな理由は、窒素酔いと呼吸抵抗の軽減であることは今では周知のことになっているが、当初の目論見《もくろみ》は別のところにあったのである。つまり、ヘリウムの拡散速度が速いところから、ヘリウムは窒素よりも速く体外に排出され、短い減圧時間で浮上できるのではないかと期待されたのだ。[*66・68] 今から見れば信じられない気がするが、そもそも窒素酔いが窒素によって生じることが米海軍の医官ベンケらによって明らかにされたのが一九三〇年代になってからのことを考えれば、[*69] 無理もないことかもしれない。

…三種混合ガス（トライミックス）…

ヘリウムの新しい使用方法として、窒素、酸素およびヘリウムの三種類のガスを混合したいわゆる三種混合ガス、別名トライミックスを用いた潜水が注目されているので、簡単に紹介しておこう。

三種混合ガスが導入された経緯には、二つの側面がある。一つは、空気を用いて深く潜ると窒素酔いが激しいため、窒素の一部をヘリウムに置き換えることによってそれを軽減しようとするものだ。もう一つは、逆にヘリウムが高価なので、圧力の一部を空気でもって代替させよう、とするアイデアだ。自立心が旺盛で危険は自分持ちの考えが強いアメリカのスポーツ潜水の世界で広まって行った方法で、彼らは空気ボンベに純ヘリウムを自分で加えることにより安価に三種混合ガスを作っている。[*70] 日本ではどうしてもメーカーが前もって作っておいた三種混合ガスを用いる傾向が強いので、ヘリウム酸素混合ガスよりも高くついているのが現状だ。なお、三種混合ガスを呼吸して潜り、途中で後述するガス変換テクニックを用いると、減圧面で有利だ、との考えもあるが[*71]、はっきりしたことはまだ不明である。

このように、三種混合ガスを用いたトライミックス潜水は、本来はスポーツ潜水の分野で試行されていたのだが、梨本一郎は、近年、作業圧力や潜水深度が増加している潜函工事や潜水作業に三種混合ガスを用いることを提唱し、良好な成績を挙げている[*72]。

◎記憶すべきヘルメット潜水

ヘルメット潜水が開発されたことで、人が潜ることのできる範囲は飛躍的に拡大してきたわけだが、言い換えれば、人がその分、様々な障害にぶつかり、それらを克服するダイナミックな場面を見つめてきたのが、ヘルメット潜水ということにもなる。そこで以下に、潜水の発展の観点から記憶すべき三つのヘルメット潜水を簡単に記しておくことにしよう。最初の二つは、いずれも海軍の潜水艦救難に関するもの、もう一つは、いわばチャレンジ精神に富む個人が大きく関与した潜水である。

…米海軍潜水艦「F-4」救難潜水…

一九一五年三月十五日、ハワイのオアフ島沖で米海軍の潜水艦スケート（USS Skate SS-23: 潜水艦F-4として記述されることが多い）が五一尋《ひろ》の海底に沈んだが、これは米海軍における最初の潜水艦喪失であるところから、艦体の引き揚げが決定され、ダイバーが投入されることになったのである[*73]。四月十六日から開始された空気を呼吸ガスとして用いた潜水は、最大深度三〇六フィート（約九三メートル）にも達し、何人かは減圧症にも罹患した過酷なものであった。索に絡まってかろうじて生還したダイバーもいて、このダイバーを救出したクリレイ（F.W. Crilley）曹長は、のちにクーリッジ（Coolidge）大統領から直接勲章を授けられている。[*19]

この潜水がなぜ記憶すべきかというのは、潜水が実施された一九一五年という年を見ていただきたい。先に述べたとおり、ハルデーンが初めて科学的なアプローチを行い、現在に通じる減圧表を公に発表したのは一九〇八年のことである。この潜水は、前出の衛生学雑誌に公表された減圧表のカバーする深度よりも深いものであったので別途減圧されているが、基本的にはハルデーンの考え方に基づいている。したがって、これは初めて前もってデザインされた減圧スケジュールを用いて、九〇メートルを超える深さの空気潜水から大気圧状態にまで減圧できたことを意味する。

…米海軍潜水艦「スケイラス」救難潜水…

一九三九年五月二十三日、ニューハンプシャー州ポーツマス沖で潜航中の潜水艦スケイラス（USS Squalus SS-192）は後部区画に浸水し、二四〇フィート（約七三メートル）の海底に沈む事故が発生した。潜水艦救難艦ファルコン（USS Falcon ASR-2）が二四時間以内に現場に到着し、艦上から潜水艦のハッチまでマッカンチェンバー（McCann chamber）と呼ばれるチェンバーを降ろして乗員を救出する方法を用いて、前部区画から三三名の乗員を救出しているが、後部区画から救出された者はいなかった。その後、艦体の引き揚げが実施されたのであるが、ここで画期的なのは、潜水実験隊において以前から検討されていた、ヘリウム酸素を呼吸ガスとして用いた潜水が初めて実海面で実施され、その有効性が実証されたことである。総計六四八回にのぼる潜水のうち、減圧症に罹患したのは二名であった。[*74]

なお、この潜水艦救難作戦全体を生き生きと描いたノンフィクション、"The terrible hours" がつい最近『海底からの生還』のタイトルで日本語に翻訳されたので、記しておく。[*75]

…スウェーデン海軍における水素酸素潜水…

深い潜水では、窒素酔いを避けるために空気の代わりにヘリウム酸素を用いる。しかし、ヘリウムが産出される場所がアメリカなど一部の国に偏っているために、ヘリウムに替わるガスとして水素を用いることの可能性について検討されたことがある。水素というとすぐにも爆発しそうな印象を受けるかもしれないが、水素が燃えるためには酸素の割合が四％以上でなければならない。[*76] そうすると、深い潜水では環境圧力が大きい分、酸素の割合が少なくても生存に必要なだけの酸素分圧を確保できるので、呼吸ガスとして水素酸素を用いた潜水を安全に実施することができるようになるのだ。しかも、水素はヘリウムに比較して密度が半分なので、深い潜水で問題となる呼吸抵抗も軽減することができる。

この画期的な潜水を初めて実施したのは、ドイツとソ連に挟まれていた第二次大戦中のスウェーデン海軍で、一九四四年のことである。このプロジェクトの中心となったのは、一九一七年生まれの早熟な才能に恵まれた若い技術者アルン・ゼッターストレーム（Arne Zetterström）である（図3-23）。世界最初の水素酸素潜水を顕彰すべく一九八五年にスウェーデン国防研究協会から刊行された記念誌[*77]によれば、海軍の現役の先任技術大佐（記事では准将となっているが、そのときの写真からは大佐であったと思われる）を父にもつ彼は、柔軟で独創的な発想をする頭脳をもち、魅力的な人物だったようだ。周囲の潜水に関する専門的知識を有する人々を味方につけた彼は、一九四四年十二月十四日、海軍の潜水艦救難艦ベロス（HMS Belos）の上で自らがダイバーとなって一一〇メートルの潜水を実施し

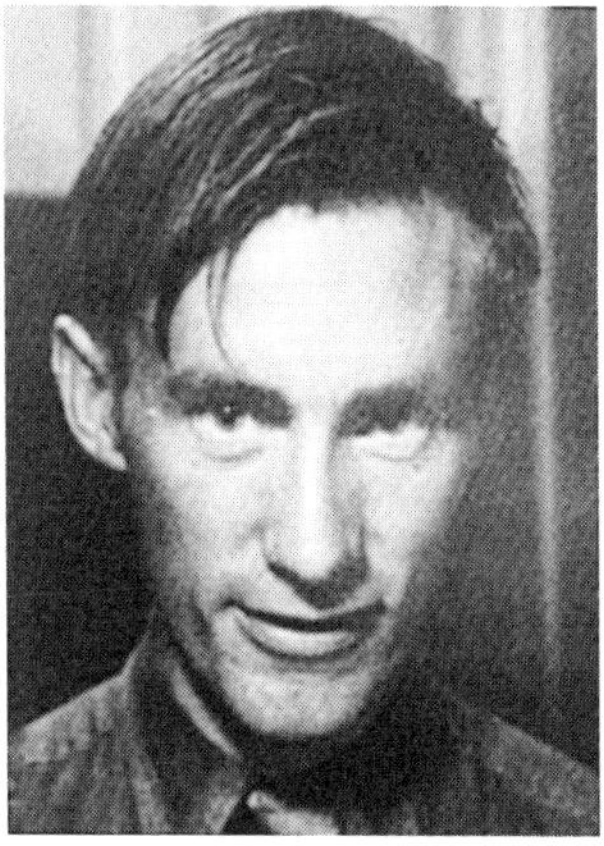

図3-23　アルン・ゼッターストレーム（Linden 1985[*77]）。

ている。もっとも、このとき減圧症に罹患して再圧治療を受けているが、水素酸素潜水そのものから見れば、成功と言えるだろう。次いで一九四五年八月七日、最後となった深度一六〇メートルの潜水を行ったのである。というのは、浮上途中に船の後部テンダー（ダイバーの潜降浮上をサポートする要員）が減圧深度五〇メートルを保持していたのに対し、前部テンダーが誤って一八メートルの浅さまで一気に引き揚げてしまったために、ケージが異様に傾き、ダイバーは結局、急速浮上と同じ目に遭ってしまったのである。しかも、呼吸ガスを酸素濃度の高いガスに切り替えることなく浅い深度に達したので、酸素分圧も低下し、致命的な減圧症と低酸素症に見舞われたわけだ。

この、ある意味で早すぎた水素酸素潜水は悲劇的な結末によって終止符を打たれたが、米軍ではアルンの死を追悼するとともにそのチャレンジ精神を顕彰して後世に伝えるために、軍事医学雑誌 Military Surgeon（Military Medicine の前身）の一九四八年一〇三巻第二号に、技術総監となっていたアルンの父から送られてきた遺稿[*78]と同僚の手になる記事[*79]を掲載している。

…その後の水素の利用…

その後、記憶の中だけに留められてきた水素酸素潜水は、後述するように、一九八〇年代に入ってフランスで再びその可能性が検討され、水素酸素を用いた深度七〇〇メートルを超える飽和潜水が実施されている。また、米海軍では、詳細は省くが、前述のように減圧速度を速める目的で水素酸素潜水を用いることの可能性について研究されている。[*65] その他に、より実用的な水素の利用も検討されているので紹介しておこう。[*80] それは呼吸ガスの中に一％未満の水素を混入し、触媒を用いて水素を酸化することによって、熱と水を得ようというものである。そうすると、冷たい水の中でより温度の高い呼吸ガスを呼吸することができるので、呼吸を介した熱損失を少なくすることが可能になってくる。さらに、乾燥しがちな呼吸ガスに水分を補給することにもなって一石二鳥なわけだ。近い将来、温度の問題が深刻な深い潜水では、日常的に使われるようになるかもしれない。

…日本の水素酸素潜水…

また、この章の最後に、実は日本でも極めて小規模ながら水素酸素潜水についての実験が行われた事実があるので、披露しておきたい。それは前出の浅利熊記と佐藤賢俊が羽田沖で行ったもので、昭和十五年（一九四〇）のことである（図3-24）。佐藤によれば、窒素の代わりに水素を呼吸ガスとした場合に、より短い減圧時間で減圧できるかもしれないと考え、それを検証すべく図3-24に示すように、水素と酸素を灌流した箱に犬を入れ、水深約三〇～四〇メートルに約三〇分間ほど曝露したのである。もとより、これは体系的なアプローチではなく、今となってはその実験結果も詳《つまび》らかでないが、彼らの好奇心の旺盛さには驚くよりほかない。

図3-24　羽田沖での水素酸素潜水の実験風景（提供：佐藤賢俊）。

第4章 スクーバ潜水

スクーバ（SCUBA）とは、self-contained underwater breathing apparatusの頭文字をとったもので、日本語では自給気式潜水呼吸器という言葉が使われることがある。同様に、スクーバ潜水は自給気式潜水ともいう。以前はアクアラング（水中肺）という言葉が使われたこともあったが、商品名でもあるので、一般名としてはあまり使われなくなっている。また、潜水呼吸器の代わりに単に潜水器と呼ぶこともあるが、潜水呼吸器の方が原意に忠実な呼び方になるだろう。

この潜水は、原義となる言葉からも容易に連想できるように、ボンベに詰めた空気などの呼吸ガスをダイバー自らが携帯して潜る方法を指すもので、送気式潜水のように常に船上からガスを送る必要がなく、装置は簡便で機動性が格段に良い。したがって、現在のレジャー潜水で用いられている潜水方法は、ほとんどがスクーバ潜水である（図4-1）。なお、酸素ボンベという言葉が使われることがあるが、ボンベの中身は特殊な例を除いて通常は空気である。また、日本ではボンベという言葉が使われることが多いが、英語圏では、タンク、シリンダー、ボトルなどという言葉が通常は使用される。

ところで、現在使われているスクーバ潜水の原型は、フランスのジャック・イブ・クストー（Jacques Yves Cousteau；図4-2）[*1]によって開発されたものであるところから、ややもすると、クストーが突如スクーバ潜水を発明したのではないかと誤解されている面もあるので、まず、クストー以前のスクーバ潜水について簡単に見ておこう。何事にも助走段階があるのだ。

◎クストーに至るまで

水面から空気を供給され、その分、自由な行動を阻害されるベル潜水や送気式潜水に替えて、水中を自由に移動できる方法を求めるのは、人間本来の性向としてむしろ当然のことだろうと思う。しかし、潜水にとって最も重要な酸素の実態が明らかにされたのが一七七四年であることを考えれば、その試みが如何に困難であったかは容易に想像できるだろう。

そのような中でスクーバ潜水への挑戦がなされていったわけだが、それらは大きく分けて次の四つぐらいの段階に分類できるのではなかろうか。以下は、前記マルクス[*2]およびデービス[*3]によるところが大きい。

…原始的方法…

まず最初は、原始的とも言えるもので、空気を入れた袋を背負い、水中で息をするタイプだ。初期の段階では、袋の圧力が極めて低いために、蓄えられる量そのものが限定され、実際に潜ることのできる時間も短かったものと思われるが、一六〇〇年代に、オランダで皮の袋に〝ふいご〟で空気を詰

図 4-1　スクーバ潜水（提供：雑誌「ダイバー」、撮影：瀬戸口靖）。

めたものを背負い、船底の作業などに使用しているのを目撃したとの話が残されている。確実なところでは、一八二五年にイギリス人ウイリアム・ジェームス（Willam James）が発表した機構が、最初のフルタイム・スクーバ潜水器であろうとされている。それは、腰から胸にかけてシリンダー状になったベルトを巻き、その中に三〇気圧の空気を蓄え、ダイバーはそこに連結したホースを介して呼吸をするようになっている（図4-3）。しかし、この方式では携帯する空気が少なく、また多くのガスが無駄に海中に排出されることになるので、実際に潜ることのできる深度と時間が非常に限られていたのが実状である。

図4-2　ジャック・イブ・クストー（Cousteau 1953[*1]）。

…再呼吸装置…

二番目として再呼吸装置が挙げられる。リブリーザーと呼ばれる再呼吸装置を利用したスクーバ潜水が最先端の潜水技術として目下注目されていることからすると、意外に思われるかもしれないが、呼吸ガスの循環部分を閉鎖ないし半閉鎖回路にした再呼吸装置のルーツは古いのである。

先に記したように、携行できる空気の量が限られ、消費する量も少なくできない、となると、長時間潜るためには、呼吸ガスを繰り返して使用するのが手っ取り早い方法になる。そこで、当時ようやく酸素や炭酸ガスの性質に加えてそれらが人に及ぼす影響も次第にわかってきたことから、酸素の量を増し、生成される炭酸ガスを除く装置をつけた潜水器を作り出して行ったわけだ。

この考えに基づく最初の潜水器は、一八七六年という早い時期にイギリス人ヘンリー・フルース（Henry

Fleuss）によって開発されている。この装置は別に閉鎖回路酸素再呼吸器とも呼ばれているように、呼吸ガスとして純酸素を用いるために潜水深度が限られるが（酸素分圧が高くなると、酸素中毒を起こす）、送気式潜水と異なって送気ホースがないので、水中の自由度が格段によくなっている。そして、その利点は、折からの洪水のために浸水した複雑な内部構造を有するトンネルの作業現場に送気式潜水では到達できなかったのに対し、この方法ではそれが可能であったことによって、劇的に示されたのである（もっとも、のちに同じことをしようとして、重篤な酸素中毒に罹患しているが）。

このフルースの潜水器は、のちに純酸素以外に五〇％酸素を用いたり、潜水艦脱出用の呼吸装置に採用されるなどして、広く使用されるに至っているが、その他にも様々な試みがなされていって、実用の域に達するものも少なくなかった。

具体的なものとしては、前述のシーベ・ゴーマン（Siebe-Gorman）社のヘルメットにボンベ（シリンダー）を組み合わせた潜水器が有名だ（図4-4）。ヘルメットの代わりにフルフェイスマスクを使用したものもある。そして、日本ではよく知られていないが、これらのタイプの発展した潜水器が第二次大戦に実際に使われ、それなりの成果を挙げていったのである。日本の重巡洋艦「高雄」を泊地で撃沈したのも、酸素再呼吸装置をつけたフロッグメンとミニ潜水艇のチームであった。

ここで、ぜひ記しておきたいことがある。それは、

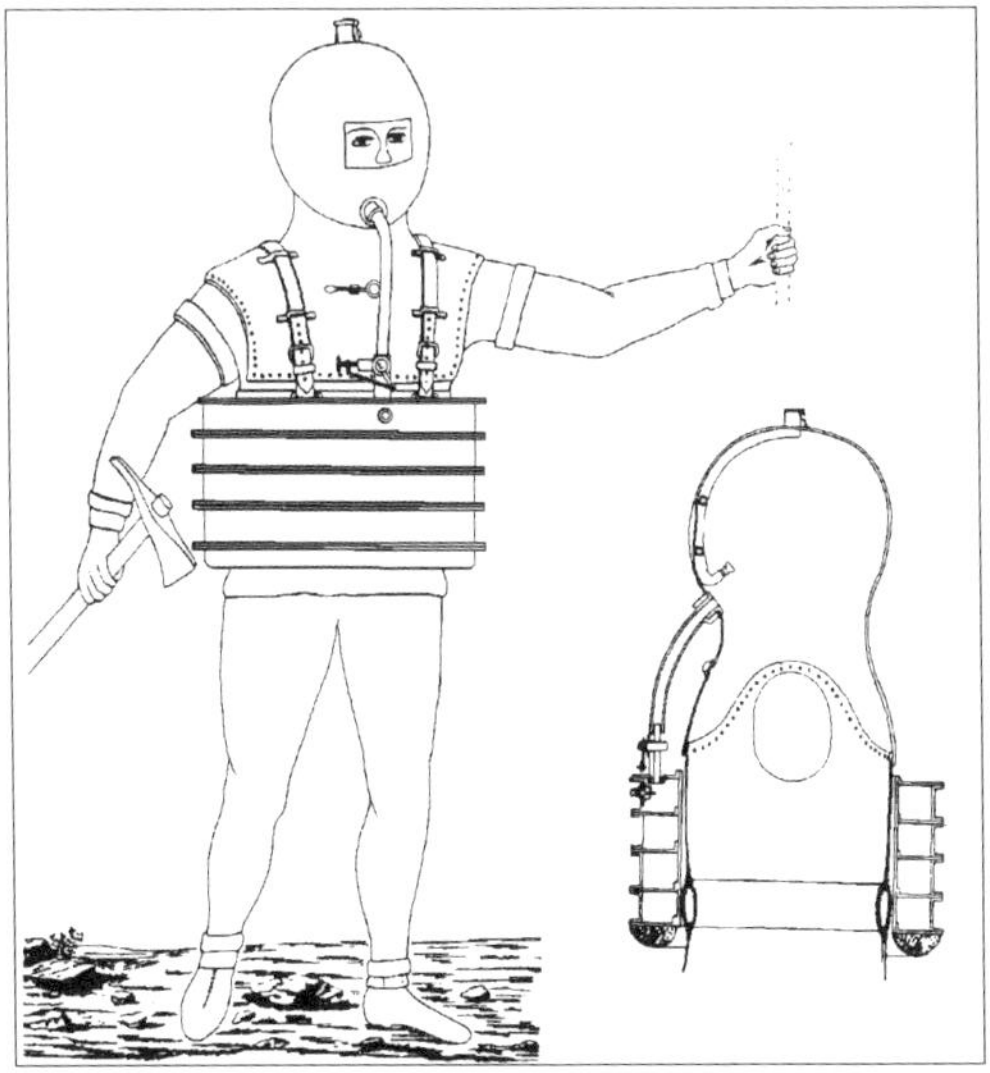

図4-3　ウイリアム・ジェームスの潜水器（Davis 1981[*3]）。実用性のある最初のスクーバといわれる。

前出のアサリ式マスク潜水器の開発者として知られる浅利熊記と佐藤賢俊が、昭和十四年（一九三九）に単独潜水器と称する再呼吸装置を試作していることだ。[*4] これは二リットル、一五〇気圧の酸素ボンベ二本と炭酸ガス吸収缶その他を組み合わせたもので、六郷川（多摩川）で実際に試験しているが、その際、佐藤は川底の泥に足を取られ、九死に一生を得ている。この装置はその後、陸軍に徴用され、どのように使われたか不明である。しかし、当時、酸素中毒の概念はなかったので、もし深いところでこれを使われたら間違いなく酸素中毒で死亡していただろうと、佐藤本人が述懐している。

また、酸素中毒の第一人者として知られるペンシルバニア大学のランバートソン（Christian J. Lambertsen）も第二次大戦終結前の若かりし日に再呼吸装置の開発に乗りだし、「ランバートソン水陸両用呼吸器（ＬＡＲＵ）」として知られるリブリーザーを作って米海軍の特殊部隊の創設に一役買っていることも知っておいてよいだろう。

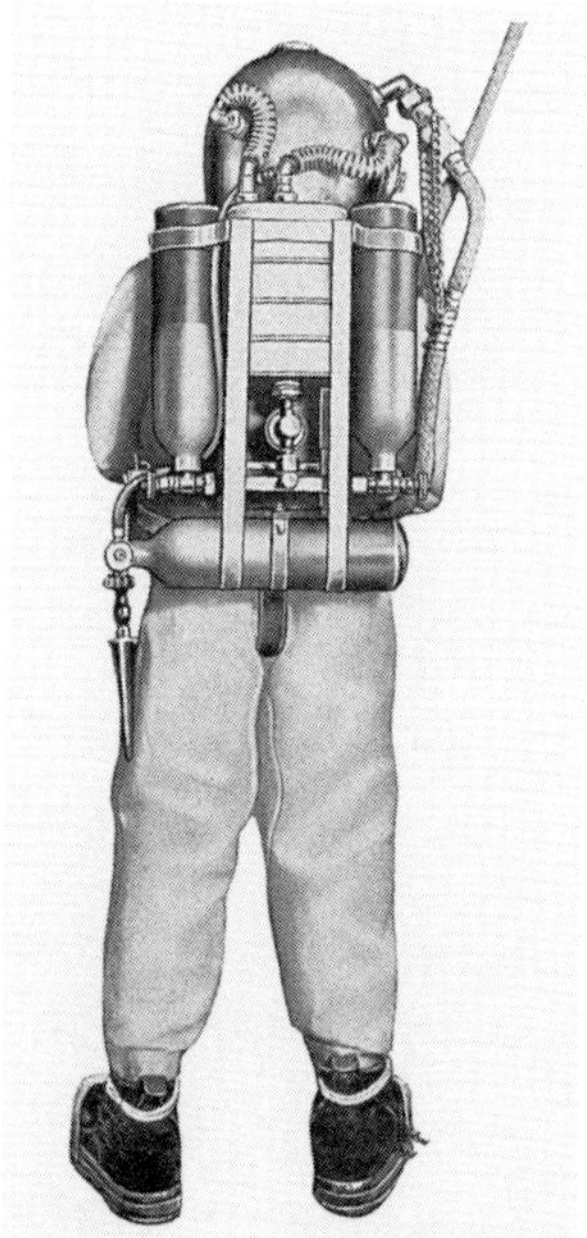

図4-4　シーベ・ゴーマンによる再呼吸式のスクーバ（提供：東亜潜水機㈱佐野泰治、Siebe, Gorman & Co. Ltd のカタログより）。

…高圧ボンベ…

三番目に出現したのが、高圧の空気をボンベに充填《じゅうてん》し、それを呼吸して潜る方法だ。この背景には、コンプレッサーやボンベの性能の向上がある。しかし、デマンド・レギュレータはまだ取り付けられていないために空気の消費量が多く、長くは潜れない。それでも、例えばフランスの海軍軍人イブ・ル・プリュ（Yvele

Prieu）がフェルネ（Fernez）と共同で開発し、一九二六年に特許を得た自給気潜水呼吸器では、一三〇気圧の空気ボンベを使用して、深度一五メートルで一〇分ほどの潜水が可能になっている。

…レギュレータの開発…

四番目に現れてくるのが、スクーバ潜水が広く普及する理由となったレギュレータ（ガス供給調整器）の開発である。レギュレータを介さないでガスを供給すると、息を吸っているとき以外にもガスが供給されることになり、ガスが無駄に消費される。これを改善するのがレギュレータであるが、厳密に言うと、レギュレータにも二種類ある。

一つは、手動でガス供給量を調節するタイプで、いくつかのものが実際に開発製作されている。それらのうち、送気式潜水の項で触れた大串式潜水器はボンベを背負っても潜水できるので、自給気式潜水器の一つとして位置づけることも可能だ。大串式潜水器は前述のように手を使わずに口でレギュレータの弁を操作する構造になっているために、両手を潜水作業に用いることができ、たいへん効率的で、日本では広く使用された模様である。

なお、プリュの潜水呼吸器もある意味ではレギュレータを採用しているが、それは手でガス供給量を調整するようになっており、どうしても手を使って作業することが多い潜水現場から見ると、実状は定常流量のガスを供給するタイプである。

もう一つが、現在のスクーバ潜水で使われているデマンド型（応需型）のレギュレータだ。この詳しい構造はのちほど示すが、要するに息を吸おうという需要ないし要求（デマンド）に応えて、息を吸うときのみ空気をダイバーに供給する装置である。そうすると、消費空気量が格段に少なくて済むところから、当時のボンベに充填した空気量でも飛躍的に長く潜れることになる。

この画期的な装置を開発したのはフランス海軍の軍人だったクストーで、ナチスドイツ占領下の一九四二年のことである。[*]もちろんこれは事実で、その意味でクストーを今日広く使われている「スクーバ潜水の産みの親である」と言っても何ら間違いはないのだが、その陰に実に不可解としか言いようのない歴史の一齣《ひとこま》があるので紹介しておこう。

＊クストーがスクーバを開発したのは一九四三年である、と記述されることが多い。クストー自身の記述[*1]によれば、一九四二年の十二月に自らのアイデアを盟友になる技術者エミール・ギャナン（Emile Gagnan）に説明したところ、ギャナンが折から手掛けていた自動車エンジンにガスを供給するデマンドバルブを指しながら、「それはこんなものかい？」と聞き返したことからすべては始まる。そして、二、三週間後にはデマンドバルブを作成し、一九四三年の夏には出来上がったスクーバを用いてエキサイティングな夏を過ごした、とある。また、クストーの活躍を描いたノンフィクション[*5]では、一九四三年の一月の厳寒期にパリ郊外の川で、作られたばかりの装置を用いて初めて水の中に潜ってみたとある。そのようなところから、一九四三年にスクーバが初めて製作された、と言われることが多いと思われるが、クストーの著書[*1]に用いられている写真の説明文に、クストー自身が「一九四二年に完全に自動化された呼吸装置を初めて作った」とあるので、ここではスクーバを作った年を一九四二年とした。

それは、このデマンド型レギュレータの原型が一八六五年という早い時期に開発され使用された実績もあるのに対して、それをスクーバ潜水に応用し成功するのは、実に八〇年近くも後のことである、ということだ。

すなわち、一八六五年フランスの鉱山技師（mining engineer となっているので鉱山技師としたが、機雷関係の技師かもしれない。mining には機雷敷設の意味もある）ベノワ・ルケヨール（Benoit Rouquayrol）と海軍尉官オーギュスト・ドネルーズ（Auguste Denayrouze）は、ダイバーが背負った内圧四〇気圧のタンクに水上から空気を送り、ダイバーはそのタンクからチューブとマウスピースを介して空気を吸って潜る送気式潜水の一つを開発したときに、デマンド型レギュレータをチューブに取り付けたのである（図4-5）。その構造は、いわゆるメンブレーン方式で、吸気に伴ってレギュレータ内の圧力が下がるのを、レギュレータ内部を覆う薄板（メンブレーン）のたわみとして捉え、たわみが一定以上になればタンクからの弁が開放されて空気が供給されるという、いま用いられている方法と基本的には同じものである。そうすることによって、空気消費量を格段に少なく抑えることができたわけだが、この当時は、このメリットは性能の低いポンプでも潜水に使用できるところに主眼が置かれた模様である。しかし、送気ルートに何らかの支障が生じた際には、タンクと送気ホースを切り離して浮上することとし、その際にはデマンド型レギュレータのお陰で比較的長時間タンク内の空気に頼って潜るのが可能であることも、当然理解されていたようだ。

そうすると、これはどう見ても現在のスクーバ潜水と基本的にはほぼ同じ潜水方法であるわけだが、実に不思議なことに、あと一歩がその後八〇年近くにわたって踏み出せなかったことになる。なぜ踏み出せなかったのか、今もってはっきりとしたところは分かっていないが、当時は送気式潜水の能力を高めることに努力が集

図4-5　ルケヨールとドネルーズの潜水呼吸器（Davis 1981[*3]）。

中されていたことがその一因なのだろうか。もし、デマンド型レギュレータがクストーよりも早期に開発されていたならば、その後の潜水の発展の様相はかなり変わっていたことだろう。

…まぼろしの日本製スクーバ…

また、この項の最後に、もう一つぜひ付け加えておきたいことがある。それは、昭和九年（一九三四）ごろに前出の浅利熊記が考案したという、ダイヤフラム式潜水器のことだ（図4-6）。佐藤賢俊（図4-7）は、日本潜水科学協会発行の協会誌「どるふぃん」に「昔から考えられた潜水器のいろいろ」としてその概念図を記しているが[*6]、図4-6に示したように吸気動作によってダイヤフラム（メンブレーンと同じで、薄板、あるいは膜と言ってもよいだろう）がたわみ、そのために弁が開放されることによって、空気がダイバーに供給されるというアイデアである。[*6·7] 考えてみれば、これは現在のデマンド・レギュレータと同じ方式を有した潜水呼吸器だ。この潜水器はアイデアだけでなく、実際に試作品が作られ、佐藤が被験者となって潜ったところ、おそらく空気の供給源であるボンベの圧力が低かったためか、少し呼吸が苦しかった、とのことである。とは言いながら、この方式が優れていることは疑いようもなく、当事者もそのことをよく理解はしていたものの、当時の会社の経営状態で割くことのできる余力が限られていたこと、および高圧ボンベが当時は一般には入手難であったこと（ボンベはおろか、ポンプさえほとんどが人力であった）などを勘案した結果、製造を諦め、アサリ式マスク潜水器の方にエネルギーを傾注したという。[*7] もしこ

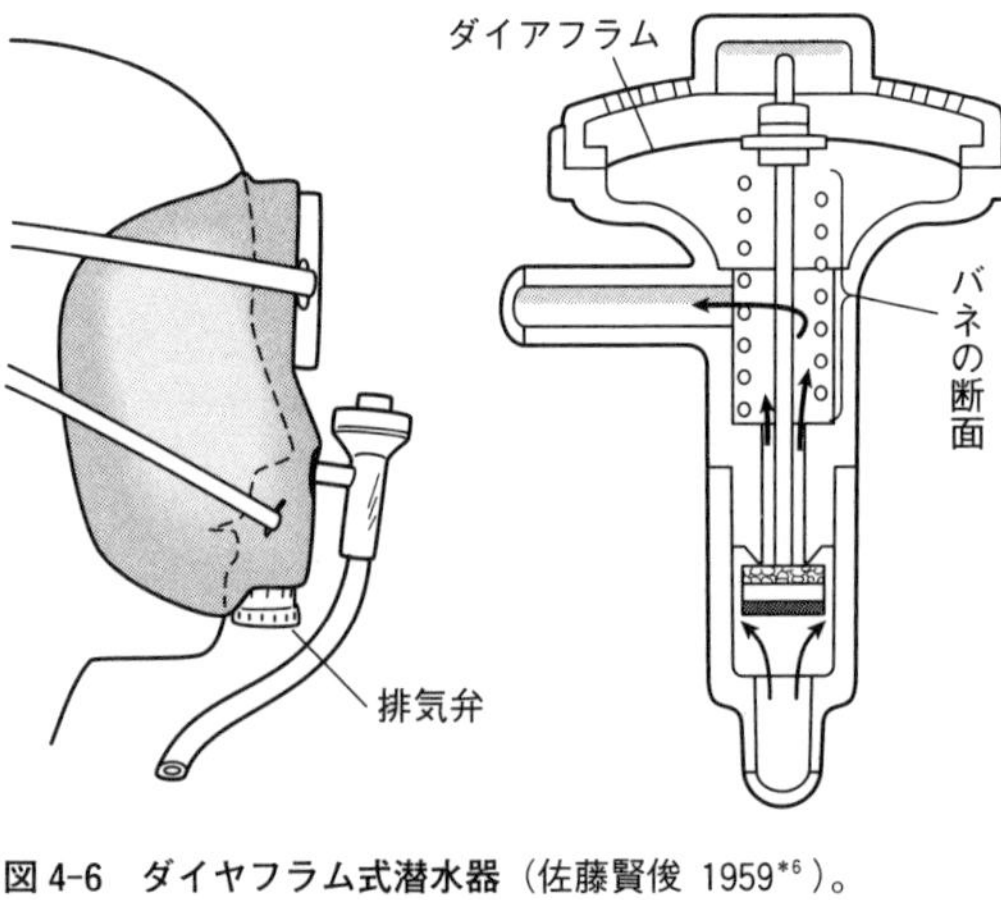

図4-6　ダイヤフラム式潜水器（佐藤賢俊 1959[*6]）。

れが実際に製造されていれば、それこそ日本人がスクーバの開発者の栄誉を得たかもしれない、と夢想してみるのも楽しいだろう。

若干話題がそれるが、この佐藤の小論文は、[*6]本人が実際に特許庁に出向き出願資料を調査したうえで記されたもので、それなりの根拠のある労作である。それを眺めてみると、潜水器の性能が少しでも向上するように小さな工夫を凝らす一方で、抜本的に新しい可能性を試みるなど、当時の潜水界にはチャレンジ精神が横溢《おういつ》していたことがうかがわれる。

ところで、本当は浅利のアイデアを元にしてクストーがアクアラングを開発した、というにわかには信じがたい話もある。アクアラングの販売は、クストーの夫人がフランスの大手ガス会社エアリキードのトップと親戚関係であることもあって、エアリキードがホールディングカンパニーのアクアラングインターナショナルを設立して総元締めとなり、日本では紆余曲折を経て㈱日本アクアラングが担当していたのであるが、以下は当時の同社社長上島《かみじま》章生《あきお》が商用のためにイギリスやフランスに滞在していたときのエピソードである。上島によれば、パーティの席で向こうの人に肩をたたかれ、「アサリという日本人ダイバーを知っているかい？　クストーはアサリが地中海で潜っているのを見てアクアラングを思いついたんだよ」と言われたという。しかも一回だけでなく、複数回にわたって複数の人々に同様のことを言われたそうだ。浅利と姻戚関係にある佐藤によれば、浅利が欧米に出かけたという事実はないので、浅利が地中海で潜った、という話は成立しない。しかし、右に見たように浅利が意欲的に開発していた潜水呼吸器の一つを用いて日本人の誰かが潜っているのをクストーが目にし、それがアサリというダイバーが潜っていた、というように伝わっていった

図 4-7　佐藤賢俊（提供：佐藤賢俊）。

とすれば、上島が聞いた話も根も葉もない噂話とは言えず、辻褄《つじつま》が合うことになる。これをさらに敷衍すると、現在世界中で使われているスクーバのアイデアもその一部は日本に源流がある、という説もあながち荒唐無稽な作り話とは言えなくなるわけだ。読者諸賢はどのようにお考えであろうか。ちなみに、クストーは浅利のことには一言も触れていない。

◎スクーバの構造

スクーバの最も基本的な機能は、レギュレータという装置によって一五〜二〇メガパスカル（一五〇〜二〇〇kg/cm²）の高圧状態でボンベに充填された空気などの呼吸ガスを、そのときのダイバーが潜っている深度の圧力（これを環境圧力という）にほぼ等しくなるまで減圧し、しかも吸気時にのみ供給することにある。

図4-8はボンベにレギュレータ類を取り付けた状態で、呼吸ガスは図4-10の第一ステージと言われるところで環境圧力プラス一メガパスカル（一〇kg/cm²）程度の圧力に、第二ステージでほぼ環境圧力にまで、それぞれ減圧されるようになっている。

そこのところを、米海軍の潜水教範*8に記載されているレギュレータの構造図を用いてもっと詳しく観てみよう（図4-9、4-10）。以下は空気を用いるものとして説明する。

まず、ボンベの開口部に設置されたバルブを取り囲むようにして第一ステージが固着される。そこで薄板（ダイヤフラム）調整ねじを回して、第一ステージに送られる空気の圧力が環境圧力におよそ一メガパスカル

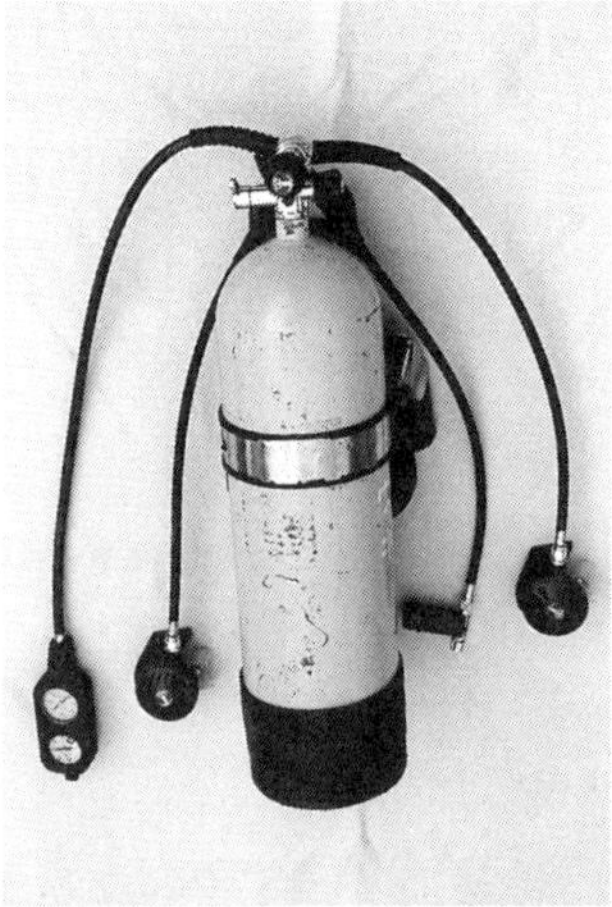

図4-8　ボンベにレギュレータを取り付けた状態。

足した圧力になるように調整する。この調整は日本では業者が行うことになっているが、アメリカなどでは個人が行うことも稀ではない。このときの圧力を「中圧」といい、中圧状態の空気は中圧ホースを介して第二ステージに運ばれる。つまり、中圧ホースとはレギュレータ・アセンブリーの中の第一ステージとマウスピースの間を繋ぐ管に他ならない。

　中圧で第二ステージに達した空気は、そこでほぼ環境圧力にまで減圧されるが、そのときの圧力を「低圧」ともいう。減圧の仕組みは図に示したとおり、吸気動作を行うことによって図の低圧空気室内の圧力が低下するために、空気室の一面を構成している薄板がたわむ。そして、このたわみが中圧ホースと低圧空気室の間にあるバネ式開閉バルブに直結

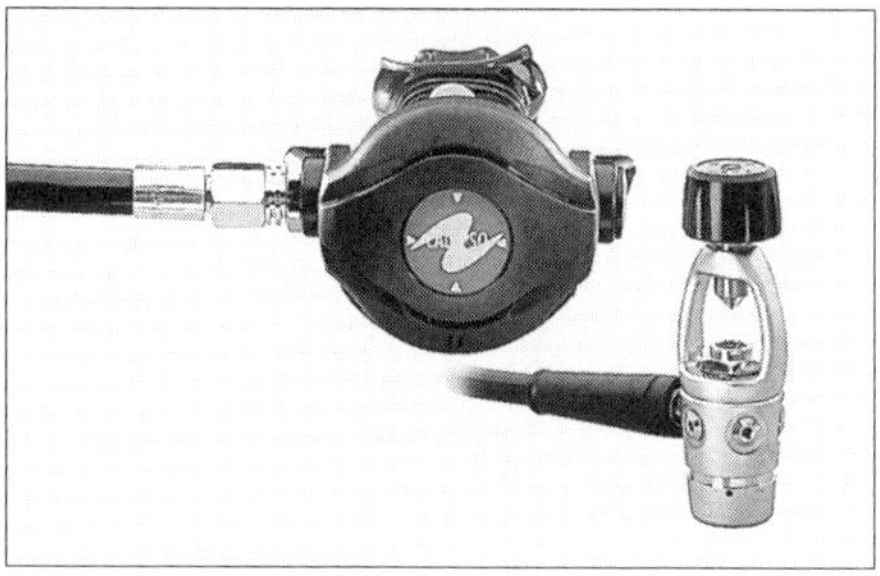

図4-9　レギュレータの外観（提供：日本アクアラング）。

図4-10　レギュレータの構造図（米海軍潜水教範[*8]）。

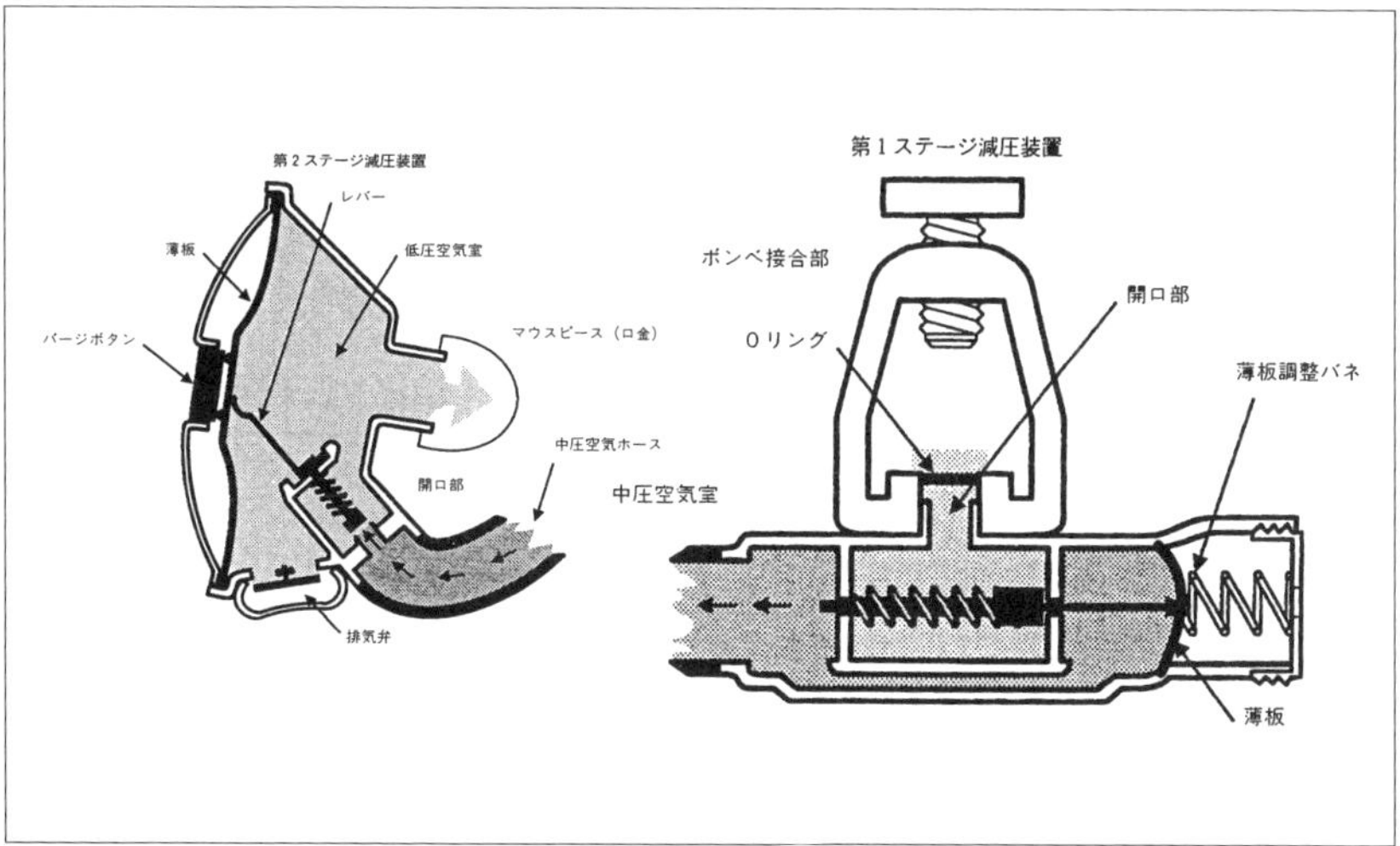

しているレバーに働き、その結果、開閉バルブが開放され、中圧ホースから低圧空気室の中へと空気が供給される、というわけだ。このとき、ごくわずかの吸気動作によって開閉バルブが開くように調整するとフリーフロー状態に陥りやすく、かといって大きく吸気をしないとバルブが開かないようにすれば、吸気抵抗が高まる。この調整も日本では通常、業者によって行われるためにダイバー個人が行うことは少ないが、欧米では個人で設定することも多い。

以上が、現在使われているレギュレータの概要である。しかし、クストーが開発した当時のものは少し様相が変わっている（図4-11）。現在のスクーバは第二ステージがダイバーの口に当たる部分にあるので、一本の中圧ホースのみで第一ステージと繋がっており、シングルホース・タイプとも言われる。クストーの場合は第二ステージも第一ステージとほぼ同じボンベのバルブ付近にあり、空気の排出もほぼ同じ部分からなされるようになっていたために、ダイバーが吐いた呼気をそこまで誘導しなければならなかったのである。そこで、レギュレータからは恰《あたか》も二本のホースが出ているように見え、ダブルホース・タイプとも言われる。しかしながら、この場合、呼吸抵抗が増えるのとホース内の水を排出しにくいなどの欠点があったために、現在では特殊の例を除いて、ほとんどすべてシングルホース・タイプになっている。

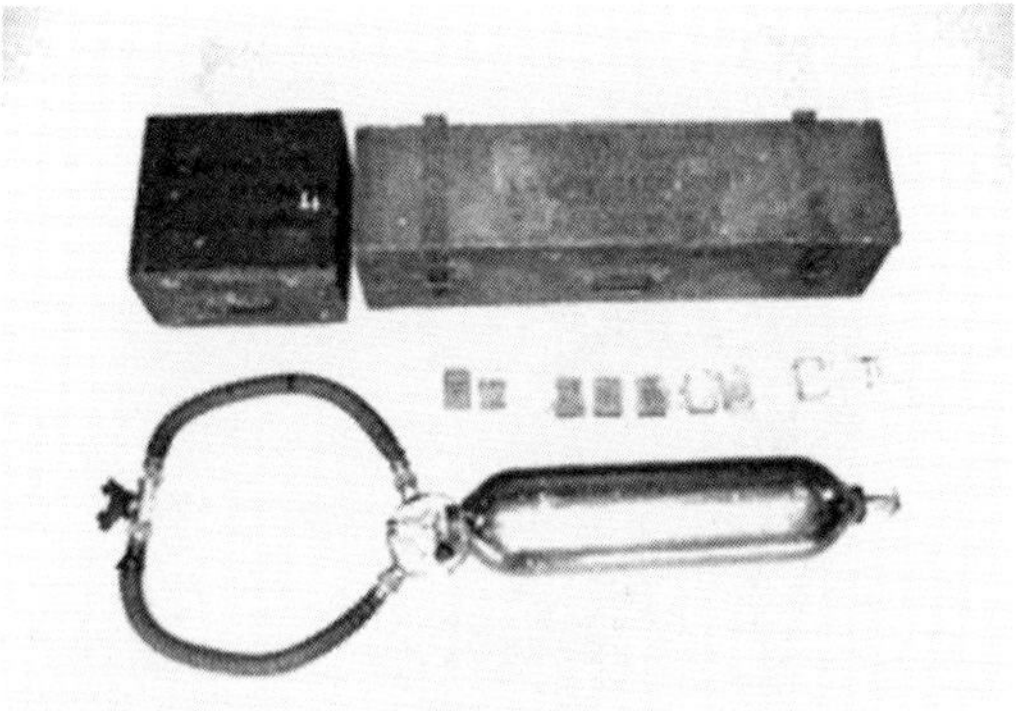

図 4-11　初期のフランス製スクーバとボンベ（望月昇所蔵・著者撮影）。ボンベには 1954 年の銘がある。上の二つの箱にレギュレータとボンベが収納されていた。その中間にあるのはセットで用意されていた錘。当初のレギュレータは第 1 と第 2 ステージによる減圧がほぼ同じ箇所でなされていた。

◎クストー以後

クストーによるスクーバは軽量で取り扱いが容易であり、また、呼吸ガスはボンベに詰めて運べばよいので、コンプレッサーなどの支援装置を現場に持ってくる必要もないところから、いわば誰でもどこでも好きなときに潜ることができるようになったわけだ。言い換えれば、スクーバを用いることによって、職業として潜水に従事する人以外の一般の人にも、初めて容易に海中世界にアクセスする道が開かれたことになる。

したがって、第二次大戦後スクーバ潜水が広く普及していったのも当然と言えば当然であるが、それが大きく開花するのには意外と時間がかかっている。[*5] というのは、何と言っても、クストーがスクーバを発明したのは戦争の真っ最中であり、戦争が終わった後は復興に多くのエネルギーが注がれたわけで、クストー自身、現役の海軍士官であったこともあって、やるべき日常の仕事がたくさんあったのだ。またよくあることだが、お偉方はクストーのやっていることがあまりよく理解できなかったらしい。また米海軍の専門家でさえ、スクーバを見た後も、さーて、それは使えそうだが果たしてどんなもんだか、というような対応をしたらしい。

そういうときに大きなインパクトを与えるのは、昔も今も画像である。事実、後年クストーのノンフィクションを書くことになるデュガンが最初に大きな印象を受けたのも、クストーが作っておいたつぎはぎだらけの映像であったという。そのようなこともあって、クストーの業績も徐々に人に知られるようになっていったわけだが、クストーの名声を決定づけたのは、一九五三年に出版された『沈黙の世界』という書籍とそれを映画化しカンヌ映画祭でグランプリを獲得した同名の映画である。その後の探検船「カリプソ」号とともに世界中の海を探検してまわるクストーの活躍は周知のことである。

そこで、ちょっと脇道にそれるが、筆者にとってどうにも理解しにくいのがクストーの立場である。彼自身、一九五七年にモナコ海洋博物館の館長に就任するまでは、あくまで現役の海軍士官だったのである。それでいて、例えばかの有名な「カリプソ」号にしたところで、英海軍の元掃海艇が連絡船として就航しているのを彼自身が見出し、民間の資金を得てそれを購入し探検船に改装したわけで、別に海軍の予算を充《あ》てたわけではない。その後の彼の活動も、どう見ても海軍の業務というよりは学術的なものが主体である。どうやら、海軍がクストーの仕事を正確に認識していたかどうかはともかく、クストーは海軍の中で一種自由な立場をとることができるようになっていたらしい。ある意味では海軍がクストーに左右されていたともとれるし、また別の観点からは、海軍がクストーを上手に泳がし、懐の深いところを見せていたのかもしれない。実際のところはともかく、このような関係は開拓者だけに許される特権であろうと思われるが、我々にはどうにも馴染みが少なく興味がそそられる。

それはさておき、元に戻って、スクーバそのもののその後の展開について見ると、最初のアイデアが革新的であったためか、次に述べるリブリーザーの開発を除いて、若干の改善を受けながら、基本的にはそのまま現在に至っているのが実状だ。改善の一つは、先にも触れたようにホースがダブルホースからシングルホースに変換されたことで、これによって格段に呼吸しやすくなった。そのほか、ボンベ内の圧力が低下すればリザーブバルブに切り替える方式のJバルブがほとんど姿を消し、より故障の少ない単純な構造のKバルブに移行していったことが挙げられる。この背景には、ダイバーの手元でボンベの残圧を把握できる残圧計が普及していったことがあるのではなかろうか。ボンベの圧力も従来の一五メガパスカル（約一五〇kg/cm^2）から二〇メガパスカル（約二〇〇kg/cm^2）へと増加している。

…日本における普及と発展…

ここで日本に転じてみよう。わが国で最初にスクーバ潜水を行ったのは、おそらく当時日本を占領していた米軍の軍人であろうと思われるが、新聞に報道されるなどして一定の大きな影響を与えたのは昭和二十八年（一九五三）のことである。すなわち、同年五月二十五日付の朝日新聞科学欄には、水中呼吸器としてスクーバに関する記事があり、同じく六月十日付の読売新聞には、千葉県小湊の鯛ノ浦でスクーバ潜水が行われたことが大きく報道されている（図4-12）。いずれも、米海軍の研究者として来日していたディーツが関与するもので、当時を回顧して佐藤賢俊は新鮮な印象を受けたと記している。[*9・10] なお、昭和三十年（一九五五）、前記クストーの『沈黙の世界』が東京水産大学の佐々木忠義によって『海は生きている』と題して翻訳出版され、[*1] 大きな影響を与えたことも付け加えておこう。

このようにして日本でもスクーバ潜水が知られるようになったが（もっとも、アクアラングという言葉から、水中肺あるいは水中呼吸器という言葉が当時は用いられた）、実際に日本人の間でスクーバ潜水が普及していったのは、次の三つほどのルートに大きく分けられるようだ。

その一つは、戦前から千葉県小湊に実験場を有し、昭和の初年ごろから送気式マスク潜水の実習を単位認定していた東京水産大学である。当時同校の助手を務めていた宇野寛によれば、昭和二十八年（一九五三）教授であった新野弘がアメリカからスクーバ

図4-12　鯛ノ浦における潜水シーン（昭和28年6月10日付読売新聞）。

の情報を携えて帰国したのが、同校がスクーバ潜水に接した最初だという。未知のスクーバ潜水は多くの人々の興味をかき立て、前記の鯛ノ浦におけるディーツの潜水も、新野およびその研究仲間が働きかけて実現したものらしい。そして、その潜水を間近で見ていた助手とはいいながら潜水実習の実質上の責任者宇野寛が、居合わせた松生義勝《まついけよしかつ》学長にスクーバを導入していただきたいと申し込んだところ、翌昭和二十九年（一九五四）四月に現物が入荷されたのが、東京水産大学におけるスクーバ潜水の始まりだ。さっそく輸入されたばかりのスクーバを用いて学生に対する潜水実習が実施され、そこからは後年潜水分野で活躍する人物が輩出している。名前を挙げると、江田島で最初期の潜水教官を勤めた井関泰亮、海上自衛隊の潜水部隊の創設期に後述の飯田嘉郎のもとで一役買い、のちに呉水中処分隊の初代隊長に就任した竹下徹、日本アクアラング社長を務めた上島章生、アマチュア潜水界をリードした須賀次郎、深田サルベージの潜水部門責任者清水信夫らである。潜水と直接の関係はないものの、ヘルメット潜水の歴史に詳しい前述の大場俊雄も同校出身である。

なお、心の痛むことではあるが、スクーバを用いた潜水実習を始めたその年に、おそらく日本で最初のスクーバ潜水による致死事故が発生していることも記しておかなければならないだろう。すなわち、昭和二十九年（一九五四）八月二日、二名の学生が潜水実習中に死亡し、空気塞栓症に罹患したのではないかと推測されている。[*11] スクーバ潜水の草創期のことゆえ、情報も少なく酌量の余地も大きいとは思われるが、結果としてスクーバ潜水の厳しさを思い知らされることになった。スクーバ潜水の訓練にはくれぐれも慎重でありたい。

スクーバ潜水が導入された二番目のルートは、海上自衛隊に伝えられたものだ。海上自衛隊が保安庁警備隊の名称で正式に発足したのは昭和二十七年（一九五二）だが（二年後に海上自衛隊に改称）、それ以前から主に米軍が敷設した機雷（多くは船の磁性を感知して爆発する感応機雷）の除去を目的として航路啓開業務（掃海業務）を実施していた組織（本書では便宜上、海上自衛隊とする）がその直接の前身である。[12] 当初は舟艇を用いて電纜《でんらん》を曳航し海中に磁場を発生させることによって機雷掃海を行っていたが、その方法では高性能の機雷を処分するには限界があり、結局は機雷を一つ一つ探知し個々に処分するしかないことが徐々に認識され、その手段としてスクーバ潜水がクローズアップされてきたのである。つまり、海上自衛隊がスクーバ潜水を導入したのは、あくまで機雷処分のための一つの手段としてであるが、導入の経緯について記された文書はほとんど認めらず、意外に明らかにされていない。以下は引用文献と聞き取りに基づく推測であることをあらかじめお断りしておく。

海上自衛隊が最初にスクーバに接したのは、昭和二十六年（一九五一）であると思われる。すなわち同年、父島の掃海業務に派遣された山下達喜は、そこで米海軍が機雷の処分にスクーバを使用していることを知り、わが国でも掃海業務にスクーバを用いることを考えたという。[13] 昭和二十八年（一九五三）にはスクーバを導入し、何人かの隊員が体験潜水を行っている。そして、昭和二十九年、山下の命《めい》を承《う》けた飯田嘉郎は横須賀で初めてスクーバ潜水の部隊としての訓練を行い、要員養成に本格的に取り組んでいったのである。一方、呉ではフランス製のスクーバを受け取った前出の三宅玄造らが、昭和三十一年（一九五六）宮崎県で発見された爆発物の処理にそれを使用している[14]（図4-13）。もっとも、コンプレッサーがなかったので、大半の作業は海軍時代の軽便潜水器（マスク潜水器）を用いて実施している。なお、海軍出身で一種フィクサーのような立場にいた渋谷武之

図4-13　爆発物処分のために潜る三宅玄造（昭和31年9月8日付日向日日新聞；現宮崎日日新聞）。

丞が設立した実質的にはペーパーカンパニーの大同物産（当時の大企業大同グループと直接の関係はない）を経由して、昭和二十六年（一九五一）に非磁性のボンベを含めたスクーバ一式が複数台（一説では三〇台ほど）フランスから直接輸入され、横須賀に保管されていたとする情報もある。そのときに輸入された潜水器が飯田らの訓練に使われたという確証はないが、その可能性は高い。

ところで、当時、米海軍が海上自衛隊の創設に積極的に関わったことから、米海軍からの情報提供を受けて順調に潜水能力を発展させていったかのような印象を受けるかもしれないが、飯田によれば実状はそれとはほど遠いもので、米海軍からの情報の供与はほぼ皆無であったという。では、どうやって取り組んでいったかというと、まるで手探りさながら、例えばレギュレータを自分で分解することによってそのメカニズムを把握するなど、苦心して使用法を練り上げていったそうだ。[*13・15] 当然、今では当たり前の空気塞栓症などの危険性にも気づかず、危ういところもあった、と飯田本人が後年述懐している。実際、昭和三十二年（一九五七）という早い時期に、新潟でスクーバ潜水訓練中の二名の隊員が波に巻かれて殉職している。

このように、当初は暗中模索の状態でスクーバ潜水という新しい分野に乗り出したのが実状であるが、しかしそこはやはり組織の強みで、海上自衛隊の創設に伴い米海軍に派遣された要員が帰国するのに従って、着実に潜水能力を向上させていったわけだ。その一方、国内においては米海軍の潜水教範と首っ引きで格闘し、横須賀にあった米海軍の水中処分部隊から折に触れて情報を得るなどして、態勢を整えていったという。そして、アルミ合金製のボンベが日本国内では認められないなど、今では考えられない障害を乗り越えて、昭和三十六年（一九六一）最初の水中処分部隊が初代隊長を飯田として横須賀に創設されるに至ったのである。

以上の経緯を経て確立された海上自衛隊のスクーバ潜水能力は、それから間もなく昭和四十一年（一九六六）二代目隊長逸見隆吉《へんみりゅうきち》のときに発生した全日空機の羽田沖墜落事故において遺憾なく発揮されたが、さらにはるか後年、平成三年（一九九一）湾岸戦争後のペルシャ湾における機雷の除去作業で再び衆目の前に明らかにされている[*16]。ちなみに、ペルシャ湾派遣掃海部隊の指揮官落合晙《たおさ》は、前記飯田の論文にある[*13]、潜水訓練開始後四日目に三〇メートルまで潜った猛者《もさ》二名、のうちの一人である（今から見れば、このようなことは決して自慢すべきものや、まして誉められたものではないことを念のために申し添えておく）。

ここでぜひ記しておきたいのは、海上自衛隊では早期から、海上保安庁、警察および消防など他省庁の潜水職種の一部の人々に対してスクーバ潜水の訓練指導を行っており、その活動は現在も続いていることである。つまり、海上自衛隊の潜水能力は、これら他省庁の潜水活動を通しても民間に還元されていることになる。

また、前述の草創期に潜水に関連して米海軍に派遣されたのは、スクーバ部門だけでなく、深海潜水と称するヘリウム酸素を用いたヘルメット潜水、さらには潜水艦救難にまで及ぶ幅広いものであったことも付記しておきたい[*17]。特にヘリウム酸素潜水は、当時わが国ではまだ馴染みが少なく、海上自衛隊から民間に伝わっていった情報は少なくないものと思われる。

さらに付け加えておきたいのは、昭和三十四年（一九五九）ごろから広島県江田島にある第一術科学校において、スクーバ潜水から空気およびヘリウム酸素を用いたヘルメット潜水まで潜水全般を一括して教育する態勢を整備するようになったことだ。海軍兵学校出身で水産講習所（東京水産大学の前身）を卒業し、南部潜りで有名な岩手県種市高校に勤務、海上自衛隊に再入隊したという特異な経歴を有する前出の井関泰亮が先任教官として務めているが、井関は草創期の海上自衛隊にあって、旧海軍、民間の潜水、さらには米海軍と、流儀の異なる潜水気質を一つにまとめるのにたいへん苦労したと述懐している。井関のもとにいた唐澤健三は後年、川崎重工に転じ、潜水艦救難母艦「ちよだ」に搭載されている深海救難艇（ＤＳＲＶ）の公試の際の操艦長を務めている。

元に戻って、三番目のルートとして、スポーツないしレジャー潜水としての普及がある。これは、前二者のように特定のルートを通してというものではなく、湘南地方などで目にする主として外国人（多くは米軍人）のスクーバ潜水を、いわば見よう見まねで取り入れ、発展していったものである。これに関しては、雑誌「ダイバー」の二〇〇〇年一月号に「ニッポン潜水五〇年史」として要領よくまとめられており[*18]、紙面の都合もあるので紹介するにとどめておきたい。また、望月昇の『海底の冒険野郎[*19]』は絶版になっているが、このルートとしてのスクーバ潜水の黎明期を生き生きと描いた貴重なものなので、併せて紹介しておこう。なお、米海軍留学組で掃海部隊の指揮官を最後に退官し、その後アマチュア潜水界をリードした黒川武彦によると、海上自衛隊の訓練を食い入るように見つめ知識を貪欲に吸収していった民間ダイバーも少なくなかったそうだ。右に触れられていないので、付け加えておく。

　ここで、ハードウェアとしてのスクーバに関して、一つ意外な、というか、いかにも日本人らしさに満ちたエピソードがあるので、披露しておこう。それは、日本で最初の国産スクーバにまつわるものだ。復員後、東京神田に潜水研究所を設立していた元陸軍将校の菅原久一《きゅういち》は、昭和二十九年（一九五四）いわ

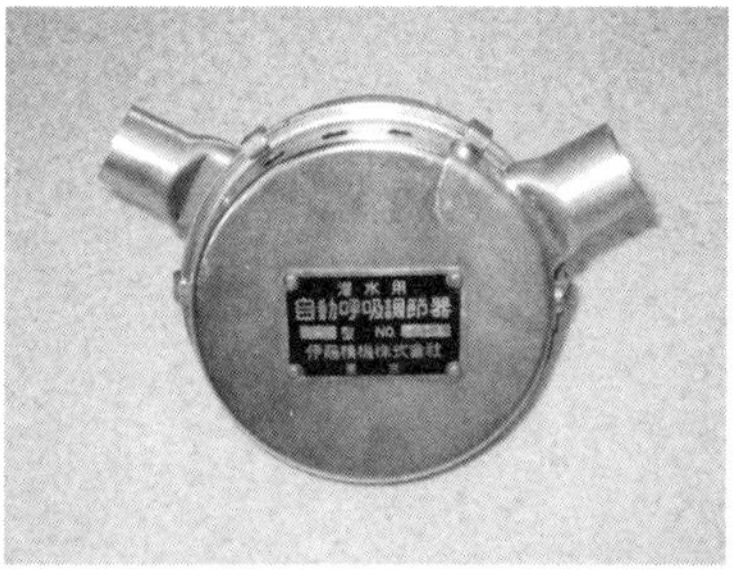

図 4-15　昭和 30 年（1955）ごろ伊藤精機㈱によって制作された最初期の国産レギュレータ（望月昇所蔵・著者撮影）。

図 4-14（右）　ボンベを持参して待機する菅原久一（提供：山本雅之）。左下に見える二本の筒状のものがボンベである。

ゆる洞爺丸台風によって青函連絡船洞爺丸が沈んだ際に、消火器を改造したボンベを流用したスクーバを持参して救難作業に駆けつけたのである。写真に見るように、ヘルメットダイバーの中で菅原は一人ボンベを脇に置いて待機している（図4-14）。もっとも、コンプレッサーの能力が不足し、予期したほどには働かなかったそうであるが、何はともあれ、米軍のスクーバの話を聞いて直ちに自作するそのたくましさには脱帽のほかない。また、当時はまだ終戦後の混乱期の影を引きずって特許の観念も薄かったことから、そのほかにも何種類かの試作品、あるいはそれを発展させた市販品もあったようである（図4-15）。

とは言うものの、これらはあくまで、いわば手製のスクーバである。日本アクアラングの社長を務めた上島章生とスポーツ潜水の草分けの一人石黒信雄によれば、企業としてのスクーバの生産は特許の関係があり、関わった企業の名称は大同物産、川崎航空機、あるいは日本アクアラングというように異なるものの、ほぼ一貫してフランスのスピロテク社のものであったという。

…リブリーザー（再呼吸型潜水器）の出現…

ところで、スクーバは開放回路型、半閉鎖回路型および閉鎖回路型の三つに大きく分けることができる（酸素添加型を、もう一つの独立した型式として位置づける見方もある）[*20]。今まで主として述べてきたのは、そのうちの最も一般的に使われている開放回路型で、ダイバーが一度吸った呼吸ガスはすべて外部すなわち海中に呼出するようになっている。一方、半閉鎖回路型では、呼吸ガスの一部を外に呼出するものの、一部はスクーバの回路の中を再循環して再び呼吸ガスとして使用するようにされている。閉鎖回路型では、すべての呼吸ガスを外部に呼出せずにスクーバの回路の中を循環させるようにしている。

そして、半閉鎖および閉鎖回路型では呼吸ガスを再度使用して潜ることから、これらの方式を用いて潜る潜水呼吸器のことをリブリーザー（rebreather）と言うわけだ。日本語では再呼吸型潜水器とでも言えばよいのだろうか（図4-16、4-17）。

リブリーザーの長所は、まず呼吸ガスを再利用して用いるところから、潜水可能時間を長くすることができることにある。これは見方を変えれば、携帯するボンベの容積を小さくすることにもつながるので、水中でボンベの大きさを気にせず、より自由な感覚で泳ぐことを可能にしている。また、酸素濃度の高いガスを使えば、減圧時間を短くすることができるが、これは浮上途中で特に減圧停止時間を設ける必要のない無限圧潜水が許容される条件としての滞底時間を長く設定できることをも意味する。もっとも、酸素濃度が高い分、逆に酸素中毒に罹患しやすくなる欠点があり、それを防ぐためには潜水深度を浅く抑えねばならない。さらに、呼吸ガスの排気音が小さくなることも長所として挙げられる。これは機雷処分や隠密行動など軍事用に潜水器を使うときには重要な要素となるが、軍事用に限らず一般に水中撮影や生物の観察にも有用である。現に、NHKでは通常のスクーバでは困難な海中生物の撮影にリブリーザーを用い、大きな成果を挙げている。

短所としては、酸素中毒に罹患しやすくなることに加えて、適切に扱うためにはそれ相応の訓練が必要になることが挙げられる。使い方を誤ると、酸素中毒や低酸素症に罹患して意識を失う危険性が高まる。炭酸ガス吸収剤の扱い方についても、十分注意しておかねばならない。現に、第二次大戦末期の日本海軍で使用

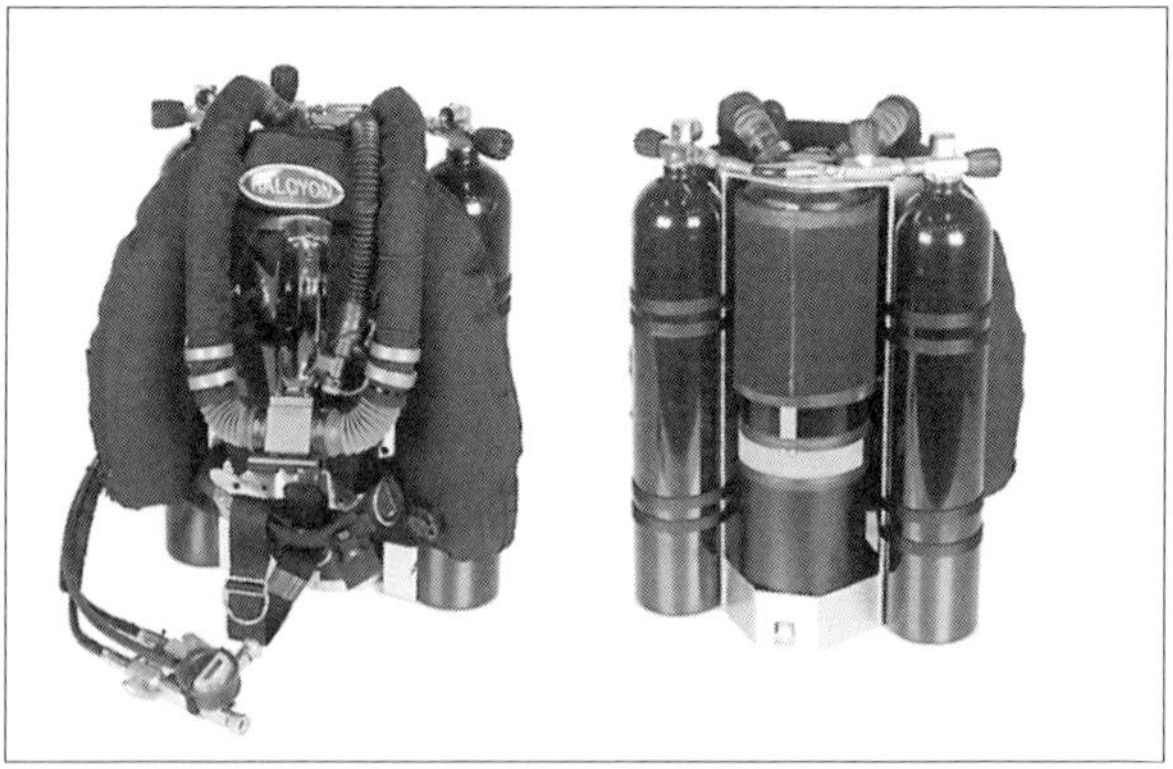

図4-16　リブリーザー。「Halcyon RB80」といわれるリブリーザーを前後から見た図。中央の円筒形の中に炭酸ガス吸収剤が収容されている。基本的には半閉鎖式であるが、排出するガス量を呼吸量の8分の1と少なくしているので、長時間潜ることが可能である(提供：Halcyon)。

した一種のリブリーザーである「伏龍」といわれる潜水呼吸器を用いた訓練では、多くの若い兵士が炭酸ガス吸収剤に水が混入して生成される強アルカリ溶液を誤飲し、致命的な食道潰瘍《かいよう》に罹患するなど悲惨な目に遭っている[*21·22]。値段が高いことも短所の一つだろう。

リブリーザーの基本的な構造は、半閉鎖型、閉鎖型ともに共通している部分がある。その一つはガスを再呼吸する、言い換えれば、回路の中を再循環させるためにシングルホースではなくてダブルホースを用い、マウスピースのところに弁を設け、呼吸ガスが一方向にしか移動しないようになっていることだ。また、回路の途中にカウンターラング（counterlung）として柔らかい袋状のものを挟んでいる。もしこれがなく、直接固いボンベの容器と繋がっていれば、回路の圧力に呼吸運動による圧力の変動を受け取る余裕がないので、呼吸ができないことになる。さらに、そのままでは呼吸ガス中の炭酸ガス濃度が増加するので、炭酸ガス吸収装置を回路の途中に設け、炭酸ガスの上昇を防ぐようにしているのは言うまでもない。

半閉鎖回路型では、最初から酸素濃度の決められた（通常は酸素濃度が空気よりも大きく設定されている）ガスを比較的大量に用い、また途中で強制的に呼吸ガスを回路内へ混入させることも可能な方式を用いているので、回路内の酸素濃度をリアルタイムでモニターするようにはなされていないのがほとんどである。このように半閉鎖回路型は比較的簡単な機構を有している

図4-17　リブリーザーを使用して潜る(Global Underwater Explorers © Ron DeAmorim)。

ので、ガスの排出音が小さいこともあって機雷処分などに早い段階から使用されていたが、近年はボンベが小さくてすむことから、レジャー潜水でも用いられている。

一方、閉鎖回路型は文字どおり回路が閉鎖されているので、呼吸ガスが外部に排出されることはなく、隠密軍事行動などに使われている。特に、最近のテクノロジーの進歩によって信頼性のある酸素センサーと酸素供給装置を用い、潜水深度に拘わらず、例えば酸素分圧を〇・七気圧ないし一・三気圧の一定値にしたまま潜ることの可能な潜水呼吸器が米海軍で開発されている。従来の再呼吸型潜水器では酸素分圧が高くなり、中枢神経の酸素中毒を避けるためにどうしても潜水可能深度が浅いところに限定されていたのが、この方式だと自由に潜ることが可能になる。

このように、リブリーザーの原始的なものは意外に古くからあったのが、近年はより洗練された形で装いを新たにして出現してきていることに留意しておいていただきたい。

◎スクーバ潜水のあり方

スクーバ潜水は、冒頭に示したように手軽に潜れることからレジャー潜水をはじめとして広く普及するに至っているが、その一方で忘れてはならないのは、ある意味で最も危険な潜水方法であるということだ。

呼吸のできない海の中で、簡単にはずれるマウスピースを介して一本のホースから送られてくる、しかも量に限りのある呼吸ガスに全面的に依存している状態は、極端に言えば（あくまで極論である）、生と死の狭間《はざま》で人はスクーバ潜水を行っているということになる。現に、毎年報告されている潜水致死事故の大半はスクーバ潜水によるものである。

では、具体的にはどのような問題があるのだろうか。最初に、最も単純な呼吸ガスの容量から考えてみよう。

…スクーバ潜水のリスク…

人が重作業を行った場合、一分当たり約四〇リットルの呼吸ガスを消費する。そのときの深度が四〇メートル、すなわち五気圧だとすると、大気圧状態に換算して、毎分四〇×五＝二〇〇リットルものガスが必要になってくる。ボンベの容積を一二リットル、有効に使えるボンベ内圧力を一〇メガパスカルだとすると、そのボンベの大気圧換算量は一二×一〇〇＝一二〇〇リットルになるので、では、何分間ガスが支障なくダイバーに供給されるかというと、一二〇〇÷二〇〇＝六、わずか六分間しか持たないことになる。ダイバーが不安感に襲われた場合や初心者のケースでは、ここに示した重労働に等しいほどのガスが消費されることになると言われているので、ガスの供給可能時間は意外に短いことを知っておいた方がよい。

また、水中でマウスピースを介しての呼吸抵抗が意外に大きいものであることも重要だ。マウスピースによる抵抗の増加に加えて、管を流れる気体の抵抗は、その気体の密度が増すにつれても増加するので、水中では環境の圧力が増える分、呼吸抵抗も大きくなる。大気圧下では呼吸疾患を有している人を除いて呼吸そのものが困難だと感じることはあまりないだろうが、流れの速い水の中や波浪の中などでは、呼吸が苦しいためにマウスピースを外したくなった人も少なくないだろう。

その他、先に素潜りの章で記したように、面マスクが顔面から外れた場合や、マウスピースを口から離したときなどにも、相応の訓練を積んでいなければ、正常な状態に復帰するのに意外と手間取り、それが死亡の誘因ともなり得る。マウスピースの不具合などによって水が混入しそれが気道に至った場合、それだけで不整脈などを来し得ることも報告されている。

ここで、注意しておいていただきたいのは、陸上は無論のこと、送気式潜水においても、単に意識が消失するのみではそれが直ちに死につながるとは言えないのに対し、スクーバ潜水ではマウスピースの保持が不可能になるため、ほとんどの場合、致命的になることだ。具体的な疾患で言うと、心筋梗塞や空気塞栓症など意識障害を来す疾患に罹患しても、陸上ではそれらがそのまま死に至るとは限らないのに対し、スクーバ潜水中にそれらが生じた場合、ほとんどすべてにおいて死に直結するのだ。

…バディー潜水…

以上のようなところから、スクーバ潜水の基本はバディー潜水といって、必ず二人以上で潜ることが推奨されている。もし相手に何らかのトラブルが生じても、バディー（相棒）がいれば有効な対処が可能であるからだ。

これに対し、バディーシステムが本当に有効に機能するとは断言できないこと、却って危険な目に遭いかねないこと、あるいは潜水そのものに対する考え方などから、ソロダイビングと言って、基本的には個人が十分に自覚をもって自らにふさわしい潜り方をすべきだという、それなりに妥当性のある捉え方があるのも事実である。[*23]

どちらの考え方がより妥当なのだろう。

この点に関して、最近、山見信夫らは興味深いデータを発表している。[*24] 日本で潜水事故等に対処しているDAN（Divers Alert Network）Japanという機構に寄せられた資料を分析した結果、致死事故の約七〇％がバディーからはぐれた、あるいは、単独潜水の状況の中で発生しているのである。また、バディーシステムを取っていたがために助かった例が、枚挙にいとまがないほどあるのも事実である。それらのことからすると、正解はやはり、バディー潜水を遵守すべきだというところにありそうだ。

しかし、例えば、バディー潜水といっても単に言葉の上の帳尻合わせ、何かが起こったときの言い訳に過ぎないのではないか、バディーシステムは緊急の場合に本当に有効に機能するのだろうか、本来潜るべきでない身体条件の人がバディーが存在していることを当てにして安易に潜るなど、バディーという言葉に過度に寄りかかりすぎてはいまいか、写真撮影など他のことに気をとられているダイバーがバディーシステムを実際にいつも取っているのだろうか、などの疑問点があることにも留意しておいた方がよいだろう。これらの疑問に確信をもって答えることは容易ではない。

なお、機雷処分などの軍事目的で用いられる潜水では、万一の場合の犠牲者の数を少なくするなどのために、一人で潜ることを原則としている場合もあることを申し添えておく。

…身障者の潜水…

スクーバ潜水が他の潜水と大きく異なるところは、レジャーやスポーツにも用いられることである。つまり、その位置づけや価値観が、業務で潜る潜水とは根本的に異なるわけだ。そうすると、その種のスクーバ潜水には別の立場に立ったアプローチの仕方があるべきで、早い話が「危険は自分持ち」ということにすれば、誰でもどこでも潜ってよいことになる。したがって、レジャーで潜る人がどれだけの潜水適性を有していればよいか、ということに関しては、従来とは異なった考え方で臨むべきである。

その極端な例として、身体障害者（身障者）の潜水が挙げられる。[*25·26] 身障者の潜水に関与している人の話によれば、他の一般のスポーツではどうしても身障者のハンディや競争性が表に出るために身障者が積極的に参加しにくくなる傾向があるのに対し、スクーバ潜水では、競争性が少ない割に新鮮で娯楽性が高いこと、下半身麻痺の場合などでは身体障害のハンディが軽減されること、聴力障害者の場合ハンディが却って有利な点になり得ること、などの望ましい点が多いとしている。したがって、スクーバ潜水が身障者の恰好のレクリエーションになり得るというのである。

そうであれば、身障者の潜水については、おそらくサポートダイバーもその場にいるであろうから、身障者に関して潜水が可能かどうかの判断は大幅に緩和して差し支えないものと思われる。なかでも、服薬の問題は考え方を大きく改めるべきであろう。従来、高圧下では薬の効果が通常とは異なる恐れがあることから（アネクドートの類ではあるが、薬の作用が異なって出現した事例も報告されている）、薬を服用した状態では潜るべきではない、とされていたが、果たしてそれでよいのだろうか。身障者の多くは何らかの薬剤を服用している可能性があるが、服薬を理由にして一律に潜水すべきでない、とは言わない方が賢明だろう。

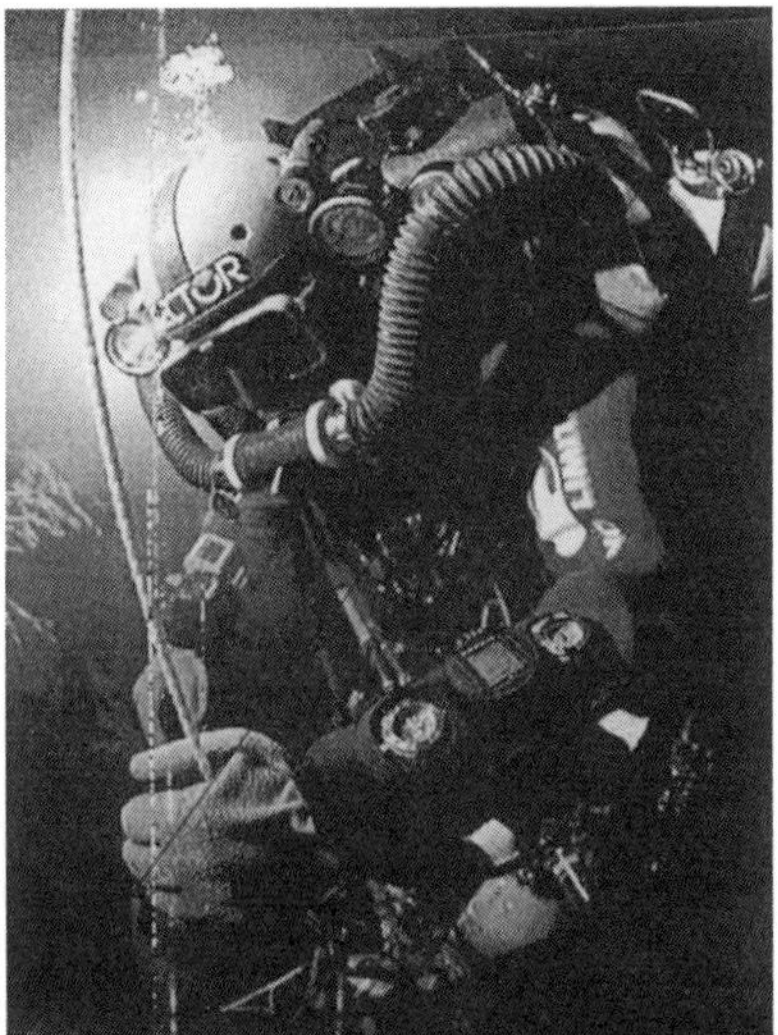

図 4-18　テクニカル潜水のひとこま（© Gravin Newman）

…テクニカル潜水…

一方、身障者の潜水とは一八〇度異なって、高度な精神的身体的能力を有する人が高度の総合的テクニックを駆使してスクーバを用いて潜る、いわゆるテクニカル潜水という潜水が最近脚光を浴びているので、それについても簡単に触れておこう。[*27・28]

考え方の基本は、前述のリブリーザー（再呼吸型潜水器）を用いて潜水時間を飛躍的に長くするとともに、呼吸ガスとして、海底（水底）では窒素酔いを軽減するためにヘリウムを高濃度に含んだトライミックスを用い、浮上するに従ってトライミックスから空気、高濃度酸素の窒素酸素混合ガス、さらには純酸素というように順次、酸素濃度の高いものに変換するなどして減圧時間の短縮を図り、より深く、より長く潜る、というものである。

具体的には、例えばフロリダ州における地底洞窟の探検潜水では、潜水時間一六時間、水深一〇〇メートル、距離一〇キロという潜水を実際に行っている[*28]。さらにこれを実海面に応用すれば、例えば深度一〇〇メートル、滞底時間一時間という、従来は飽和潜水か飽和潜水装置を利用したバウンス潜水によるしか実用性がなかった潜水もスクーバ潜水で行うことができることになる。その場合、洞窟潜水のようにダイバーが海中にいる状態で減圧することも可能ではあるが、簡単な作りのオープンベルを用いれば比較にならないほど快適に長時間にわたる減圧時間を過ごすことができる。なお、この種の潜水を確実に行うためには、あくまで冷静で合理的論理的な基盤に立った周到な演錬を行っておくことが前提条件であることは言うまでもない。

このように、以前には考えられなかったスクーバ潜水が可能になってきたのには、いくつかの要因が挙げられる。最も目につくものはリブリーザーの開発であろうが、なかでも酸素分圧（濃度）を正確に測定できる機構が編み出されたことが大きい。これによって初めて、酸素中毒や逆の低酸素症に襲われることなく潜水ができるようになった（もっとも、制御の水準は潜水深度や時間あるいは潜水呼吸器によるわけで、必ずしも常に厳密な正確さが要求されるわけではないが）。減圧も重要なファクターである。通常の減圧のように前もって検証された数時間に及ぶ減圧スケジュールは以前は存在しなかったことから、その信頼性については大いに懸念されたが、最近では先に記した気泡モデルを用いた減圧コンピュータが市販されており、減圧症に罹患することはほとんどないようである。温度や炭酸ガスの制御も重要であるが、今のところ炭酸ガスのモニター装置を備えたリブリーザーは開発されていない。熱損失を最小限に抑えるためには、空気よりもさらに絶縁効果のあるアルゴンを用いてドライスーツを膨らませる方法などが検討されている。

テクニカル潜水は一見すると物々しく、どうしても身構えてしまうが、考え方そのものはあくまで合理的である。したがって、必要以上に怖がる必然性はないと思うが、やはり、一般のスクーバ潜水と異なって事前および潜水中にチェックすべき項目は多く、しかも一歩間違えれば重大な結果に直ちにつながる。したがって、実績のある施設で十分な訓練を行ってから挑戦した方が賢明だろう。日本においてテクニカル潜水の知識と経験を最も豊富に有している一人、ブルークエスト㈱の田中光嘉によれば、アメリカにおけるテクニカル潜水の訓練は、日本とは質的に異なると言ってよいほど、極めて実際に即し、かつ合理的なものであるそうだ。テクニカル潜水による事故の集計はなされていないが、右に記したフロリダの潜水グループのリーダーの話によれば、年間六名ほどが死亡しているという。*29 心しておきたい。

…妥当なスクーバ潜水…

では、ある一定の水準の訓練を受けた一般の人々がスクーバで潜っても無謀であるとは言えない潜水の形態あるいは深度ないし滞底時間は、どのようなものであろうか。

これに関して明快な基準を設けているのは米海軍であるが、その内容はやや厳しい、言葉を換えれば、より安全なものにされている。しかし、そこでは生理学的な要素よりも、スクーバ潜水で携行できる呼吸ガスが有限であることを最も重要視して、理論的な整合性が破綻しないようにスクーバ潜水の限界が設定されているようだ。例えば、潜水途中で迷った際に帰還するまでに時間がかかる可能性があることから、閉所空間の潜水をスクーバで実施することは禁じ、そのような潜水は原則として確保している呼吸ガス量がはるかに多い送気式潜水で行うようにしている。ということは、よくメディアで話題になる流氷下の潜水も、スクーバで実施してはいけないことになる。また、滞底時間と深度の組み合わせを無減圧潜水に制限しているのも、減圧に時間がかかり呼吸ガスが不足することを未然に防ぐのが前提にあるようだ。通常の深度限界を一三〇フィート（約四〇メートル）に設定しているのも、窒素酔いが強く出現するのを予防する意味もあるが、むしろ深度一三〇フィート、滞底時間一〇分間が無減圧潜水の枠であるところから来ているようにも思える。

このように、米海軍の基準はかなり保守的なもので、異論のある向きも少なくないだろう。ある意味では、潜水を行うに当たってどのような潜水手段を用いるか、多くの選択肢を有している彼らならではの贅沢な基準であると言えないこともない。窒素酔いの観点からすれば、おそらく四〇メートルに限る必然性は高くはないだろう。相応の訓練を行い、携行するボンベの数を増やすなど、それなりの装具を用意すれば、かなり深くまで潜ることができるのではなかろうか。現に英海軍では五四メートルまで空気で潜れるとしているし、特別な訓練を受けたダイバーの場合、深度七五メートルまでの空気を用いたスクーバ潜水も可能であるとしている（一九七二年版、英海軍潜水教範[*30]）。もっとも、現在では、このような潜水はテクニカル潜水の範疇《はんちゅう》に含まれるべきものかもしれない。

では、結局のところ、結論はどうなのか、以下漠然とした印象に過ぎないが、私見を記しておこう。重ねて断っておくが、以下はあくまで私見である。

基本的には、米海軍潜水教範が広く行き渡っていること、およびその作成に当たって相当のエネルギーが注ぎ込まれているところから、とりあえずは、米海軍の指針に準拠した方が無難であると思う。したがって、やはり当初は無減圧潜水の範囲内で潜った方が望ましいだろう。ただし、四〇メートルといっても結構深いので、ごく初心者が潜る場合は一〇～二〇メートル前後に限定しておいた方が安全である。そして、潜水の技量が向上したり、あるいはまた特殊な用途で潜る場合は、個々に自らの能力を勘案したうえで、自己責任で潜ればよいのではなかろうか。必ずしも米海軍の基準どおりでなくとも、支障はないと思う。

◎深さへの挑戦

…深度挑戦に対するハードル…

スクーバ潜水は、先に記したように、ある意味では非常に簡単に誰でも実施できるので、これを用いて深さに挑戦しようとすることは、いわば当然のことかもしれない。実際にクストーの同僚のフレデリック・デュマ（Frederic Dumas）は、早くも一九四三年に簡単に二一〇フィート（六七・一メートル）、一九四七年には実に三〇七フィート（九三・六メートル）の深さにまで潜っている。*31

しかしながら、スクーバで深く潜っていくについては、いろいろな危険性が常につきまとうのが現実である。そこで、深いスクーバ潜水ではどのような危険が待ち受けているのかを、具体的に考えてみよう。*31〜33

まず第一に、先に述べたことと重複するが、スクーバ潜水の特性そのものとして、携行できる呼吸ガスが限られることから、特別にサポートを受けたり、前もって多量のガスを携行しない限り、長時間海の中にいることができないことが挙げられる。深く潜れば必然的に極めて長時間の減圧時間が要求されるので、これに対しては慎重に対応しておかなければならない。

第二に、中枢神経の酸素中毒がある。水面で許容できる酸素濃度の通常の下限は低酸素症を防ぐために一六％前後なので、そのまま潜ると、酸素分圧が極端に上昇し、極めて危険な痙攣《けいれん》発作を伴う中枢神経の酸素中毒に罹患する可能性が高まる。酸素中毒に罹患しないためには、潜降途中で酸素濃度の低いガスに切り替えればよいかもしれないが、その余裕が果たしてどの程度あるか、特に空気で潜る場合は、強烈な窒素酔い下で、冷静な操作ができるかどうかがポイントになる。もっとも、実際には酸素濃度一〇％ほどの混合ガスを呼吸して、そのまま時間をおかず潜っていく方法も多い。潜降するに従って直ちに酸素分圧が上昇するので、低酸素症の問題は発生していないようだ。

三番目に、空気で潜る場合の窒素酔いがある。個人差が大きいが、八〇メートル前後以深では、かなり強烈な窒素酔いにかかる。現に、空気で深度に挑戦した人のそのときの潜水に関する記憶は、窒素酔いのためか、ほとんど残っていないのが実状である。[*31]

四番目に、減圧がある。記録挑戦のような深い深度の潜水に関する実証された減圧表は存在しない。では、どうやって潜っているかというと、個人的に減圧理論に精通したボランティアのような立場の人が、その人のためにその都度、減圧計算を行って従うべき減圧表を提供しているのだ。また、不活性ガスの排出を速めるために途中でガスを変換する方法もあるが、その効果については必ずしも広く同意されているわけではない（九八および二〇二ページ参照）。

五番目として、高圧神経症候群（ＨＰＮＳ、一五五ページ参照）も無視できないだろう。飽和潜水のようにゆっくり加圧潜降して行った場合でも、深度二〇〇メートルともなれば症状が出現する人がいるので、スクーバで速く潜ると、筋肉の痙攣等かなりの症状が出現するものと思われる。現に、のちほど記すが、九〇〇フィート（約二七〇メートル）以上の深度に挑戦して死亡した例では、高圧神経症候群が関与しているのではないかと疑われている。

その他に、例えば呼吸抵抗の増加がある。深く潜ると呼吸ガスの密度が上昇し呼吸抵抗が高まるが、マウスピースをくわえた状態で十分に呼吸ができるかどうか懸念される。

温度も問題になるのではなかろうか。深いところでは一般に水温が低いのに加え、特に、減圧時間が長くなると、何ら呼吸ガスの加温装置を有しない潜水呼吸器を介して長時間呼吸することになり、呼吸性熱損失により体温が低下する恐れがある。

浮力の問題もある。深くなれば、スーツなどの容積が減少し、水面近くでは十分あった浮力が極端にマイナスになり、浮上に思わぬエネルギーを要求されることがある。

…深度挑戦の実際…

先に記したように、デュマは一九四七年という早い時期に三〇七フィート（九三・六メートル）の深さにまで潜っているが、スクーバで深く潜ることは、右に記したハードルからも明らかなとおり、それほど容易なことではない。以降、多くの命を失いながらも深度への挑戦が続けられていったわけで、以下にその一端を示そう。以下は、国際テクニカル潜水連盟の代表であり、自らも深度記録を有したことのある、ブレット・ギレアム（Bret Gilliam）の〝Deep Diving〟[*31]によるところが多い。

まず、呼吸ガスとして空気を用いた潜水から始めよう。

よく引き合いに出されるのが、一九五一年にメキシコ湾で行われたマイアミの法律家ホープ・ルーツ（Hope Root）による潜水だ。彼は特別に訓練を積んだダイバーと言うわけではなかったのが、潜降索も使わずに船上から海中に潜っていったのである。以下の深度は、ソナーの一種である水中音波探知機による深度である。七〇フィート（約二一メートル）で一時振り返ったあと潜降し、それまでの記録を更新する三三〇フィート（約一〇〇メートル）を超えた所で、船上は拍手に包まれていた。そこからさらに潜降、四三〇フィート（約一三一メートル）で二分間とどまり、さらに四九〇フィート（約一四九メートル）に達し、そこで〝ちょっとためらった〟後、五〇〇フィート（約一五二メートル）から六五〇フィート（約一九八メートル）へとどんどん沈んでいき、ついには探知機にも捉えられなくなったのである。遺体は揚がらなかった。

一九五九年にイタリア人エニオ・ファルコ（Ennio Falco）が四三五フィート（約一三三メートル）潜ったと主張したが、証拠がなく、のちに、より浅い潜水で死亡している。

一九六五年にはトム・マウント（Tom Mount）とフランク・マルツ（Frank Martz）が三六〇フィート

（約一一〇メートル）、一九六七年にはハル・ワッツ（Hal Watts）とA・J・ムンス（A.J. Muns）が三九〇フィート（約一一九メートル）、一九六八年にはニール・ワトソン（Neil Watson）とジョン・グルーナー（John Gruener）が四三七フィート（約一三三メートル）潜っている。ワトソンらの場合、証拠のために最も深いところでクリップを掛けているのだが、彼らは窒素酔いのために全然覚えていないと言っている。

一九七一年には、アーキー・フォーファ（Archie Fofar）、アン・ガンダーソン（Anne Gunderson）、ジム・ロックウッド（Jim Lockwood）の三名からなるチームが、四五〇フィート（約一三七メートル）を超えるテストダイブに何回か成功し、最後の公開ダイブのときに前二名が死亡、ロックウッドも一時、意識不明になったが、奇跡的に生還している。

それから約二〇年後の一九九〇年、ブレット・ギレアム（Bret Gilliam）は、ワトソンらの記録を更新する海水圧相当で四五二フィート（約一三八メートル）の深さの潜水に成功し、さらに一九九三年には四七五フィート（約一四五メートル）の潜水にも成功している。二〇〇一年現在の世界記録は、一九九四年になされたダン・マニオン（Dan Manion）による五〇九フィート（約一五五メートル）の潜水である。

そのうち、ギレアムによる最初の記録更新潜水について、比較的詳しい訓練内容と潜降プロファイルが彼の書籍にあるので、以下に記しておこう。

まず、挑戦前の一一カ月間に、一〇三回に及ぶ三〇〇フィート（約九一・五メートル）以深の深い潜水を含む、総計六〇〇回以上の潜水を行っている。実際の潜水では、潜水前一〇分間は潜水反射の導入を期待してスノーケルを着けた状態で顔を水に浸け、さらに深度一五フィート（四・五メートル）でマスクをつけずにタンクを背負って五分間過ごしている。潜降は三〇〇フィート（九一・五メートル）まで三分間で下降し、以後さらにスピードアップ、四二五フィート（約一三〇メートル）にてBCといわれる浮力補償衣を膨らまし始め、465FTと書かれたスレートの前で停止、着底まで四分四一秒経過している。この465FTというのを海水用の深度に換算すると、四五二フィート（約一三八メートル）に相当する。六分二〇秒後、浮上を開始し、一〇〇フィート（三〇・五メートル）までは毎分一〇〇フィートで上昇、以後は毎分六〇フィート（約一八メートル）に減速、五〇フィート（約一五メートル）にて最初の減圧停止を行い、以後全体で一時間一六分の減圧時間を過ごした後、大気圧まで浮上、大気圧でデマンドマスクを介して二〇分間純酸素を呼吸している。

なお、空気を用いて深度記録を狙った潜水について、マルクス[*2]に無視できない記述がある。それは、ワトソンとグルーナーが四三七フィート（約一三三メートル）潜って以来、八人のダイバーが記録更新に挑戦したが、全員が死亡している、ということである。しかしながら、ここに記したように、以降生還したダイバーもいることから、その信頼性には若干の疑問が残る。ギレアム（私信）によれば、マニオンの後、死亡者はいないとのことである。

次に、呼吸ガスとしてヘリウム酸素混合ガスを用いたスクーバ潜水を見てみよう。

この場合、窒素酔いという障害がなくなるので、潜水深度はさらに深くなる。そのためか、挑戦の多くはメキシコなどにある水をたたえた洞窟で行われている。洞窟といっても、それは途轍《とてつ》もなく大きいもので、垂直方向でさえ実に一〇〇〇フィート（約三〇五メートル）を超えている。そうすると、洞窟は潮の流れもなくサポートも容易で、挑戦には理想的なわけだ。

その主なものを挙げると、シェク・エクスレイ（Sheck Exley）がメキシコのナシモンテ・デル・リオ・マンテ（Nacimonte del Rio Mante）と呼ばれる洞窟において、一九八八年には七八〇フィート（約二三八メートル）、一九八九年には八八一フィート（約二六八メートル）への挑戦に成功している。後者の場合の減圧は、ハミルトン（William R. Hamilton）が特別に考案したスケジュールによっており、減圧停止を三四カ所で行い、総減圧時間は一三時間半を要している。

一九九四年には同じくメキシコのサカトン（Zacaton）と呼ばれる洞窟で、現在もスクーバでの最深深度記録を保持している潜水が二人のダイバーによって、同時にかつ独立して別々に実施され、一人は生還し、一人は生きて戻らなかった（図4-19）。すなわち、ジム・ボウデン（Jim Bowden）は九二五フィート（約二八二メートル）にまで達し、そこに証拠となるクリップを掛けて戻ったのに対し、シェク・エクスレイの方は、のちに回収されたコンピュータの深度記録計は九〇四フィート（約二七五メートル）を指しているものの、生還することはなかったのである。その死亡原因としては、あくまで推測にしか過ぎないが、彼が以前にアフリカで八六三フィート（約二六三メートル）まで潜った潜水で、筋肉の痙攣と複視というかなり重症の高圧神経症候群に罹患した経験があることから、今回もまた同様の疾患によって帰還できなかったのではないかとされているが、[31] 別の複合的要因を指摘する者もいる。[34] なお、生還したボウデンは、八〇〇フィート（約二四四メートル）前後から、高圧神経症候群の症状の一つである手の細かい震えを自覚していた、と述べている。

このように、外国では主にアメリカを中心としてかなり

図4-19　深深度スクーバ潜水に挑戦する直前の二人（Gilliam 1995[31] & Hamilton 1995[34]）。右のボウデンは生還したが、左のエクスレイは還らなかった。

冒険的要素の強い潜水が実施されているが、日本ではそこまでの挑戦はほとんど見受けられない。しかし次の例は、わが国におけるスクーバ潜水の成熟を示す一つの事例として記憶されるのではなかろうか。それは、スクーバ潜水の黎明期から活躍している昭和十年（一九三五）一月二十五日生まれのベテラン・ダイバー須賀次郎によるもので、氏の還暦を記念し「330 Feet Dream at 60+1」と銘打って、一〇〇メートルのスクーバ潜水に挑戦したことである。平成八年（一九九六）二月三日、石黒信雄ら多くの人々に支援され、ステージを使用しているものの、一〇二メートルの海底にスクーバで到達している。[*34]

◎スクーバによる深い実用潜水

スクーバを用いた深い潜水は、右に示したような一種チャレンジとも言える潜水ばかりでなく、実用にも用いられているので、その一端を示しておこう（図4-20）。それは地中海のサルジニア島とコルシカ島の間の深度一〇〇メートル前後の海底で行われているピンクコーラルの採取である。梨本一郎と小林浩が調査したところによると、[*35]海底では空気にヘリウムを加えて作成した酸素・窒素・ヘリウムの三種類のガスからなる三種混合ガス（トライミックス）を用いている。減圧は三〇～四〇メートルに浮上後、呼吸ガスを空気に変換、さらに一〇メートル前後から酸素を呼吸し、減圧途中にいったん船上まで浮上し、今度は船のタンク

図 4-20　潜水直前のコーラルダイバー。ダイバーは 3 本のボンベと緊急用のボトルを携行している（提供：小林浩）。

に入室して高圧下でしばらく滞在した後、通常の大気圧下に戻る、いわゆる水上減圧の方法をとっている。つまり、複数の異なる内容のガスを充填したボンベを背負って潜るわけだ。減圧スケジュールは、彼ら自身が経験から割り出しているようだが、かなり多数の気泡が減圧中に検出されている。減圧そのものは後述するガス変換法である（一九九ページ参照）。

以上、珊瑚《さんご》を採取することが海底の生態系へどのような影響を及ぼすか大いに懸念されるが、潜水そのものは興味深いので、参考のために記しておく。

第5章 飽和潜水

飽和潜水（saturation diving）という言葉は、海底油田の開発等においてその技術が活用されてきた欧米では何の注釈もなしに一般のメディアで用いられることがあるが、わが国では馴染みのない用語である。そこでまず、なぜ飽和潜水という言葉を用いるのか、飽和潜水とはどのような潜水を言うのか、基本的なことについて示そう。残念ながら、飽和潜水とは飽きるほど潜ることではない。

◎飽和潜水の概念

潜水によって人が高圧下に曝露《ばくろ》されると、窒素やヘリウムなどの生理的不活性ガス（以下、不活性ガスとする）が生体の組織内に溶け込んでいく。そして、浮上に伴って周囲の圧力が低下していくと、生体の中にその圧力で通常溶け込む以上の不活性ガスが存在することになる。これを「過飽和」というが、ある程度の過飽和は生体に何の影響も及ぼさないのに対し、限度を過ぎると減圧症として知られる障害を引き起こす。

減圧症を防ぐためには、上昇速度を緩めて過飽和を許容限度内に保ちながら大気圧まで減圧してゆけばよい。通常、上昇開始から大気圧到着までの時間を「減圧時間」と言い、潜水深度が深くなればなるほど、滞底時間（潜降開始から浮上開始までの時間）が長くなればなるほど、減圧時間は長くなる。

潜水深度が比較的に浅い場合、滞底時間を全潜水時間で割った潜水効率は何とか許容範囲に収まるが、深く長時間の潜水になるとそうは行かなくなる。用いる減圧表によって減圧時間は大きく異なるが、酸素を使用して減圧速度を速めた場合でも、減圧のために深度一〇〇メートル、滞底時間四〇分の潜水で八時間、深度一二〇メートル、滞底時間五〇分では実に二〇時間前後の時間を要し、通常の方法では、とても実用的ないし効率的な潜水作業は望めなくなってしまう。

そこでどうしたかというと、飽和の概念を用いたのである。図5-1に示すように、時間がある程度たてば、もうこれ以上不活性ガスが溶け込まないように（つまり飽和状態に）なる。完全な飽和状態に達するのに要する時間については議論の余地があるが、二四時間も経過すれば、ほぼ飽和したと見なしてもよいだろう。そうすると、それから以後はその圧力のもとにどれだけ長くいようと、減圧症に罹患することなく無事に浮上するための減圧時間は同じになる。逆に言うと、高圧下に長く滞在すればするほど潜水効率はよくなるわけだ。これが飽和潜水の考え方の基本である。

なんだ、そんな単純なことか、と思われそうだが、そのとおり、単純な考え方なのである。ただし、それを人を対象として安全に信頼できる方法で実施するとなると、話は別になる。そのためには、例えば環境のガス濃度を正確に迅速に離れた場所で把握することが要求されるが、そのような基本的なことでさえ、一九七〇年代に至るまではそれほどたやすいものではなかったのだ。

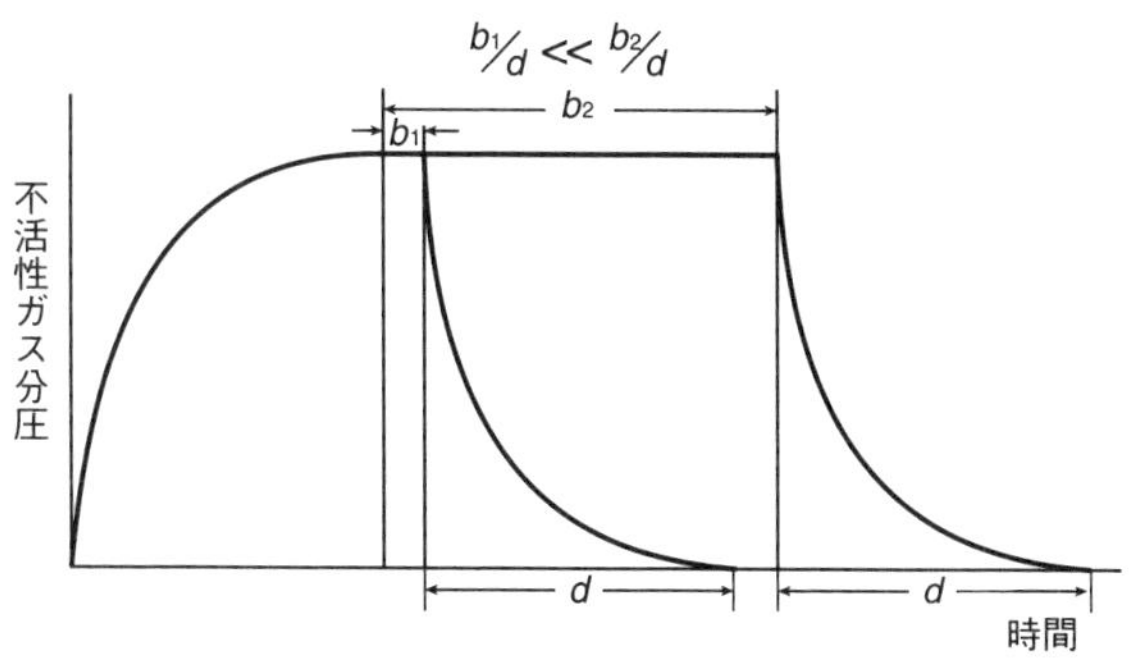

図5-1　飽和潜水の考え方。不活性ガスが生体の中に飽和した状態になると、そこから減圧するまでの時間が短い場合（b_1）も長い場合（b_2）も減圧時間（d）は同じであるので、潜水効率は飽和状態にいる時間が長くなるほど大きくなる。

◎飽和潜水の実際

飽和潜水の原理は右に記したとおりだが、一般には飽和潜水の漠然としたイメージすら湧きにくいと思われるので、初めにその実際の姿を具体的に示そう。*1

飽和潜水を行うためには、まず潜水の基地となる船（図5-2、5-3）、つまり母船を潜りたい地点の真上に保持しなければならない。以前はロープを船から張りだして固定するなど、それだけでもたいへんな作業であったが、テクノロジーの進歩によって、DPS（dynamic positioning system）という比較的容易に船を定点に保持するシステムが開発されている。具体的には、超音波を発信する複数のブイ（トランスポンダー）を海中に固定し、そこから発せられる超音波の位相差を利用したり、最近ではGPSと同じように衛星を利用したりして、船の位置を割り出し、さらに船を横方向に動かすこともできる推進器をコンピュータを用いて操作することによって、船の位置を任意の点に導くわけだ。*

図5-2　潜水艦救難母艦「ちよだ」。潜水艦救難を主目的として建造されたが、飽和潜水の母船としても使用できる（著者撮影）。

*欧州では船を任意の位置に保持する、より実用的かつ容易な方法が開発採用されている。すなわち、海底におろした錘と船との間をピンと張ったトートワイヤー（taut wire）といわれるワイヤーで繋ぎ、船とワイヤーとの角度およびワイヤーにかかる張力から船の位置を迅速に割り出して船を定点に保持するというものだ。トランスポンダーも、

船にあらかじめ設けられたそれ用の開口部から吊り下げて使用するようにされている（この項は海洋科学技術センターの岡本峰雄による）。

船の上には、船（艦）上減圧室（deck decompression chamber: DDC）といって、これから潜る深さより少し浅い深度相当の圧力にまで加圧されることになるチェンバーと、潜水員移送カプセル（personnel transfer capsule: PTC）といって、ダイバーがその中に入って実際の海の中に潜っていくための球状のカプセルがある。ＰＴＣは、ＳＤＣ（submersible decompression chamber）あるいはベル（bell）と呼ばれることもある。また、日本語で潜水エレベーター、潜水鐘などと言われることもある。減圧室（ＤＤＣ）とカプセル（ＰＴＣ）は状況に応じて連結したり切り離したりすることができるようになっている。

なお本書では、カプセルの代わりに、欧州でよく使われているベルという言葉を用いることにするが、これは先に記したいわゆるベル潜水のベルとは比較にならないくらい重装備で複雑な構成を有している。

潜水そのものは、最初に三名ないし六名のダイバーが減圧室の中に入って一〇メートル相当圧力、つまり二絶対気圧まで空気を用いて加圧されることから始まる（以下の手法の細部は、潜水チームによって異なる。本書では具体的記述を行うために、原則として海上自衛隊の通常の方法に従って潜る場合の手法を示す）。そうすると、減圧室の中の酸素分圧は〇・二一×二＝

図5-3　飽和潜水も主目的の一つして建造されたイギリスのサルベージ船「MV Seaforth Clansman」。写真は英国海軍に用船されているときのもので、飽和潜水装置は構造内にエンクローズされ、寒冷水域でも快適に使用できる（著者撮影）。

〇・四二気圧に上昇する。そこで人員や機材の最終チェックを行った後、今度は目的とする深度相当圧力まで、純ヘリウムを用いて、一メートル／分前後のゆっくりした速度で加圧する。急速に加圧すると、高圧神経症候群[*2]や加圧関節痛に悩まされることになる。目標深度が二〇〇メートル前後を超える場合は、そこから加圧速度をさらに遅くするとともに、途中で加圧停止時間を設けながら、一〜数日かけて加圧する。この加圧のときは減圧室とベルは連結されているので、ベルの中の圧力も減圧室と同じく加圧される。減圧室の目標深度は作業を行う海底の深度によって異なるが、通常、作業深度より十から数十メートル浅いところに設定されている。そうすることによって、減圧室を加圧するために要するヘリウムの量を節約できる。なお、海底の圧力と減圧室の圧力の差は、圧力変動による障害をダイバーに与えることがないようにあらかじめ許容範囲が定められている。

　次は実際に潜る段である（図5-5）。ダイバーは通常、減圧室の上に連結されているベルに梯子《はしご》を使って昇っていく。ベルが減圧室と同じレベルにあって横に連結されている方式では、ダイバーは梯子を昇らずにすむので楽で、かつ物をベルから減圧室に落とす心配もない。三人のダイバー全員がベルの中に入ったら、減圧室のハッチ（蓋）とベルの内部ハッチを閉鎖する。ついで、両方のハッチで囲まれた連結管の中のガスを外部に排出し大気圧と同じにした後、クラッチを外して減圧室とベルを切り離す（連結管の中が大気圧と同じでなければ切り離せない）。

　そうした後、ベルが誤って海底にまで達しても水が浸入しないようにベル内の圧力を目標とする海底よりも僅かに深い圧力にまで加圧する。このときに加圧に用いるガスは、呼吸用のヘリウム酸素混合ガスであることに注意しておかなければならない。純ヘリウムを用いて加圧すると、ヘリウムがよく混合されずベル内部に局所的に低酸素の部分が生じ、ダイバーが意識を失う可能性があるからだ。もっとも、その場合、逆に酸素分圧が高くなりすぎて中枢神経の酸素中毒に罹患する可能性も皆無とは言えないので、適正な酸素分圧

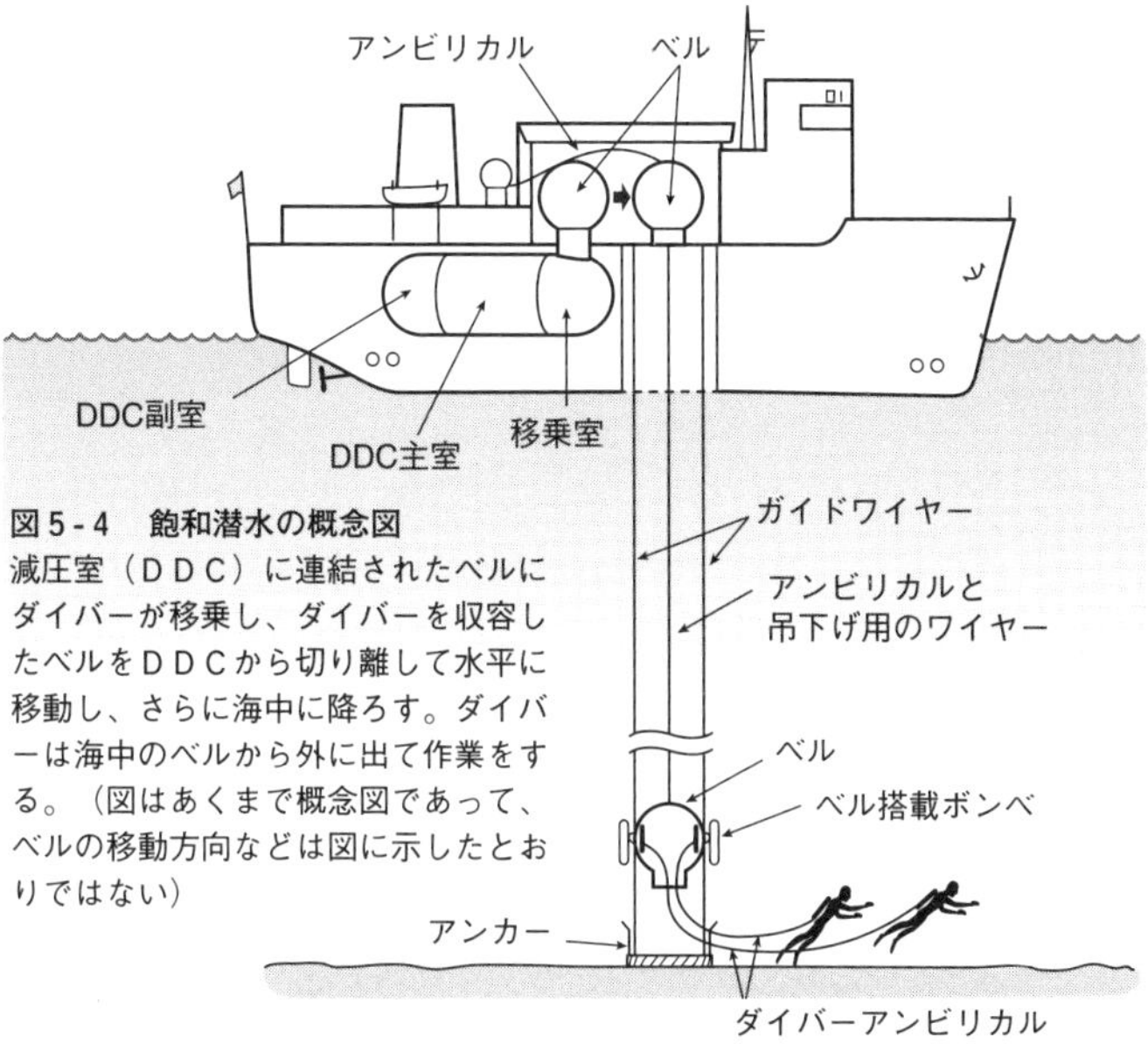

図５-４　飽和潜水の概念図
減圧室（ＤＤＣ）に連結されたベルにダイバーが移乗し、ダイバーを収容したベルをＤＤＣから切り離して水平に移動し、さらに海中に降ろす。ダイバーは海中のベルから外に出て作業をする。（図はあくまで概念図であって、ベルの移動方向などは図に示したとおりではない）

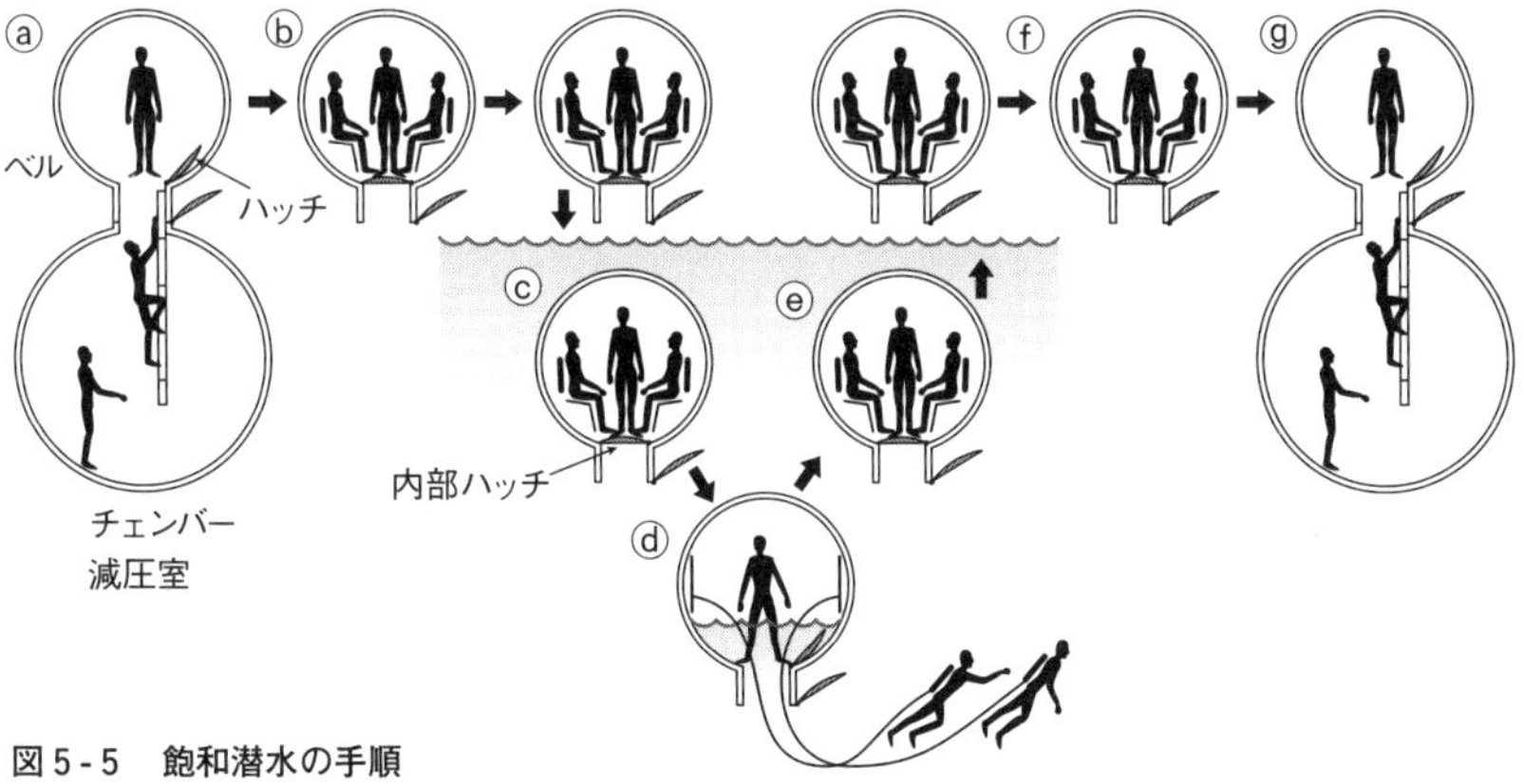

図５-５　飽和潜水の手順
ⓐ 減圧室と同じ圧力に加圧されたベルにダイバーが移乗する。
ⓑ ベルの内部ハッチを閉じてベルを減圧室と切り離し、ベル内をこれから潜る海底よりも僅かに高い圧力まで加圧する。
ⓒ ベルを海中に降ろす。
ⓓ ベル内を減圧して内部ハッチを開き、ダイバーは海中に進出して作業を行う。
ⓔ 海中作業が終了すれば、ダイバーをベル内に収容して内部ハッチを閉鎖し、ベルを引き揚げる。
ⓕ ベルを移動して減圧室に連結する。
ⓖ ベルと減圧室のハッチを開放し、ダイバーは減圧室内に移動する。

のガスを用いるように注意しておかねばならない。

ついで、ベルを吊り上げ、船の所定の位置、通常はムーンプールないしセンターウエルと呼ばれる船体の中央に開かれた開口部の上まで移動する。さらにそこから、海底の目標地点にあらかじめ降ろされている潜水用のアンカーまで伸びている鋼索に沿って、ベルを降下させていくわけだ。目標地点にベルを降下したのち、ベル内をゆっくり減圧すると、海中の圧力がベル内部の圧力よりも大きくなった時点で、内部の圧力で外側に向かって押しつけられていたハッチが自然にわずかに内側に開くことになる。そこで、ベルの中にいるダイバーがハッチを完全に開き、ベル内部に固定する。

さて、次はいよいよダイバーが海の中へ出ていく番だ。ベルの中にいる三名のうち二名が実際に潜り、もう一人はテンダー（tender: 介添）としてベル内にとどまり、先の二名が潜るための様々な世話をする。英語でベルマン（bell man）とも呼ばれるテンダーは、関連機器の直前チェックを行った後、送気式潜水のところで記したのと同じデマンドマスクをダイバーに装着し呼吸の確認をする。また、ダイバーの体が冷えるのを防ぐために船の上から温水が送られているので、温水の給水コックをオープンにして、ダイバーが着ている温水服に温水を供給し、至適温度になるように流量調整を行う。経験を積んだベルの設計では、ダイバーが海中に出て行くに際して、膝上の高さほどまでベルの中に海水を入れるようにされている。そうすることによって、ダイバーは重い装具を背負ってベルの開口部の階段を昇降することなく、まるで泳ぎ出すように楽に外に出ることができる。

海中に出たダイバーは、通常の潜水と異なって減圧時間のことを考えなくてもよいので、極端に言えば、減圧の面からは滞底時間の制限はないことになる。このように海中に滞在できる時間を気にしなくてもよいことは、飽和潜水の特徴の一つでもある。

そして、所要の作業が一段落ついたり終了したりすれば、今度はそれまでとは逆の手順に従ってダイバーはベルの中に帰還する。ダイバーを収容したあと、ベルの内部ハッチを閉鎖し、中の圧力を保ったままベルを船上まで引き揚げ、減圧室に連結する。そのままではベルの圧力が高いので減圧室の圧力にまでベルを減圧するとともに、連結管は逆に大気圧状態からその圧力にまで加圧する。そうやってすべての圧力を均一にしておいてからハッチを開き、ダイバーは減圧室に降りて休養することになる。

この一連の動きをエクスカーション（excursion）というが、ダイバーが実際に海中に出ているときに限定してこの言葉を使うこともある。遊泳と訳すこともあるが、作業の内容からしてあまり適切な訳語とは言えないだろう。作業潜水とでも訳せばよいのだろうか。

日本語の訳はともかく、一回のエクスカーションですべての潜水作業が済めばそれでよいのだが、通常はエクスカーションを何回か繰り返すことによって、所要の作業を終えることになる。そうすると、今度はそこから大気圧状態にまで減圧しなければならない。この減圧のことを飽和減圧（saturation decompression）ともいう。

どのようなスケジュールで飽和減圧するか、それを定めた飽和減圧表にも、米英海軍、ノルウェー、フランス等による様々なものがある。通常は深度一〇〇メートルから五日間、同じく三〇〇メートルからは一一日間ほどの時間をかけて大気圧まで減圧し浮上するが、減圧表によってその日数は大きく異なるのが実状である。[*3] ごくごく大雑把な目安として、フィートで表した深度を一〇〇で割った数に一を加えた数字を飽和状態からの減圧に要する日数として用いることがある。意外と便利である。

図 5-6 「ちよだ」艦上でベルを吊り下げているところ（著者撮影）。

以上が実際に行われている飽和潜水の一つの例であるが、欧州ではほとんどの場合、経済性を考慮して高価なヘリウムを船上に回収し再利用するシステムが搭載されているのが、海上自衛隊との大きな相違である。

飽和潜水にはこのほかに、海中居住といって、海底にあらかじめ設定された基地に長期間滞在して行う方法もある。しかし、この場合、基地を任意の地点に動かすことが容易ではなく機動性に欠けることから、海洋研究などの学術目的に限られることが多い。

◎なぜ飽和潜水を用いるのか

飽和潜水のもう一つの特徴として、それを実施するために多くの費用と手間がかかることが挙げられる。母船となる船も必然的にある程度の大きさが必要であり、飽和潜水装置そのものも、他の潜水とは比較にならないほど高価である。要する人手も多い。言うなれば、これらは飽和潜水の欠点とも見なせるが、では、何故に大きな欠点にも拘わらず、飽和潜水を行うのだろうか。

その一つは、先に挙げたように潜水効率の向上ないし維持である。一回の深い潜水ごとに支払わなければならない非常に長い減圧時間を、飽和潜水では一度の飽和減圧で代替することができる。これは、減圧症に罹患する可能性が一回の減圧ごとに存在することを考えれば、その危険性を最小限に止めることをも意味し、ダイバーの健康管理のうえからも望ましいことである。

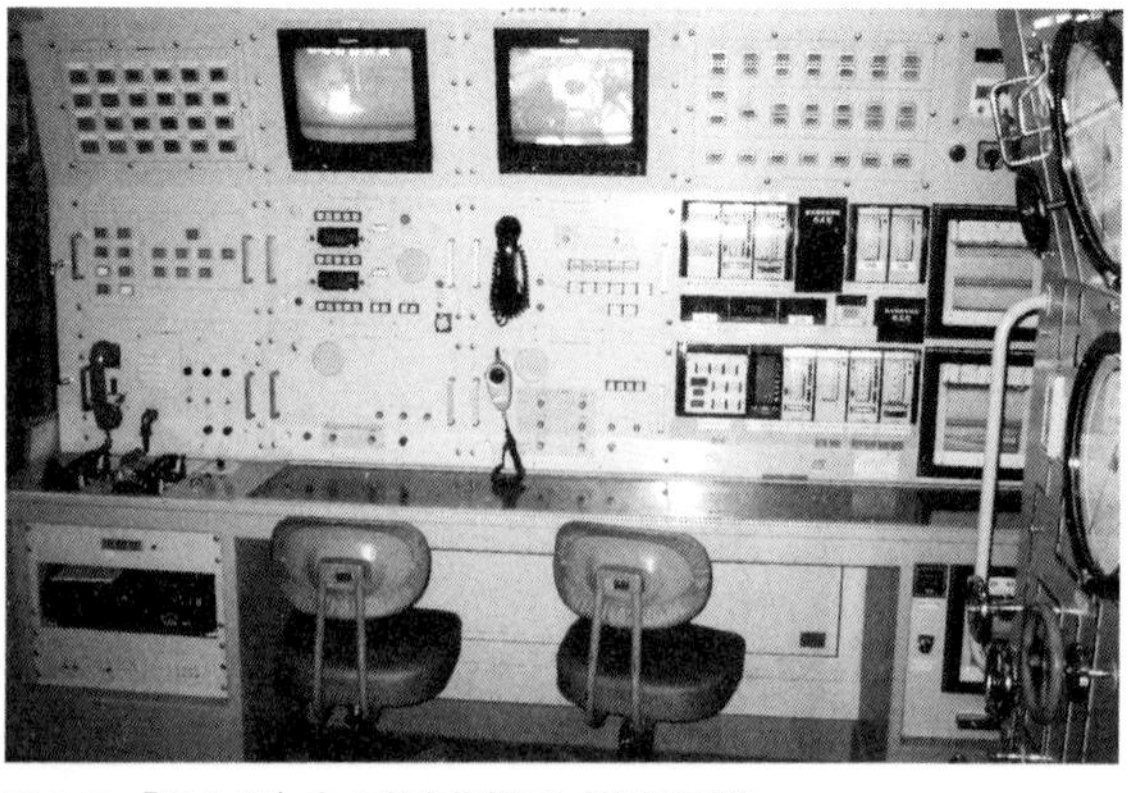

図5-7 「ちよだ」内の潜水指揮所（著者撮影）。

もう一つは、海面から離れて深く潜るためである。たとえ減圧時間を問題にしなくとも、海面から一〇〇メートル以上深く離れた海中にダイバーが直に潜降し、送気ホースを引きずりながら作業することは非常に困難で、ほとんど不可能に近い。それが飽和潜水ではベルを目標とする場所のすぐそばに置くことが可能であるので、ダイバーにかかる負担は格段に軽くなり、容易に深く潜ることができる。

この二つが飽和潜水を用いる大きな理由であるとしてもよいだろう。

ところで、飽和潜水はダイバーにかかる負担ないしストレスが大きい、と言われることがよくあるが、これは誤解を招く言い方である。飽和潜水の適用となる深さの潜水において、同じ深度で同じ作業時間を要する潜水を送気式潜水などの方法で行うのに比べれば、ダイバーにかかる負担は飽和潜水の方が比較にならないほど小さい。

◎飽和潜水で克服していった課題

実際に飽和潜水で潜ってみると、滞底時間を気にしないで作業でき、温水服を使用しているので寒冷に悩まされることもなく、しかも送気式潜水ほど長く重いホースを引っ張らなくてもよいので、思ったよりも快適だ。筆者が飽和潜水の訓練を受けたときの教官であった英海軍の将校が、「どうだ、飽和潜水は快適だろう。キャデラックに乗ったようなもんだよ」と語っていたのを思い出す。もっとも、深度が三〇〇メートル前後を超えると、後述する高圧神経症候群の症状やヘリウム音声による交話困難、あるいは味覚の減衰などが明らかになり、快適というわけにはいかないようだ。

とまれ、このようにある深度（二〇〇メートル前後）以浅の潜水では、通常の潜水に比べてはるかに快適な飽和潜水が確立されていった陰には、想像を絶するほどの多くの努力と無視できない犠牲が払われてきたことを忘れてはならない。そして、これは言い換えれば、安易に飽和潜水に取り組めば、前途に破局が待ち構えていることを示すものでもある。そこで、以下に飽和潜水を確立するに当たって克服していった主要な課題を挙げるとともに、留意すべき事項を記していこう。

飽和潜水を支障なく実施するために必須の要素は、圧力、呼吸、および温度の三つである。もちろん、それ以外にも飽和潜水の遂行に関与する要因は多くあるが、それらは生命の維持に絶対的に必要なものではない。したがって、まずこの三点について記したのち、生命とは直接の関係はないが、深い飽和潜水で大きな障害となるヘリウム音声についても触れておくことにしよう。

…圧力への挑戦…

圧力を保持しておくことは、深い深度に滞在する飽和潜水では死活的に重要である（図5-8）。操作ミスによって致命的な急速減圧を起こしたこともある。しかし、逆に言えば、これは圧力さえ保っておけば何とかなることを意味している。ハードウェアの欠陥により漏気が発生しても、よほどのことがない限り大丈夫である。

直ちに生命に結びつくわけではないが、問題は減圧と加圧である。

まず、減圧について記すと、飽和潜水からの減圧といっても、徐々に減圧していけば簡単に減圧できるのではなかろうか、と思われるかもしれない。しかしながら、一つの体系として信頼性のある減圧表を作るの

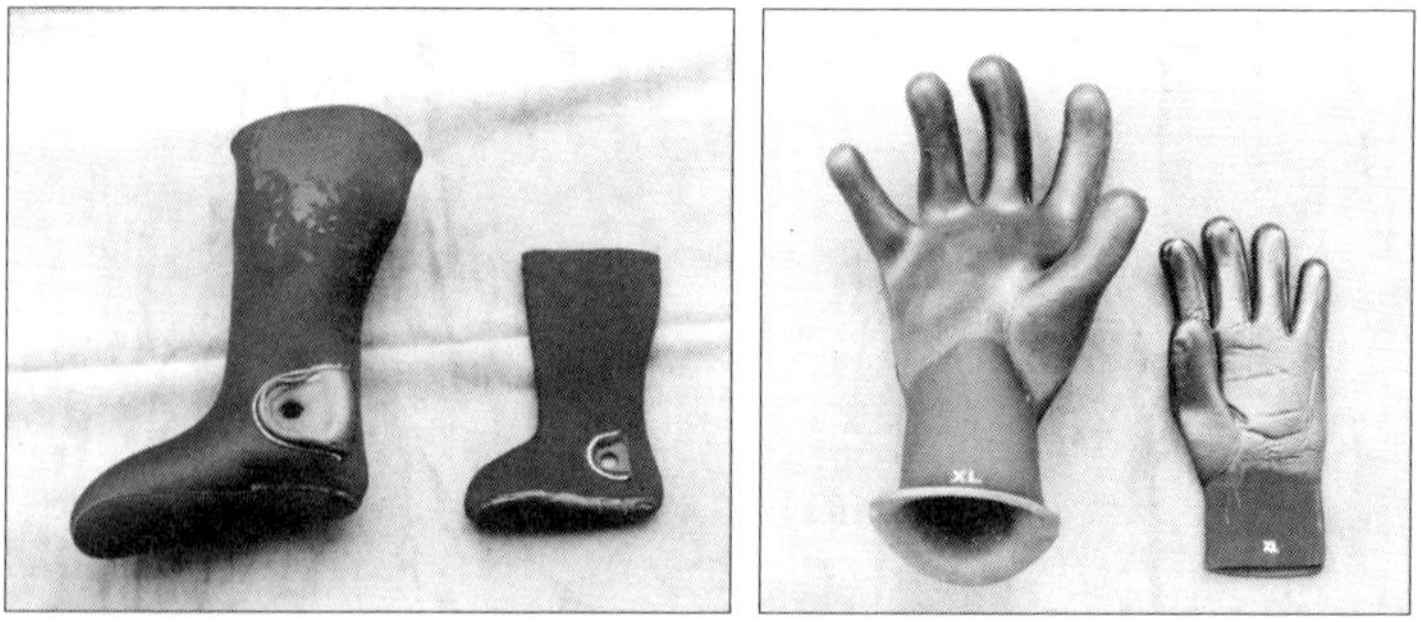

図 5-8　深度 200m 相当圧力から 10 分ほどで大気圧まで減圧したときのブーツと手袋。いずれも左側が急速に減圧した場合で、右の元のサイズに較べ著明に膨らんでいる。

は、一回の減圧時間が通常の潜水とは較べものにならないくらい長時間に及ぶので、思いのほか困難だったのである。[*4] 試行錯誤を繰り返し、何とか実用に耐え得る減圧表を導き出しているが、それとて、ダイバーの長期的な健康状態の観点から見て、その減圧表を使用した際の評価はまだ定まっているとは言えないのが現状だ。また、試行の段階で、減圧時間を伸ばすよりもむしろ減圧時の酸素分圧を上昇させた方がより効果的であることが示唆されたが、酸素分圧が高くなりすぎると、肺の酸素中毒の心配をしなければならなくなる。もっとも、飽和潜水の減圧はゆっくり減圧するので、通常の潜水で不適切な減圧をした際に生じるような重篤な減圧症の心配はしなくてすむという、余裕がある。

生命に直接影響が及ぶわけではないが、加圧にも高圧神経症候群（high pressure nervous syndrome: HPNS）という厄介な問題がある（英語で nervous の部分は neurological でもよい）[*2]。

これは深度二〇〇メートル前後を超えたころから出現し、三〇〇メートルにもなると、ほとんどすべてのダイバーに出現する訴えや症状である。軽微なところでは、めまいや吐き気、ふらつき、不眠、耳鳴り、食欲不振、やや重くなると、嘔吐や回転感を伴う高度のめまい、手指の細かい震えなどが出現し、甚だしくなると悪夢に襲われたり、痙攣発作を起こしたりする。脳波は徐波化し、大気圧下では極めて異常なθ《シータ》波が出現することも稀ではない。総じて潜水深度が増したり加圧速度が速いと、症状が重くなる。重症例は初期の加圧速度が大きかった場合に出現したもので、現在ではほとんど認められない。

推奨加圧プロファイルについて固定したものはないが、例えば、深度一五〇メートルまでは一メートル／分、二五〇メートルまでは〇・五メートル／分、さらに深くは〇・二五メートル／分というように、深くなるに従ってゆっくり加圧することが多い。また、加圧途中で加圧を停止する時間を数時間ずつ挿入するのも、高圧神経症候群を抑える意味で効果があるようだ。

高圧神経症候群がなぜ起こるのか、発症のメカニズムに関しては今なおよく分かってはいないが、圧力によって神経細胞が圧縮されたためではないかとする説がある。したがって、神経細胞の圧縮を防ぐ目的で、後述するように細胞に溶け込みやすい窒素を呼吸ガスに意図的に加えて症状の軽減を図ったこともある。

高圧神経症候群による明らかな後遺症は、今のところ認められていない。

…呼吸への挑戦…

図5-9はフローボリューム曲線といって、息を力いっぱい吐いたり吸ったりしたときに、肺の膨らみ具合（ボリューム）に応じてどのくらいの速度で呼吸ガスが出入りするか（フロー）を、大気圧から三〇〇メートルまでの潜水深度ごとに示したグラフである。縦軸はガスの移動速度を示し、横軸のボリュームはそのときの肺の容量が肺活量の何パーセントに当たるかを示している。すると、ここに明らかなように、同じ肺の膨らみ具合でも、潜水深度が深くなるにつれてガスの移動速度が低下している。また、中央の小さい曲線は大気圧下で力いっぱいではなくて普通に呼吸したときのカーブであるが、潜水深度が増加すると、力いっぱいに呼吸運動をした場合でも、ガスの移動速力が普通の呼吸運動のときの値に近接していることがわかる。と言うことは、つまり、深く潜ると換気の余力が少なくなっていることを意味しているに他ならない。深い潜水では、呼吸が死活的な要因を占めていることを直感的に理解できるだろう。

では、なぜ潜水深度が深くなるに従ってガスの移動速度が低下するのだろうか。それはごく大雑把に言え

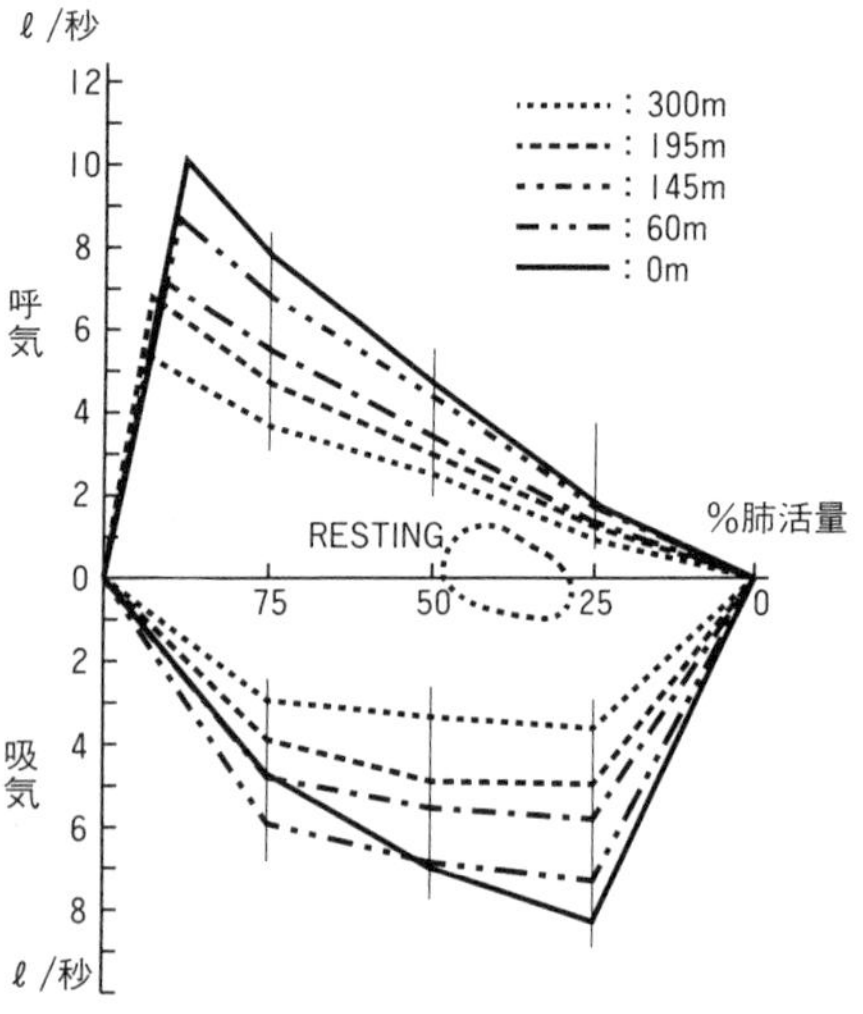

図5-9　フローボリューム曲線（提供：橋本昭夫）。

ば、呼吸抵抗が増加するからである。流体としてのガスが移動するに際しては抵抗が生じるが、その抵抗に最も大きく関与するのはガス密度で、密度が増加すれば抵抗も増加することがわかっている。[*5] 深く潜ればガスが圧縮されるので、その分、密度が増加する。ガスの密度は重さと言ってもよい。したがって、密度を増加させないためには、軽いガスを使うことが最も手っ取り早い。ヘリウムの密度は窒素のおよそ七分の一であるので、呼吸抵抗を減らす上からもヘリウムの有用性が理解できる。ヘリウムを使うのは窒素酔いを防ぐためばかりではない。

注意しておいていただきたいのは、図5-9のカーブはヘリウム環境下での図であることだ。もし、空気環境下であれば、もっと浅い深度でガスの移動速度は低下してしまう。また、ヘリウムを用いた場合でも、ここに明らかなように、深いところではヘリウムによる呼吸抵抗は無視しがたいものになる。そのようなところからも、大深度に潜る場合には、ヘリウムの代わりにヘリウムの半分の密度である水素を用いる考えも出てくるわけだ。現に、今までに最も深い潜水は、ヘリウムと酸素に加えて水素を用いた、いわゆるハイドロックス（水素 hydrogen＋酸素 oxygen から hydrox という造語が生まれた）潜水である。なお、水素と酸素の混合ガスというと、燃えやすく爆発の危険性があるのではないかと危惧されそうだが、水素が燃えるためには先に記したように四％以上の酸素が必要とされる。[*6] 飽和潜水では酸素濃度が低いところから、ガスの管理を確実にする限り、爆発等の危険性はない。

しかし、そうは言っても、水素を用いることは、安全確実な装置を作成するための費用の問題、また日本の場合では法規上の問題もあり、一般的とは到底言い難い。呼吸抵抗の増加に対するより具体的かつ現実的な対応として第一に心がけるべきことは、呼吸抵抗の少ない潜水呼吸器を選ぶことに尽きる。と言うと、あまりにも当たり前のように感じられるかもしれないが、しかし、これが意外にネックなのである。深いところの潜水において実際にどの程度の呼吸抵抗があるのかを見極めるのはそれほど容易なことではなく、潜水呼吸器のカタログ情報に対しては常に懐疑的でいた方が賢明だろう。

‥温度への挑戦‥

体温の保持は飽和潜水のみならず、一般の潜水にとっても非常に重要な問題である。体から奪われる熱量、すなわち熱損失が大きく、適正な体温を保つことができなくなれば、低体温症のために容易に致命的な状況に陥る。しかし、飽和潜水における温度の問題は若干特殊な部分があるので、それを記しておこう。[*7・8]

ヘリウムは、窒素や空気に比して熱伝導度が高いために体が冷えやすいことは潜水の世界では広く知られている。実際にヘリウム酸素環境の中にいると、大気圧状態でも体の周りがスースーして涼しく感じるが、高圧環境の中では、ヘリウムの伝導度はさらに増加し、熱が失われやすくなる。図5-10は、環境の圧力が増加した際にヘリウムの伝導度がどのように増加していくかを示した米海軍の報告書によるもので、環境の圧力が増加するに従って伝導度も増加していることが明らかにされている[*7]（グラフの横軸は、圧力の替わりに深度が用いられ、縦軸は熱伝導度で、単位はBTU/sec/ft/°F×10^{-5}である。BTUはBritish Thermal Unitの略で、一ポンドの水を華氏一度上昇させるのに必要な熱量を表す）。

これがどのようなことを意味するかというと、ベルの中に体温三七℃のダイバーが存在し、周りはヘリウム酸素環境、さらにベルの外は冷たい水、という状況では、ダイバーが熱源となって熱が速やかに外部に向かって伝導し失われていくことに他ならない。したがって、ダイバーの体温を保持するためには、ダイバーを取り巻く環境ガスの温度を高めること以外にない。

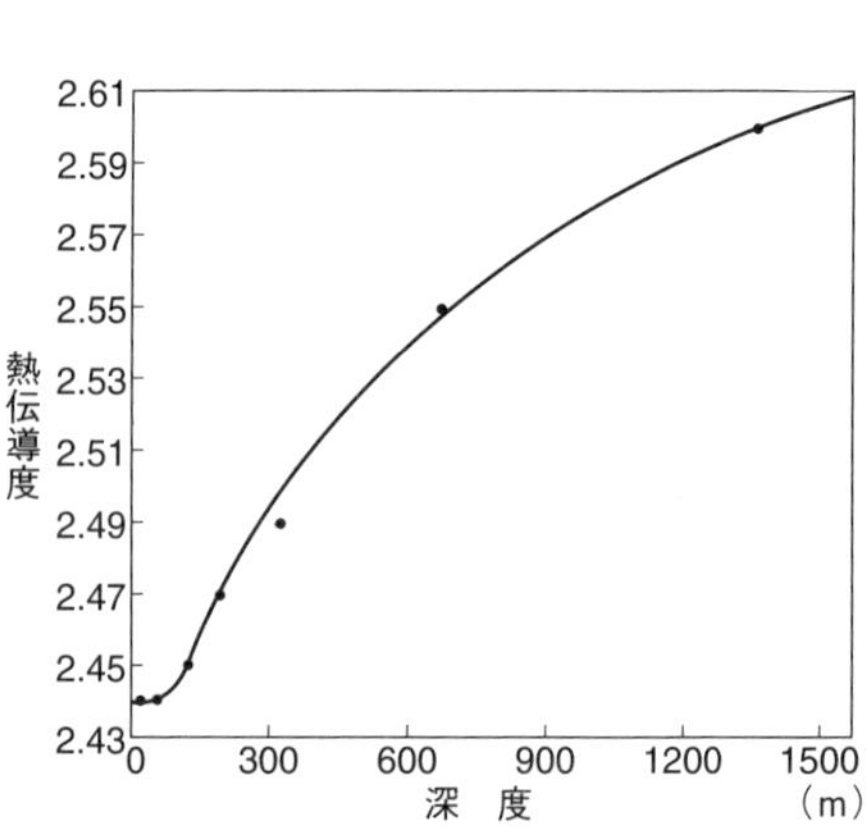

図5-10　圧力とヘリウムの熱伝導度（Flynn 1974[*7]）。

図5-11も同じ米海軍の報告書に含まれているもので、湿度五〇％のヘリウム環境下で体温を保持していくために必要な温度を示している。三つのカーブはそれぞれ、①ダイバーが衣服を十分に着込んで熱の絶縁状態を大きくした状態、②普通の状態、③血管が拡張して熱の放散が強くなった状態、を示しているが、いずれの場合も深度が増すに従って必要とされる環境ガスの温度は上昇している。さらに厄介なことは、このように熱の伝導がよくなるために、快適に高圧下で過ごすために許容される温度幅も小さくなることである。大気圧下では一〇℃前後の幅があったのが、高圧下ではそれがプラスマイナス一℃程度の狭さになる。

実際の例でみると、深度三〇〇メートルほどの飽和潜水を行う場合にダイバーが快適だという温度は三一℃前後である。また、許容温度幅が狭いことから、例えば太り気味で寒さに強いダイバーとやせ気味で寒さに弱いダイバーが同じ環境下で過ごすとなると、片方は暑くて裸に近い状態で過ごしているのに、片方はセーターを着込んでいるという状況もたまに見かける。

以上はしかし、ベルあるいは減圧室の中のいわゆるドライ環境での問題であり、水の中に実際に入っていく段になれば、体温の保持はより切実な課題になる。

言うまでもなく、人は同じ温度の環境にいたとしても、水の中での方が大気中よりも冷たく感じるが、その主な理由は、水の熱伝導度が空気のおよそ二六倍、比熱は約一〇〇〇倍大きいことにある。したがって、水の中ではダイバーと水の間の熱伝導を遮断して保温を図るだけでは不十分で、熱を加えることによって、より積極的にダイバーを暖める必要がある。では、どのようにして加温するかというと、電熱や化学反応を利用した加温は安定性に

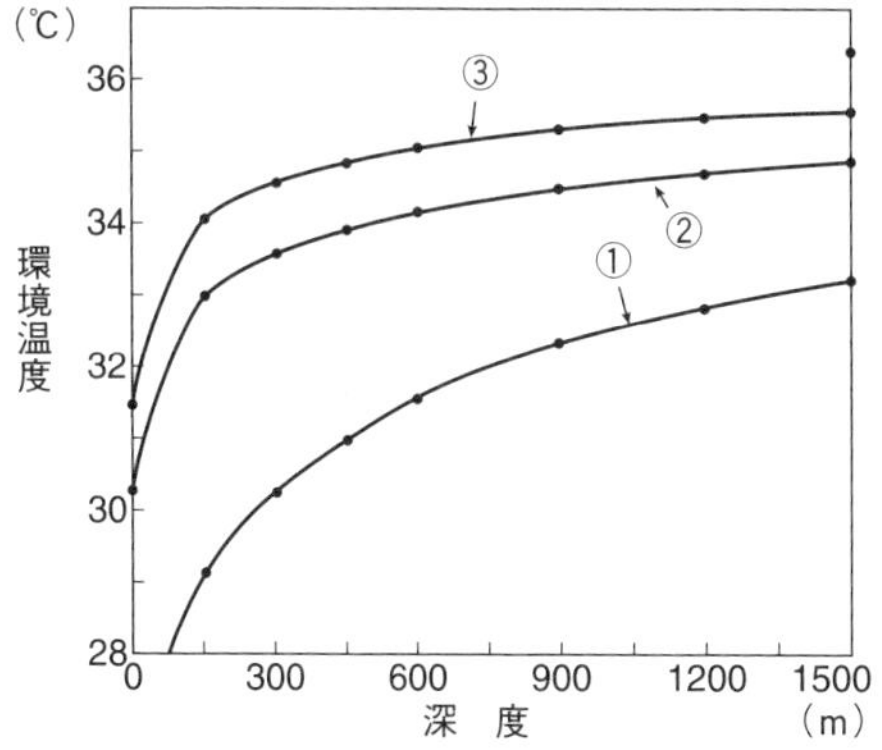

図5-11　湿度50％下で維持可能な温度と圧力の関係 (Flynn 1974*7)。

欠けるところから、専《もっぱ》ら温水をダイバーに供給して加温する方法がとられている（図5-12）。

具体的には、先に記したように母船（艦）の船上で大量にお湯を沸かし、母船とベルを繋ぐホースを通してお湯をベルまで供給する。ついで、ベルの中で温水ホースをダイバーが着ている温水服に連結して主な体表を巡らしたのちに、海中に放出するのである。もちろん、温水温度の調節は慎重に行わなければならない。熱すぎれば熱傷に罹患し得るし、冷たすぎれば低体温症に陥る。

また、この温水はダイバーを直接温めるだけでなく、呼吸ガスを暖める役目も担っている。詳細は省くが、高圧下では呼吸による熱損失の割合が大きくなるので、呼吸性熱損失を最小限に抑えておかねばならない。呼吸による熱損失の主なものは、冷たい呼吸ガスが肺の中で体温近くまで加温されることによるので、熱損失を少なくするためには、呼吸ガスの温度を上げておくのが手っ取り早いことになる。その呼吸ガスの加温に温水を利用するわけだ。もちろん、温度が高すぎてもいけないのは、先と同様である。

細かいことだが、呼吸性熱損失に関してよく誤解されることがあるので記しておく。[*9] 先に、ヘリウムは熱を伝えやすいので熱を失いやすいと述べたが、呼吸による熱損失は若干様相が変わっている。というのは、呼吸によって失われる熱量の大半は、冷たい呼吸ガスが肺内で体温近くまで加温されてから呼出されることに起因する。つまり、失われる熱量は、そのガスを暖めるのに要する熱量になる。そうすると、同じ容積ではヘリウムを暖める方が少ない熱量ですむので、ヘリウムを呼吸した方が窒素を呼吸するよりも熱損失は少

図 5-12　温水服（提供：小此木国明）。

ない。間違って、ヘリウムを呼吸する方が熱損失を来しやすいと理解されることが多い。

呼吸性熱損失の恐ろしいところは、熱損失が肺の中で呼吸ガスと血液が接するところで起こり、体の芯から冷えていくことである。通常の状態で寒いところに曝露されると、寒さを感じ、体中に震えがくる。ところが、飽和潜水の場合、体表は温水で循環されているために、寒さを自覚しないにも拘わらず体の芯から冷えていき、周りが気がついたときはすでに低体温症のために運動能力が低下し手遅れの状態、という可能性がある。欧州で飽和潜水が実用化されだした初期の段階での事故を分析した結果、多くの例で呼吸性熱損失による低体温症が関与しているのではないかと言われている。[*10] したがって、呼吸性熱損失には敏感で、深度が深くなると、呼吸ガスがマスクに供給されるまでのマニフォールドなどの短い部分から失われる熱量も無視できないとして、ゴムでマニフォールドを被覆する例もある。

なお、温水を使用することによる皮膚炎、あるいは減圧症の増加等の話題もあるが、主要な論点ではないので、すべて割愛する。

…ヘリウム音声…

生命に直結するものではないが、先に述べた事項に劣らず重要な課題として、交話の問題がある。以下は、高圧のヘリウム環境下での音声について多くの業績を有する静岡大学名誉教授（現東北文化学園大学教授）鈴木久喜にほとんどを負っているが、[*11] 文責は筆者にある。

ヘリウム環境下で言葉をしゃべるとヘリウム音声といって、具体的にはエと言ったつもりがアに聞こえるような変化や、さらに鼻声の響きも加わって、ちょっと甲高い独特の声になる。この音の変化は、その音がちょうどディズニーの漫画に出てくるドナルド・ダックのしゃべる声に似ていることから、「ドナルド・ダック効果」とも言われる。

音がそのように変化する理由をごく簡単に言うと、ヘリウム環境中ではヘリウムの密度が小さいために空気に較べて音速が速く（音速は圧力に気体の密度の逆数を乗じた値のルートに比例する）、さらに声道壁の振動も無視できなくなること、などによって生じるものである。よくヘリウム音声の理由はヘリウムの密度が小さいためと説明されることがあるが、高圧下になればヘリウムの密度も大きくなるので、その説明は舌足らずである。より重要なのは音速の変化である。

とまれ、ヘリウム音声は深度二〇〇メートル前後まではそのままでも何とか聞き取ることができるが、それ以深になると音声の変化は強くなり、大きな支障が出てくる。鈴木らが海洋科学技術センターで行った研究によれば、深度三〇〇メートルにおける音声の明瞭度は一〇％以下であったとされる。

しかしこれでは、安心して潜水作業を行えるという状況からは程遠い。そのようなところから、ヘリウム音声を修正する方法が精力的に求められたわけだが、実用に耐えるためには音声の修復に大きな時間差がないことが要求される。鈴木は音声を口腔の共鳴周波数に関係するスペクトラムと音の高さのピッチ情報に分解し、スペクトラムを変換した後に両者を再構成するという手続きを、リアルタイムで、入出力音声間の時間差約三〇ミリ秒で実行する装置を開発し、深度三〇〇メートルにおける音声の明瞭度を七〇％にまで引き上げることに成功している。この方法をさらに洗練していけば、非常に問題が多いとされる高圧下におけるダイバー同士のコミュニケーションの改善に大いに役立つだろう。

なお、誤解のないようにしておかねばならないが、ヘリウム音声はヘリウム環境下で音を発する場合に限られ、例えば減圧室の外からマイクを通して伝えられる声は周波数に変化がないので大気圧下の声と大きな変わりはなく、聞き取りに本質的な支障はない。より切実なのは、減圧室内に居住しているダイバー同士の会話である。有効なヘリウム音声修正装置がなければ、ダイバーは筆談を余儀なくされる。

◎緊急時の対応

どのような潜水においても、緊急時の対応について考えておかなければならないが、飽和潜水の場合、考慮すべき対象が若干複雑であり、また一般にも馴染みがないので、特に項を設けて簡単に記しておこう[12・13]。

飽和潜水においてダイバーの生命が危うくなる緊急事態は、次の二つに大きく分けることができる。一つはベルそのものが危険な状態になることで、もう一つはエクスカーション中のダイバー自身の生存が問題になるときである。いずれの場合も、先に挙げた圧力の保持、呼吸の確保および必要な温度を保つことの三点がとるべき主な方策になる。

最初に挙げたベルが危険な状態になるというのは、ベルへのガスや電力あるいは温水などの供給ができなくなった場合、あるいは、ベルを海中から引き揚げることができない状態などを指すことが多い。これらの状態をロストベル（lost bell）と呼ぶことがあるが、これは文字どおりベルが見失われてしまった状況を指すのではないので注意しておきたい。ベルが行方不明になってしまった例がないわけではないが、通常は母船に常に繋がれた状態なので、右に示したような状況をロストベルという。連結面の異常などのためベルを減圧室に連結できなくなった場合は、通常はロストベルとは言わないけれども、緊急事態の一つでもある。

このような状況に陥った場合に備えて搭載混合ガス（onboard mixture）がベルの外面に取り付けられているが、長時間になれば足りなくなる恐れがある。できるだけ早く水上あるいは水面近くにベルを引き揚げて、給気ホースを取り付けなければならない。ダイバーの呼吸も、できれば炭酸ガス吸収剤を通すようにして炭酸ガス濃度の上昇を防ぐ必要がある。さらに、高圧のヘリウム環境下では熱の損失が大きいので、ダイバーがベル内に溜まった水に濡れないように、ベル内に張り巡らすネットや寒さに備えた寝袋を用意しておきたい（図5−13）。ごく稀にベルが露天甲板に置かれている場合などは、逆にベル内が高温になることもある。

二番目に挙げたエクスカーション中のダイバーが危険になる状況の多くは、ダイバーに十分な量の呼吸ガスや温水が供給されなくなった場合に生じるが、このときは直ちに復旧を試みるとともにダイバーをベル内に収容しなければならない。

ダイバーは非常用の呼吸ガスを充填したボンベを背中に背負ってエクスカーションを行っているが、深度が深いために通常の方法ではボンベのガスの供給持続時間は一分間にも満たない。別ルートでベルから直接に非常用呼吸ガスが供給できるようにしておくか、再呼吸装置を備えたスクーバシステムを準備しておいた方が望ましい。また、海中で意識を失ったダイバーをベル内に収容するのは至難の業である。ベル内にダイバーを引き揚げるための滑車とハーネスを用意し、収容の演練をしておきたい。

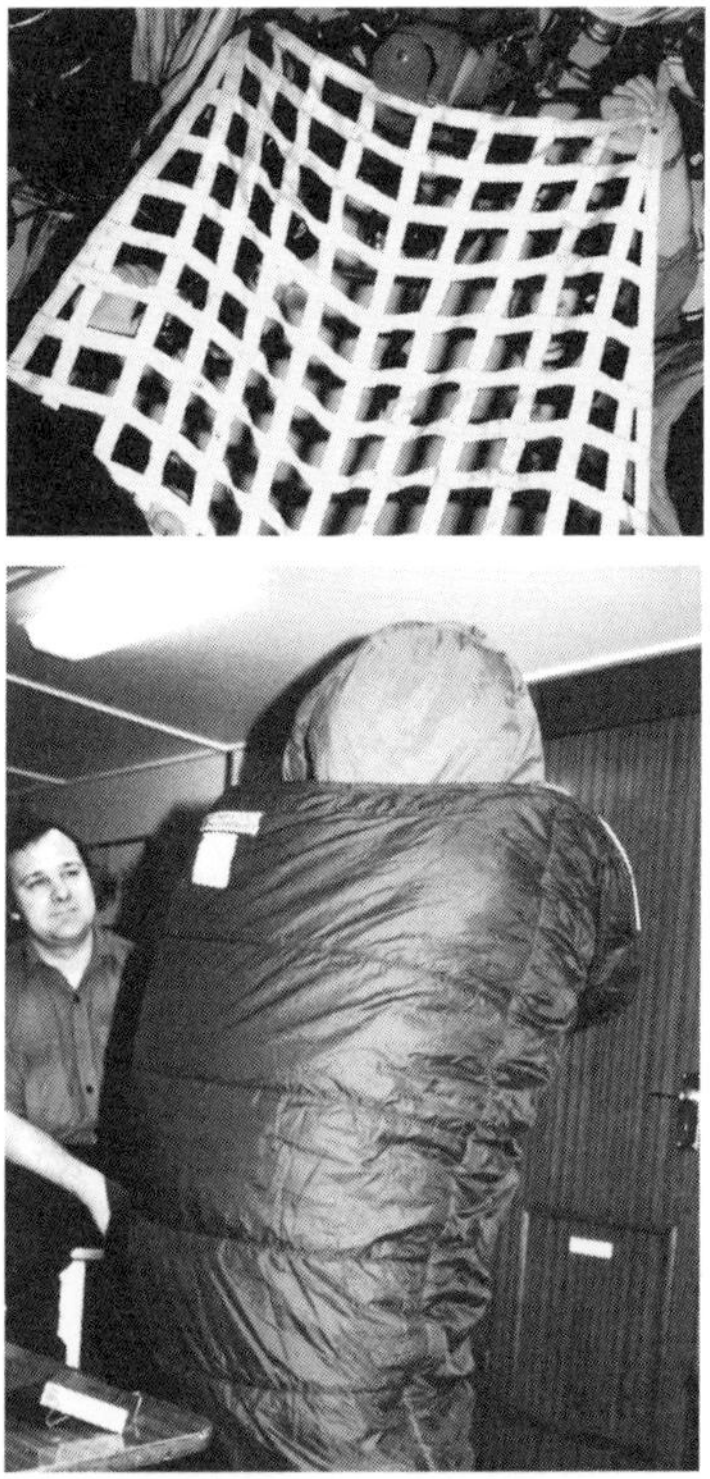

図5-13　緊急用のネットと寝袋（著者撮影）。

◎飽和潜水の発展

以上で、馴染みの少ない飽和潜水というものが、具体的にどのようにして潜ることなのか、またそのために留意しておかなければならないことなどが、概略理解できたものと思う。そこで、これまで述べてきた他の潜水と同じように、少し以前を振り返ってみて、飽和潜水がどのようにして発展確立されてきたかを眺めてみよう。

飽和潜水の歴史を含む総括的な記述については、長期にわたって米海軍あるいは米国海洋宇宙局（ＮＯＡＡ）などで飽和潜水に携わってきたミラー（James W. Miller）とコブリック（Ian G. Koblick）の共著"Living and Working in the Sea"（邦訳『海中居住学』[*14]）に詳しいので、ここでは若干趣を変え、主として米海軍の医官として飽和潜水に参加してきたヴォロスマーチ（James Vorosmarti, Jr.）の記述[*15]によりながら、その他の資料[*16･17]も参考にして飽和潜水の初期の段階に重点をおいて記すとともに、わが国における試みについても触れることにする。

…最初の飽和潜水…

ヴォロスマーチによれば、飽和潜水の概念そのものはそんなに新しいものではなく、初めて減圧表を作成したハルデーンもすでにそのアイデアを持っていたとしている。ではなぜ飽和潜水がその後長く実施されなかったかというと、当時の潜水は浅く短いもので十分、そもそも深く長く潜る必要がなかったためらしい。

意図して実施した最初の飽和潜水は、一九三八年十二月のことである。エドガー・エンド（Edgar End）が計画し、マックス・ノール（Max Nohl）がダイバーとして深度一〇〇フィート（三〇メートル）相当圧力のチェンバーに二七時間滞在した後、減圧に五時間かけて大気圧に戻っているが、ノールは減圧症に罹患し再圧治療を受けている。また、肺の酸素中毒にも罹患していた模様だ。この実験を実施した理由が面白い。というのは、当時の高圧環境下でのトンネル作業では、荷役用に用いていたロバを何週間も、時には月余にわたってトンネルの中に置き、すべての作業が終了後にロバを大気圧に戻すと、ほとんどのロバが死んでいたのである。そこで、ヒトを時間をかけて減圧することによって無事大気圧まで戻せることが実証できれば、ロバも同じようにして生かせる可能性があることを工事監督者に説得しやすくなるのではないかと考え、いわば動物のためにヒトが被験者になったのである。

次いで一九四二年には、米海軍の軍医で潜水医学の分野で多くの業績を残している前出のベンケが、エクスカーションを含む飽和潜水の概念を初めて明瞭に記述した論文を発表している。*18 飽和潜水という用語そのものは、一九四五年に水上減圧に関する一連の実験*19を行ったときに医官のヴァンデオーが初めて使用したとされる。

…ジェネシス計画…

その後、一九五四年にフィッシャー（Ed Fisher）というダイバーが個人的に三三フィート（約一〇メートル）二四時間の実海面における潜水を行ったエピソードがあるものの、組織的な取り組みは一九五七年から一九六四年にかけて実施された米海軍の一連のジェネシス計画が最初である。ジェネシス（Genesis: 創世記）という言葉を用いていることからも推測されるように、大きな意気込みをもってなされたこのプロジェクトは、ネズミなどの動物を用いた実験を慎重に繰り返すことから始まったので、ヒトを対象とした実験は高圧タンクでの一九八フィート（約六〇メートル）相当圧力までの高圧曝露にとどまり、かつ最初の組織的有人飽和潜水は他に譲ることになったが、その計画を通して肺酸素中毒の危険性を明らかにするなど、そこから得られた情報は実海面における飽和潜水の実施に大きく貢献したのである。そのため、この計画をリードした米海軍の医官で大佐であったボンド（George F. Bond; 図5-14）は飽和潜水の父と称され、また、現場ではその人柄風貌もあいまって、パパ・トップサイド（papa topside）と呼ばれ親しまれてきた（トップサイドは艦の上構ないし艦橋、さらには潜水指揮所の意味を有する）。

…マン・イン・ザ・シーおよびコンシェルフ計画…

実際に海中で実施した飽和潜水は、エドウィン・リンク（Edwin Link）に率いられたMan-in-the-Sea Ⅰ計画と呼ばれるもので、一九六二年九月六日、ダイバーのロベール・ステニュイ（Robert Stenuit）が南仏リビエラ沖で二〇〇フィート（六〇メートル）の海底に降下されたシリンダーの中で二四時間滞在している。それと踵《きびす》を接するようにして、リンクとは一〇〇マイルしか離れていない場所で、今度はクストーのConshelf Ⅰ計画と呼ばれる深度一〇メートルの飽和潜水が九月十四日に実施され、深度一八〇フィート（五五メートル）へのエクスカーションも行われている。次いで一九六三年六月には飽和深度一一メートル、エクスカーション深度一一〇メートルのConshelf Ⅱ計画が紅海で実施されているが、これはStarfish HouseとDeep Cabinと命名されたハビタット（habitat）と呼ばれる海中居住施設を用いたもので、その後、多くの場所に設置されていった海中居住施設の最初である。もっとも、このときは居住施設が海底をすべり大惨事を招くところであった。さらに、今度はリンクが膨張式の居住施設を用いて飽和深度四一五フィート（約一二六メートル）のMan-in-the-Sea Ⅱ計画を一九六四年六月にバハマ沖で実施し、このときはＳＤＣ（ベル）のアイデアも採用している。このように、実海面における最初の本格的な飽和潜水はボンドが主導したものではないが、クストーは潜水を実施するに当たってボンドと密接な議論を重ね、またのちにリンクもその中に加わっており、飽和潜水に関するボンドの先駆的アイデアと功績を認めている。

図5-14　ボンド。退役後の姿である（U.S. Navy）。

…シーラボ計画…

さて、次はいよいよボンドが主導する米海軍の出番である。

それらはいずれも海中居住施設を海中基地として用いたもので、シーラボ（Sealab）シリーズと言われ、シーラボI、IIおよびIIIの三つの飽和潜水が行われている。

シーラボIは、一九六四年七月にバミューダ沖で行われた飽和深度一九三フィート（約五九メートル）の潜水である。このときは、海中居住施設を減圧のために八一フィート（約二五メートル）まで引き揚げたところで、嵐のために四名のダイバーは居住室からSDC（ベル）の中へ泳いで移り、引き続いてそこで五六時間に及ぶ減圧時間を過ごすことを余儀なくされている。ベルそのものは長時間の滞在を想定しておらず、そのときのベル内の衛生状態は想像に余るものであったろう。

一九六五年八月にカリフォルニアのラホーヤ（La Jolla）で実施された飽和深度二〇五フィート（約六二メートル）のシーラボIIは、広報を意識して派手なパフォーマンスが取り入れられている。アストロノート（astronaut: 宇宙飛行士）の一人スコット・カーペンター（Scott Carpenter）がアクアノート（aquanaut: ダイバー）として実験に加わり、折からジェミニ（Gemini）宇宙船に乗って軌道を周回中の宇宙飛行士ゴードン・クーパー（Gordon Cooper）と交話したり、ジョンソン大統領と直接電話で話したりしている。ちなみにその折、「ヘリウムで充満したチャンバーから大統領に電話で話したい」とホワイトハウスの電話交換手に申し込んだところ、ヘリウム音声による異様な声をいぶかしく思ったのと、ガス室を別の意味に取り違えたがためか、「大統領はガス室にいるような人には話できません！」と切られてしまった、という笑い話が残っている。

続いて一九六六年から一九六九年にかけて実施されたシーラボIII計画は、時に誤解されるが、単に実海面の飽和潜水だけを指すのではない。海軍は先の二つの飽和潜水の成功に大きな自信を得て、さらに徹底的な調査研究を行うこととし、手始めに陸上の潜水実験装置を用いて、深度二五〇フィート（約七六メートル）から一〇二五フィート（約三一二メートル）にかけて精力的に潜水実験を行い、深深度潜水に必要不可欠な高密度ガスを呼吸することの影響など、主として医学上のデータを集積するとともに、ヘリウム音声の修正についても有効な方策を探ったのである。

実海面の飽和潜水はこれまでと異なって、海中に居住施設を設置するとともに支援艦エルクリバー（USS Elk River; IX501）の艦上にも海中とほぼ同じ圧力に加圧した減圧室を置き、現在の飽和潜水と同じようにベルを用いて海中の居住施設と艦上の減圧室の間をダイバーが移動できるようにしたのである。これによって、ダイバーはより安全に実験に参加することが可能になり、緊急時の対応もしやすくなったわけだ。ところが、一九六九年二月、万全を期したはずの海中居住施設（図5-15）を飽和深度六一〇フィート（一八六メートル）の深さに降下させるや否や、多くのトラブルに見舞われたのである。そのうちの最も大きな問題は、居住区の圧力を保つことが不可能になりかねないほど大量のヘリウムが漏れ出したことである。そして、これを補修すべくダイバーを送ったのだが、二月十七日、その一人キャノン（Berry L. Cannon）が突然、痙攣状態に陥り死亡してしまったのだ。事故調査では、キャノンの循環式の潜水呼吸器に炭酸ガス吸収剤が充填されていなかったことが判明し、死因は炭酸ガス中毒であろ

図5-15　シーラボⅢの海中居住施設（提供：梨本一郎）。

う と結論づけられているが、他に寒冷曝露が関与していることも疑われ、あるいはまた、サボタージュによる陰謀説すら出ている。[*20]

とまれ、この事故は大きな衝撃となって、シーラボ計画のみならず米海軍そのものにも襲いかかり、一部に、宇宙への挑戦ではそれまでに三名の犠牲者が出ていながらも計画が続行されているのに対し、なぜ深海への挑戦は一名の犠牲者で撤退しなければならないのか、という意見があったにも拘わらず、ほとんど間髪をいれずにシーラボ計画の中止が決定され、以後、米海軍は海中居住施設を用いた飽和潜水に直接携わることからは手を引くとともに、海軍における飽和潜水そのものも下火になっていったのである。

そして、このことは二七年後の一九九六年、TWA航空機墜落事故の捜索救難潜水において、飽和潜水能力があれば簡単に済むところを、多数の人員を使って本質的には第二次大戦のときと変わらない送気式潜水と簡単なスクーバ潜水を繰り返すしか術がなかった海軍の潜水能力を嘆くに至る事態[*21]にもつながっているのである。

…最初の商用飽和潜水…

シーラボⅢでは、先に記したように海中居住区と艦上の減圧室の間をベルを用いて連絡する方法を採用しているが、実はこのアイデアが最初に具体化されたのが、これから述べる最初の商用飽和潜水であるところのカシャロット（Cachalot：マッコウクジラ）と呼ばれるプロジェクトなのである。

これは、シーラボⅢの実海面潜水よりも先立つこと約四年の一九六五年に、バージニア州の山中スミスマウンテン・ダムの排水路の整備のためになされた飽和潜水である。この潜水の深度は一五九～二四〇フィート（約四八～約七三メートル）にわたるもので、通常の送気式潜水では二年かかる作業を四カ月で終えている。このときにベルが用いられており、ダイバーはダムの底とダムの堤防の上に置かれた減圧室の間をベルを用いることによって移動し、休息をとりながら作業を続けたのである。

このアイデアはその有用性が認識されてすぐさま広まり、ベル方式の、ということは、現在の飽和潜水と基本的には同じ方法を用いた最初の実海面飽和潜水が、早くも一九六六年にメキシコ湾で行われている。

海中居住施設を用いた飽和潜水は、その後もテクタイト（Tektite）計画[*22]をはじめ多数あり、それなりに飽和潜水の確立に貢献していったのであるが、それらは学術研究を主目的にしており、また、そのすべてを記すことはスペースの上からも不可能なので、詳細は前記ミラーらによる著作[*14]を参照されたい。

∴海底油田∴

ところで、当初は主に学術的見地から研究が進められていった飽和潜水が今日のように洗練され実用に耐えるものになっていったのは、他の分野と同じく、実際の使用を通してである。そして、飽和潜水の技術が最も強く求められていたのは、海底油田なのだ。

すなわち、アメリカではメキシコ湾に加え一九五〇年代末にはカリフォルニア沖にも油田が発見され、特に後者は短い大陸棚の外にあるので深度が深く、送気式潜水の限界が痛感されていた。また、一九六〇年代にはイギリスからノルウェーにかけて北海の深度一〇〇メートル前後の大陸棚に、いわゆる北海油田が存在することが明らかにされている。しかし、この深さに通常の送気式潜水で潜り、海底で実用的意味のある作業を行うことは、減圧に要する時間を考慮すれば、ほとんど不可能に近いことだった。

そういう状況のところへ、飽和潜水技術が導入されたわけだ。すると、初期の飽和潜水にとってはちょうど手頃の深さであることもあって、その有用性はたちまち広く深く認識され、多くの人的資源と多額の資金が飽和潜水の発展のために注ぎ込まれるに至ったのである。また、折からの中東戦争による石油供給の不安定さも、開発のスピードを促進するように働いている。実際に一九七〇年代から八〇年代初頭にかけての飽和潜水技術の発展は、目覚ましいものがある。飽和潜水の手法はより洗練され、ある意味ではルーチン化ないしマニュアル化されるとともに、ソフト・ハード両面にわたるバックアップ態勢も整えられていったのである。一言で言えば、飽和潜水の信頼性は着実に速やかに向上していったわけだ。その具体的成果は、初期のころには年間数人を数えていた犠牲者の数が、ほぼ皆無になっていったことによって端的に示されている。

…日本での取り組み…

ここで少し視点を変えて、わが国で飽和潜水がどのように展開されていったかを、簡単に振り返ってみよう。

先に触れたように、昭和二十八年（一九五三）ごろから日本にもスクーバ潜水の情報が徐々にもたらされるようになり、潜水に関する関心が高まっていったが、実はその少し前に、別の方面からもその動きを促進する働きがあったのである。というのは、昭和二十六年（一九五一）に北海道大学の井上直一や同校出身でのちに東京水産大学の学長になる佐々木忠義らの主導によって、深度二〇〇メートルまでの潜水能力のある非自走の潜水探測機「くろしお」号が読売新聞社などの協賛を得て建造され、翌年には北海道大学の練習船「おしょろ丸」に搭載され、日本を一周する形で各地で実海面の潜水展示をするなどして大きな話題を提供していたのだ。

さらに昭和三十三年（一九五八）には、佐々木の肝入りでフランスから深海潜水艇バチスカーフを研究者と乗組員もろともに招聘し展示潜水を行うことなどもあり[*23]、海洋開発にかける意気込みは最初のピークを迎えていたのである。そのような状況の中で、昭和三十二年（一九五七）には佐々木忠義を初代会長として日本ダイビング協会が発足するに至った。そして日本ダイビング協会は翌年、日本潜水科学協会と名称を換え、さらに昭和四十一年（一九六六）海中開発技術協会と改称され、日本の有人潜水技術の発展をリードしてきたのである。初代会長の佐々木は光学を専門とする物理学者で、自身が生身で潜ることはなかったが、ほどなく後を継いだアワビの研究者として著名な猪野峻《たかし》は同じく東京水産大学出身で、小湊実験場を主な活動の場として自身がよく潜る研究者であった。[*24] ここで特に記しておきたいのは、表だっては語られることの少ない佐藤賢俊の献身である。一私企業の身でありながら会の発足をリードし、様々な意味で潜水界の発展に大きく寄与している。なお、レジャー潜水の普及に伴って、同協会は平成十年（一九九八）レジャー・スポーツダイビング産業協会に名称を変更している。

　次いで、少し時間を戻して昭和四十年（一九六五）、科学技術庁が主体となって「潜水技術の開発についての総合研究」三カ年計画が始まり、翌年の春、東京医科歯科大学に潜水槽と高圧タンクからなる実験潜水設備が完成し、医科歯科大学講師の梨本一郎が中心となって計画が遂行されていったのである。[*25～27] 後年活躍する大岩弘典《ひろみち》も当初は助手としてそのグループに加わっており、また眞野喜洋は学生ながら自ら進んで被験者として計画に参加している。昭和四十三年（一九六八）九月には空気を用いて飽和深度一二メートル、短時間のエクスカーション深度二五メートルの本邦最初の有人飽和潜水模擬実験を行っている。昭和四十四年（一九六九）春には飽和深度二五メートル、同じく八月には飽和深度四〇メートルの実験が医科歯科大学において科学技術庁のシートピア計画の一環として行われている。さらに昭和四十五年（一九七〇）、本格的海中居住実験用の水上減圧室（減圧タンク）の完成を待って、まず茨城県藤代にある製造元の中村鉄工所㈱が自らの敷地と関連装置を提供してその場で飽和深度一〇〇メートルの有人実験が行われた。このときは炎天下での実験であったために、タンクに直接水をかけて室内の温度を下げるなどの処置を余儀なくされている。次いで昭和四十六年（一九七一）には、同じタンクを船に搭載した状態で飽和深度一〇〇メートルの模擬実験が企図されたが、そこで深度一〇〇メートルを目前にして漏気のためにヘリウムガスが不足し、しかも用意していたヘリウムの貯気タンクへの連結金具に不備があることが判明したために減圧したところ、眞野ら被験者が減圧症に罹患する、という痛い目にあっている[*25・27]。

なお、この間に行われた次のことは、特記しておいてよいと思う。すなわち、潜水技術の向上を図るために、民間有志の手でわが国最初の本格的かつ近代的な潜水ベル（潜水カプセル）を製造し、実海面の潜水に用いようとしたことである。そこに参加したのは旭潜研㈱の佐藤賢俊、中村鉄工所㈱の中村萬助、横浜潜水衣具㈱の田中久光、潜水研究所の菅原久一《きゅういち》で、彼らは自らの資金で㈱日本深海潜水プロジェクトを創立して、潜水ベル「たいりくだな号」（図5-16）を昭和四十三年（一九六八）の春に製作し、訓練を重ねた後、同年六月、静岡県伊東沖で実海面潜水を企てたのである[*28]。

最初は、海底に設置したアンカーから延びたワイヤーをベル内に備えたウインチで巻き込む方式によってベルを潜降させようと考えたのだが、中古のウインチの能力が二〇キログラムの牽引能力しかなかったためにうまく行かず、メディアの取材を受けていたこともあって潜水を続行し、ベルの重さを重くすることによって自然に降下する方法をとることにしたのである。しかしながら、今度はベル内に進入した海水のために浮力調整に不具合を生じ、ベルは水中を上下すること二回、最後はバージ（艀《はしけ》）の底に激突して横倒しになっ

図5-16　たいりくだな号。右は最初期のもので、最も簡単な作りである。左は１回目の潜水実験の教訓から、ベルにガードと緊急用のボンベが取り付けられている（提供：山本雅之）。

てしまった。ベルの中にいた三人のうち、田中の甥、青柳重雄は海中から自力脱出し、潜水研究所の山本雅之と医学生富田伸は、一時は胸の高さにまで達した海水をベルの中から排出することに成功して生還したが、山本は途中でスクーバを用いてベルの外を青柳を求めて捜索する余裕を示している。

この一歩間違えば惨事に至りかねなかった試験潜水は、もちろん、後から考えればツメの甘さを種々指摘できようが、民間人が他からの資金を当てにすることなく自らの意志でこのような計画を企画したことは、記憶に値するだろう。その後、これほどの熱気をもったプロジェクトは絶えて認められない。

とはいっても、この出来事は水中の構造物を作るにはそれなりの熟練した特殊技能が要求されることを印象づけたわけで、飽和潜水に関するその後の推移は、主として公的な機関と大手造船会社の手に移っていったのである。

すなわち、科学技術庁では以前よりシートピア計画を推進してきたが[*26]、より能動的に潜水技術の発展を図るべく、昭和四十六年（一九七一）、横須賀市追浜《おっぱま》に認可法人として海洋科学技術センター（以下、誤解のない場合はセンターとする）が設立される運びになった。そしてまず昭和四十七年（一九七二）七月、大岩弘典をはじめとする海上自衛隊潜水関係者の積極的な支援を受けて、三〇メートルの模擬飽和潜水を、先に一〇〇メートル飽和潜水を行ったのと同じタンクを用いて海上自衛隊の岸壁で成功裡に実施し、次いで同年八月、わが国で初めて建造された海中居住施設（ハビタット）を田子の浦の海底三〇メートルの深さに設置し、海中居住実験を行ったのである[*29]（図5-17）。その後、センターは独自で飽和深度六〇メートルおよび一〇〇メートルの模擬飽和潜水を複数回実施し、飽和潜水の知識経験を蓄積していったわけだ[*30]。なお、その際、すでに昭和四十二年（一九六七）に海上自衛隊横須賀地区病院に潜水医学実験部を発足させていた海上自衛隊から、松田源彦《もとひこ》、村井徹、秋吉雅文の三名が職員の割愛制度によってセンターに移籍し、のちに中山英明も加わって、潜水技術の確立に主導的役割を果たしたことも、記憶されてよいだろう[*31〜33]。

そしていよいよ昭和四十八年（一九七三）には、待望の深度三〇〇メートル相当圧力まで加圧できる模擬潜水装置（シミュレータ）がセンターに完成し、それを用いて三一絶対気圧までの有人模擬飽和潜水実験が内外の大学など研究機関の参加を得てなされることになった。一連の実験には、モダンなシートピア計画、シードラゴン計画、さらにニューシートピア計画などの名前が付けられ、その成果が内外学術誌に発表されている。このように、昭和六十年（一九八五）に海上自衛隊がシミュレータを備えるまで、日本における飽和潜水の学術的研究はセンターが主導的役割を果たしてきたわけだ。

図5-17　シートピア計画（提供：山本雅之）。

なお、その間、㈳海中開発技術協会が主催して、昭和五十一年（一九七六）と昭和五十五年（一九八〇）にそれぞれ第一回と二回の潜水技術シンポジウムが開催され、それなりの成果を挙げたことも記しておいてよいだろう。[*34・35] また、先に記した「くろしお」号の主任設計者であった緒明亮乍《おあきりょうさく》が、昭和四十九年（一九七四）に生じた別の潜水艇「うずしお」号の致死事故の責任を取って自裁していることも心に残しておきたい。[*36]

一方、海上自衛隊では、昭和五十二年（一九七七）に伊藤善三郎を初代司令として横須賀市久里浜に潜水医学実験隊が新編され、六〇メートルまでの加圧能力しかない古い高圧タンクを用いて地道な研究がなされていたが、昭和六十年（一九八五）の深度三〇〇メートルまでの本格的な飽和潜水能力を有する潜水艦救難母艦「ちよだ」（図5-2前出）の就役に伴って、同年、潜水医学実験隊に四五〇メートル相当圧力までの模擬潜水が可能なシミュレータが設置され（図5-18、5-19）、飽和潜水に関する知見の集積が一気に加速されることになった。また、飽和潜水のハードウェアは基本的に米海軍に倣っていたのに対し、ソフトウェアは米田憲弘《のりひろ》をはじめとする要員を英海軍に派遣して英海軍の方法を取り入れたが、これは飽和潜水が日常的に行われている欧州の実用的な方法を学ぶことになり、知識の拡充に大いに役立った。また、元米海軍の潜水医官で潜水医学の泰斗《たいと》ウィスコンシン大学のランフィエ（三六ページ参照）のもとで学んだ橋本昭夫が加わったことも大きい。なお、これらの海上自衛隊の飽和潜水プロジェクトを終始リードしてきたのは、医科歯科大学から海上自衛隊に移った大岩弘典である。

　実海面における飽和潜水は、前記「ちよだ」とセンターの「かいよう」の二隻の船の飽和潜水装置を用いてほぼ同じ時期に始められ、目標とする三〇〇メートル飽和潜水は三上到次郎艦長や富樫幸次潜水員長らによって昭和六十二年（一九八七）に「ちよだ」で、*1 翌六十三年には「かいよう」において、相次いで達成された。その後、センターは実海面飽和潜水から撤退しているが、海上自衛隊ではハードウェア上からは深度四五〇メートルの飽和潜水能力を有する潜水艦救難艦「ちはや」を建造している。

　ところで、語られることは少ないが、実は日本の企業は先に述べた公的機関による飽和潜水とはほとんど無関係に、昭和五十年前後、一九七〇年代の半ばから飽和潜水を稀ならず行っているのである。すなわち、早くも昭和四十九年（一九七四）に常磐沖で一五五メートルの潜水作業を行い、昭和五十年（一九七五）には新潟県阿賀沖で水深八一メートルのパイプライン敷設作業、昭和

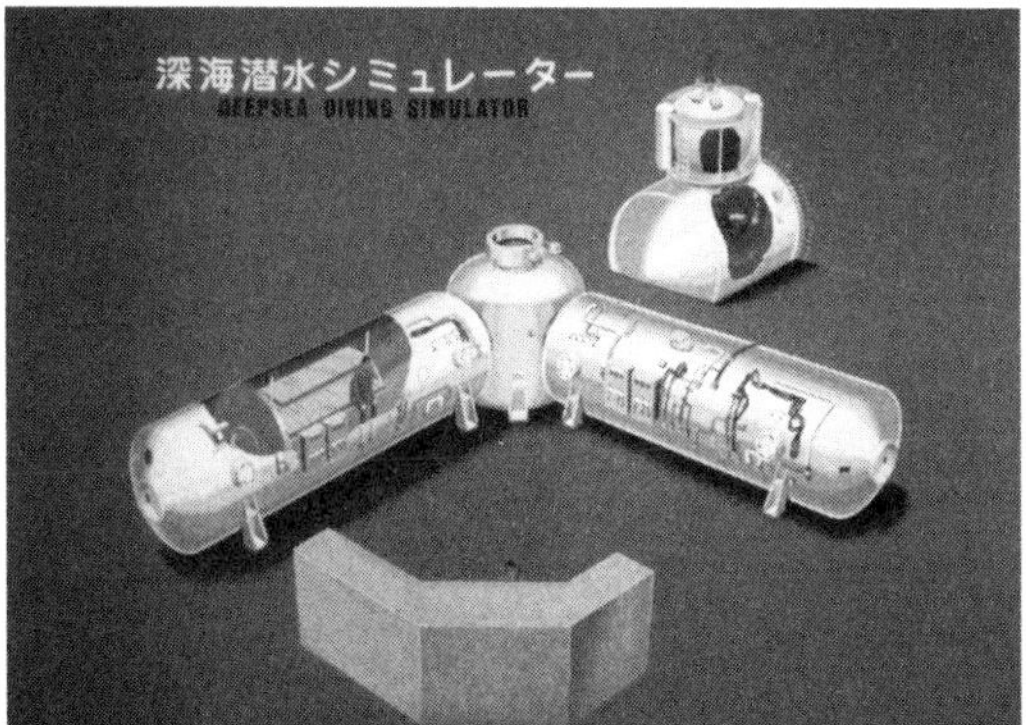

図 5-18　海上自衛隊潜水医学実験隊の飽和潜水シミュレータの全体図。

五十七年（一九八二）には鳥取沖で二四〇メートルの作業を、いずれも飽和潜水を用いて実施している。また、東南アジア方面でも複数回にわたって同様の飽和潜水作業を成し遂げている。＊

＊昭和五十二年（一九七七）に襟裳沖で二〇四メートルの飽和潜水を行ったという記述も散見されるが、これは飽和潜水ではなく、後述のバウンス潜水である。同じく、昭和五十五年（一九八〇）宮古沖において二九〇メートルの飽和潜水を行ったとの記載も見られるが、実際に潜ったのではなく、あくまでその深度の飽和潜水を準備したことを示している。また、対馬沖九七メートルの海底に沈んだロシア軍艦「ナヒモフ」のサルベージ潜水がよく話題になるが、これはフランスの潜水会社が外国人を主体として行った飽和潜水である。

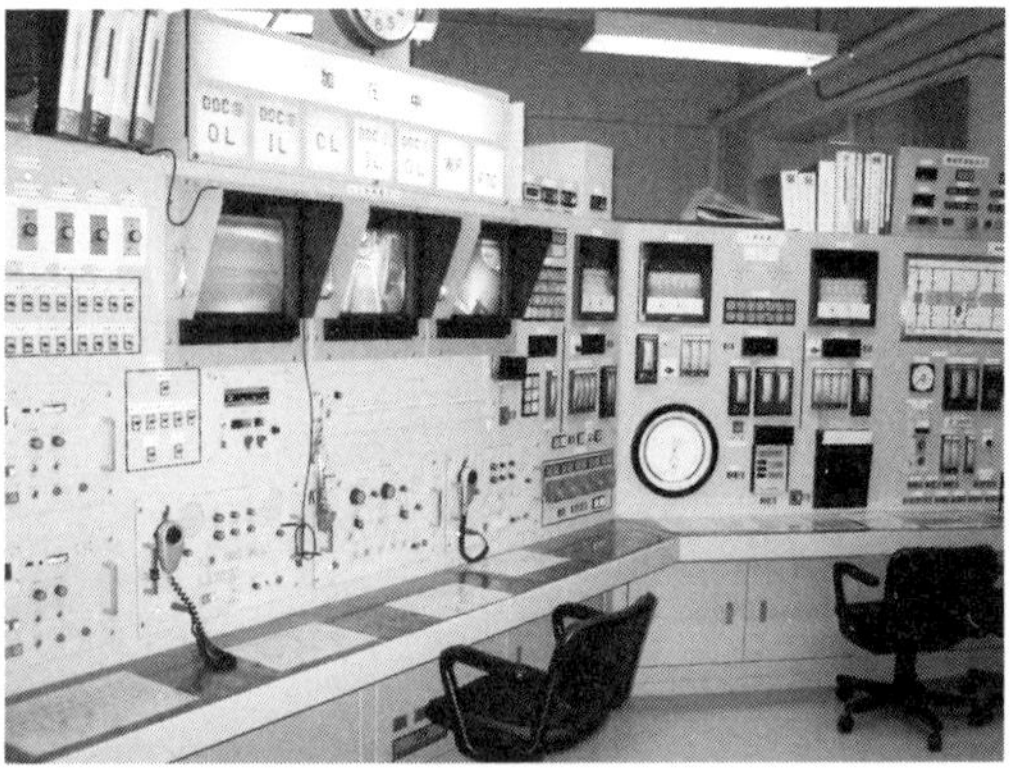

図 5-19　シミュレータの中央指揮所（MCC: main control console）（著者撮影）。

私企業によるこれら意外に早期の飽和潜水をリードしていったのは、海上自衛隊の潜水および潜水艦部隊から日本海洋産業（のちに住友海洋開発）に移っていった逸見隆吉と常広雅良らである。常広によれば、アメリカのＯＳＩ社（Ocean System Inc.）と提携することによって飽和潜水のノウハウを取り入れるとともに、可搬式の飽和潜水セットを建造して、商業ベースの飽和潜水を実施していったという。このことは、目的に向かっての民間の意志決定の迅速さと柔軟さ、さらには実行力を改めて認識させるものである。しかしながら、一連の潜水が本質的に私企業の活動であったがためか、その実績がメディアあるいは学術誌などを通して広く明らかにされることがなく、また公開の場で議論されることもなかったところから、知識経験の還元ないし普及あるいは深化という面からは、大きな限界があったことを否定できないだろう。なお、日本海洋産業は後年、飽和潜水から撤退したために、現在の日本における民間の飽和潜水能力は、昭和五十八年（一九八三）いわき沖で実施された一五〇メートルの飽和潜水から商用飽和潜水に参入したアジア海洋㈱が唯一有している。図5-20は同社の可搬式の飽和潜水システムの一部で、これを随時、船に搭載して飽和潜水作業を行う。アジア海洋によれば、欧米の潜水会社と相互に技術提携して潜水技術の向上に努めており、また、ダイバーを飽和潜水が活発に行われている欧州に定期的に派遣して欧州資格を取得させるなど、練度の維持向上を図っているとのことである。

◎窒素酸素ないし空気飽和潜水

これまで述べてきた飽和潜水のほとんどは、環境ガスおよび呼吸ガスともに基本的にはヘリウム酸素媒体であったが、ヘリウム酸素が高価であることから、ヘリウム酸素に代えて、窒素酸素ないしその特殊な形である空気を媒体とした、いわゆる窒素酸素飽和潜水という形態もあるので、それについても簡単に触れておこう。

その要点は単純にヘリウムの代わりに窒素を使用するだけであるが、その場合、次のような点に留意しておかねばならない。一つは窒素は麻酔作用が強いこと、

図5-20　可搬式の飽和潜水システムの一部。ベルが写っている（著者撮影）。

もう一つは密度が大きいために深く潜ると呼吸抵抗が著明に増加すること、の二点で、これらはいずれも窒素酸素を用いては深い飽和潜水ができないことを示している。飽和深度四〇メートル以上ではかなり強い窒素酔いの状態になる。その他に、窒素は体に溶けやすく生体からの半減時間が長いところから、ヘリウムに比べて減圧に時間がかかることもわきまえておかねばならない。

空気は窒素七九%、酸素二一%の構成をもった窒素酸素混合ガスの一つであり、他の窒素酸素とは異なり自然界にふんだんにあることから、最も安価なガスである。では、なぜ、わざわざ空気より高価な空気以外の窒素酸素混合ガスを考慮しなければならないのだろうか。その答えは酸素の割合にある。というのは、酸素分圧が〇・五気圧を超えると肺酸素中毒を来すことが明らかにされており、空気の酸素の割合二一%では深度二四メートルより深いところでは酸素分圧が〇・五気圧以上になってしまうからだ。したがって、二四メートル以深の飽和潜水では、酸素の割合を少なくした窒素酸素混合ガスを用いなければならない。もっとも、これは逆に言えば、二四メートル以浅であれば特殊な窒素酸素混合ガスを用いる必要がなく、安価な空気を使用しても差し支えがないことを示している。

そうすると、次のような疑問が浮かんでくるだろう。先に潜水深度が限られる、としたが、そうであれば、別に飽和潜水を用いなくとも通常の送気式潜水で十分ではないかと。しかしながら、例えば深度六〇メートルの送気式潜水を考えると、その深度まで潜った場合の実用的な許容滞底時間は大きく制限される。そこで、深度二〇メートルの空気飽和潜水を利用して、深度六〇メートルでの作業は飽和状態からのエクスカーションの形で行うことにすれば、個々のエクスカーションが無減圧潜水と同じになり、余裕をもって効率よく作業を行うことができる。これが理由の一つであり、頻度は少ないものの、この方式の飽和潜水が実際に用いられたこともある。

もう一つの窒素酸素飽和潜水を考慮しなければならない理由というのは、潜水艦救難のケースである。海底で行動不能状態になった潜水艦の内圧が上昇している場合、艦内の環境は基本的に空気なので、乗員の体は空気飽和潜水と同じように空気で飽和されていると考えてよい。そのため、潜水艦から乗員を救難した後も、そこから大気圧までは酸素分圧を許容限度内に下げるとともに、時間をかけて減圧する必要がある。そのときに、窒素酸素飽和潜水の状況が生じるのである。もっとも、高価な窒素酸素混合ガスを特別に用意しないで、救難艦に搭載しているヘリウムを用いて対処しても、加圧状況などを工夫すれば何とかなるのではないか、という意見もある。

窒素酸素飽和潜水の試みは散発的に行われているが、減圧に関する明瞭な理論構成をもった本邦最初の窒素酸素飽和潜水実験は、昭和六十二年（一九八七）に海上自衛隊潜水医学実験隊で実施されている。[*37]これは後述する潜水艦救難を想定した実験で、飽和深度は四〇メートルに達するものであった。

また、ここで混乱を防ぐために次のことを記しておきたい。窒素酸素混合ガスは窒素（nitrogen）と酸素（oxygen）からナイトロックス（nitrox）とも言われ、スクーバ潜水などでもよく使われている。しかし、ここに記した窒素酸素混合ガスは長期間にわたる飽和潜水における肺の酸素中毒を防ぐために酸素の割合を少なくしているのに対し、スクーバ潜水で用いられているナイトロックスは呼吸する窒素の割合を少なくして窒素酔いの軽減と減圧時間を短くすることに主眼が置かれているために、酸素の割合は逆に高く設定されている。このように同じナイトロックスという言葉を使用しても、その意味が大きく異なっていることに注意しておいてほしい。それを区別するためか、スクーバ潜水に用いられるナイトロックスにはエンリッチド・エア（enriched air）という言葉が使われることがある。意訳すれば、酸素添加空気とでもなろうか。もちろん、酸素添加空気を用いた潜水は右に記した利点ばかりではなく、中枢神経の酸素中毒に罹患しやすいという欠点を有していることを知っておかなくてはならない。

◎深度への挑戦

先に飽和潜水の発展の項で記したように、一九六〇年代後半から一九八〇年代にかけて飽和潜水の実用化に目途がつき、海底油田などで実際に広く用いられるようになったが、潜る深さは二〇〇メートル前後以浅がほとんどであった。しかしながら、より深く潜ろうとする動きが出てくるのは当然のことで、一九七〇年代以降、深度三〇〇メートル以深の飽和潜水実験が、主に米英仏にノルウェーを加えた四カ国の海軍や大学あるいは私企業の実験装置を用いてなされるようになった。

それらすべてについて触れるのは不可能なので、ここでは飽和潜水の深度記録を更新した著名な二つのプログラムを簡単に紹介しておこう。

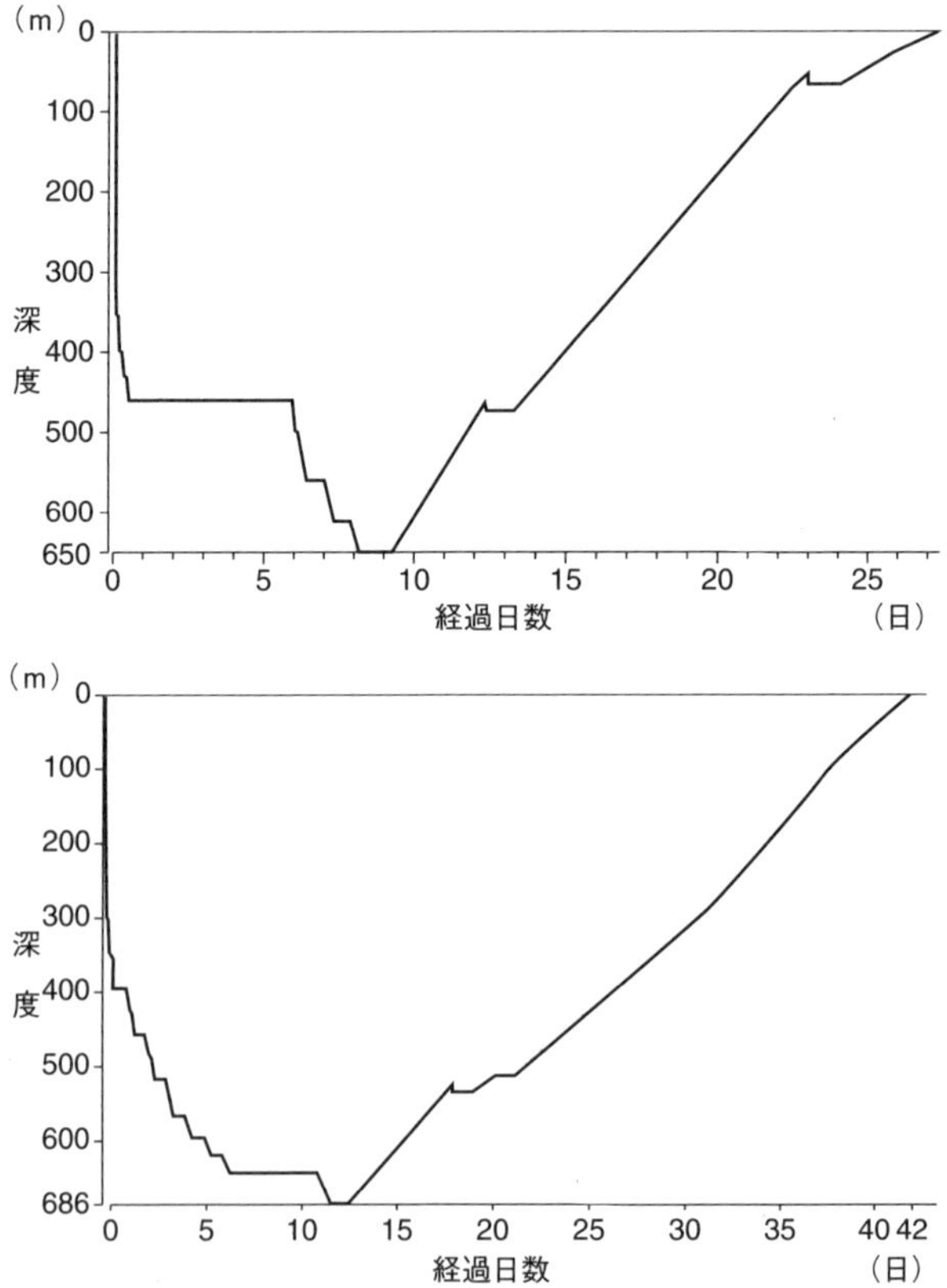

図 5-21　アトランティス計画の加減圧プロファイル（Bennett 1981[*38] & 1982[*39] を改変）。

…アトランティス計画…

その一つは、米国デューク大学のベネット（Peter B. Bennett）が主導して行ったアトランティス（Atlantis）計画と呼ばれるもので、アトランティスⅠ、ⅡおよびⅢと名付けられている（図5-21）[*38,39]。この実験の主目的は、高圧神経症候群を軽減するためにヘリウム酸素の中に窒素を混入させた三種混合ガスを用いることに意味があるかどうかを明らかにすることと、高密度ガスが呼吸に及ぼす影響を把握することであった。一九七九年と八〇年に行われたアトランティスⅠとⅡは、同じ飽和潜水四六〇メートルに達するまでは同じ加圧スケジュールに従った実験で、窒素濃度をそれぞれ五％と一〇％に変えてその変化を見たものである。なお、四六〇メートルに達した後、アトランティスⅠではそこから深く潜ることなく大気圧まで減圧したのに対し、Ⅱではさらに六五〇メートルまで加圧した後に大気圧まで減圧浮上しており、高圧下の全曝露時間は二七日間に及ぶものであった。しかし、窒素濃度を変えた結果は判然としたものではなく、高圧神経症候群を軽減するためには加圧速度を遅くする方がより効果的なのではないかと考え、今度は加圧速度を半分にし、かつ窒素濃度を一〇％にしたアトランティスⅢ実験を行ったのである。この実験は深度六八六メートル（二二五〇フィート）に達し、高圧下での総曝露時間は四八日間に及ぶものであった。減圧には途中減圧症の疑いのある症状が出現したこともあって、およそ三〇日を要している。このときの深度六八六メートルの記録が、次に述べるフランスの挑戦に至るまで世界の記録であったわけだ。

ところで、実はこのアトランティス計画は到達深度をさらに深めるべく、引き続いてアトランティスⅣが行われたのであるが、被験者の状況が実験に耐えられなくなり、六五〇メートルに達したところで引き返している[*40]。すなわち、三名中一名が五〇〇メートルを過ぎたあたりから譫妄《せんもう》（精神混濁）、不眠状態となったがために六五〇メートル以上の加圧を中止して浮上している。より具体的には、幻聴幻視を含む興奮状態や誇大妄想が出現、腱反射も亢進し、抗不安薬であるジアゼパンを一日あたり一二〇ミリグラム、あるいは抗精神病薬であるクロールプロマジンを同じく一〇〇ミリグラム投与して（いずれもかなりな量である）何とか大気圧状態にまで戻っている。その後も軽躁状態などが続いたが、半年後には特に異常を認めず現在に至っているという。

最近その実験に参加した被験者の生の声を直接聞く機会があったが、学術雑誌を読んで得られるよりもはるかに生々しい印象を受ける。例えば、呼吸が苦しく食事をするのも困難だった（筆者注・主に呼吸抵抗の増加のためである。走りながらものを食べる場合の苦しさを想像されたい）、指を開こうとしても関節がギシギシと引っかかる感じがする、など、ありとあらゆる不愉快な経験をし、被験者になるのは二度とご免だ、自分は若くてバカだった、などと述べている。ちなみに、被験者がこの実験から得た報酬は深海潜水用の腕時計一個とごく僅かの現金である。意外かも知れないが、この実験に関する限り、お金でもって被験者を募るのは好ましくない、と見なされていたがためらしい。

ここで、少し補足しておきたいことがある。自然科学に携わる人の通常のセンスでは、物事の影響を見る場合、他の条件を同じにしたうえで結果を比較し統計的に検定するのが常識であろう。そうすると、ここに記したように、統計的検討には到底耐えられないような少人数の被験者を用い、しかも途中でプロファイルを変えたりすることは、言語道断に感じられるかもしれない。しかしながら、飽和潜水をはじめとする潜水実験では、要する費用や時間が莫大になるとともに、被験者に及ぼす悪影響を最小限に抑えなければならないこともあって、実験者の立場から見て理想的な実験を行うことは、多くの場合ほとんど不可能であることを理解しておいていただきたい。

：ＨＹＤＲＡ計画：

本題に帰って、深度に対する次の挑戦は、Companie Marseillaise d'Exploitation（マルセイユ開発会社）の文字から名付けられたフランスのコメックス（ＣＯＭＥＸ）と呼ばれる潜水会社によってなされることになった。異能の企業家でありダイバーでもあるドローズ（Henri G. Delauze）によって設立されたコメックス社は、私企業とは思えないほど大規模かつ多岐にわたる活動を潜水の分野において活発に行っているが、その一つとして、先に記したところのスウェーデンで手が着けられた水素を用いた潜水を飽和潜水に導入しようとしたわけだ。そしてマウスや猿を用いた一連の動物実験ののち、一九八三年七月、ドローズは実海面で人を被験者としたＨＹＤＲＡ Ⅲと名付けられた実験を行おうと決意し、マルセイユ沖で深度九一メートル（三〇〇フィート）の水素酸素潜水を実施したのである。

ＨＹＤＲＡ計画はその後も着実に前進し、一九八八年に行われたＨＹＤＲＡ Ⅷ計画で六人のダイバーが実海面で深さ五三四メートル（一七五二フィート）に達する潜水を実施している。次いで、一九九二年にはＨＹＤＲＡ Ⅹ計画として、陸上のチャンバーを用いて三名のダイバーによる前人未踏の七〇一メートル（二三〇〇フィート）相当圧力に達する模擬潜水実験を行っているが、これが現在に至るまでの世界最深記録である（図5-22[41]）。その潜水プロファイルは、次のようになっている。すなわち、当初一〇メートルまで加圧してそこに二日間滞在し、ついで六七五メートルまで一三日間かけて加圧、六五〇～六七〇メートルで三日間滞在、その間に一度、世界記録となる七〇一メートルへのエクスカーションを行っている。そして、大気圧までは二四日間をかけて減圧し

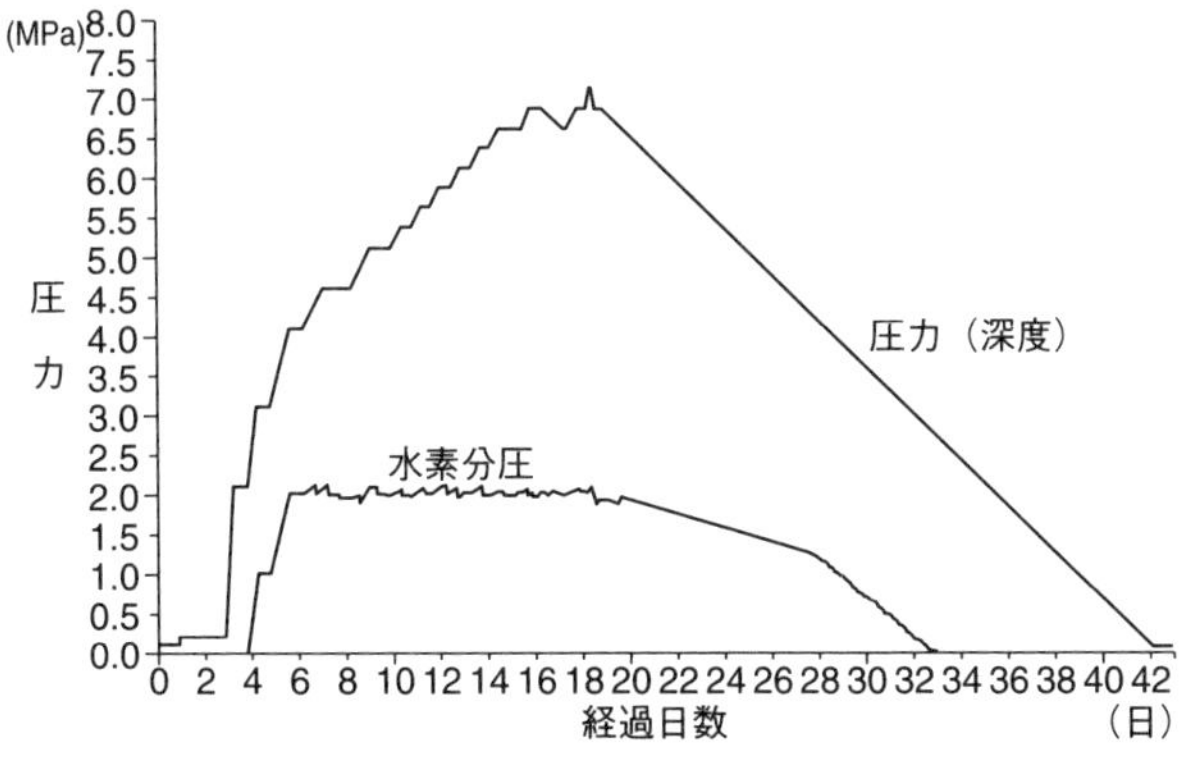

図5-22　ＨＹＤＲＡ計画における加減圧プロファイル（Gardette 1993[39]を改変）。

ている。圧曝露を受けていた期間は総計四十二日に及ぶ。

この一連の水素酸素計画を通してコメックスのグループは、次のような結論を得ている。水素には窒素ほどではないがヘリウムよりも強い麻酔作用があり、望ましい水素分圧の上限は二・五ないし二メガパスカルであろうこと、また、麻酔作用があるためか、ヘリウム酸素よりも水素酸素の方が高圧神経症候群の症状を軽減する可能性があること、さらに、ガス密度が低いために呼吸抵抗がヘリウム酸素に比較して小さく、深い深度の呼吸ガスとしてよりふさわしいこと、などである。特に、最後の呼吸抵抗が少ないことは、深い深度の飽和潜水を行ううえからは大きな利点になると思われる。実際にその後に行われた二〇〇メートル前後の飽和潜水におけるヘリウム酸素と水素を用いた場合との比較では、若干、客観性に疑問が残るとはいえ、この程度の深さの潜水でも水素を用いた方の作業能率がよかったという報告がある。[*42]

また、深度とは直接の関係はないが、コメックス社では Helium In - Hydrogen Out と名付けた水素の使用法を提唱している。[*42] 水素を用いることによる呼吸抵抗の軽減がより切実に要求されるのは、潜水呼吸器を着けて海中で活動しているときであることから、水素はベルの外に出て活動しているときに限り、そのほかの場合、すなわちベルや減圧室の中では従来どおりヘリウムを使用する、というものだ。こうすることによって、水素の使用を単純化でき、水素を使うに当たって加えなければならない改造費用等を最小限に抑えることができる、としている。

◎飽和潜水の今後

右に記したように深度七〇〇メートルを超える潜水も飽和潜水の手法を用いることによって可能であることが実証されたが、一方で、飽和潜水のあり方に対する根本的な問い直しが出現していることも事実である。

…ダイバーの健康…

一九八三年ノルウェーで開催された長期的観点から見たダイバーの健康に関するワークショップにおいて、二五〇メートル以深の潜水は慎重に行うようにする暫定的な合意点が見出され、[*43] さらに一九八九年、英国ロイヤル・ソサイアティの医学会誌二月号の劈頭《へきとう》に「潜水は業務か生理実験か？」と題する論説が掲載されるなど、[*44] 飽和潜水で深く潜ることに対して強い懸念が示されている。これらの背景には、人権意識の高まりに加えて、深度三〇〇メートルを超える相当圧力までダイバー（被験者）を加圧する飽和潜水模擬実験が当時まで比較的頻繁に実施されていたこと、およびその実験に参加した一部のダイバーが潜水後に体調の不良を訴えて裁判沙汰になっていたことなどがある模様だ。結局、ダイバーの訴えそのものには実験との明白な因果関係は認められなかったとされたが、欧米の関係者の間でこのことが大きな議論の的となったことは間違いない。たとえ明らかな因果関係は認められなかったにせよ、長期的な観点からは、深深度の潜水がダイバーに悪影響を及ぼしている可能性は否定できない、と考える人が多くなってきた。例えば、高圧曝露されたダイバーの脳波に見られるθ《シータ》波は、もしこれが大気圧で出現したら、そのまま見過ごすことは許されないほどの異常であるが、このような異常所見がダイバーにとって本当に大丈夫か、と問われたら、確信をもって答えられる人はいないだろう。

このように、潜水がダイバーの健康ないし安全に及ぼす影響の観点から、深い潜水を行うことに慎重になっているのが現状だが、それらは次の二つに大きく分けることができると思う。

一つは、圧力そのものがダイバーの細胞に影響している場合で、脳波上θ波が認められることのある高圧神経症候群は、その代表的なものである。高圧神経症候群が発生する一つの考え方として、圧力そのものが細胞に働き細胞を圧縮することによって症状が出現しているのではないか、という捉え方があるが、もしそうであれば、たとえ大気圧に復帰後、脳波を含む異常所見が認められないからと言っても、何らかの潜在的影響を残している可能性は皆無ではない。また、飽和潜水では重症の減圧症はほとんど認められないが、深い深度からの減圧によって骨壊死《こつえし》や肝機能障害を引き起こす可能性も否定できない。

もう一つの要因は、呼吸である。ヘリウムの密度は窒素の七分の一であるが、それでも深く潜った場合は密度が増加し呼吸抵抗が増える。先にフローボリューム曲線の項で記したように、深い深度ではガスを呼出する速度が、力いっぱい呼吸した場合でも通常の呼吸時とそれほど変わらなくなってしまう。つまり、余裕が少なくなるわけだ。したがって、理想を言えば、深い深度に潜るときは、密度がヘリウムの半分の水素を用いる方が望ましいわけで、実際に双方を比較してみると、水素を用いた方が作業能が高かったことは前述したとおりである。

ヘリウムを用いて深深度に潜り、しかも海中に出て作業をする場合は、慎重のうえにも慎重を期すべきである。

…他の手段の発展…

ところで、飽和潜水で深く潜ることに疑問が出されてきたことには、別の側面もある。というよりも、こちらの方が大きい要因かもしれない。それは近年のテクノロジーの進歩だ。その進歩によって、以前に比べてはるかに使い勝手のよい海中工作機械が多数出現してきている。さらに有人無人の潜水艇、あるいはまた後述する大気圧潜水器の発展も、目を見張るものがある。それらを駆使すれば、人があえて高圧下の冷たい海中に身体を曝露させなくとも、要求される作業のかなりの部分を遂行することがすでに可能になってきている。現に、以前は飽和潜水に頼ることが大きかった北海油田でも、人が実際に潜ることはめっきり少なくなってきた。いわば、テクノロジーの進歩が飽和潜水を高度なものにしたのと同様に、ややタイムラグを置いて飽和潜水の必要性を小さくするようにも働いている、という皮肉な結果を招いているのである。

では、飽和潜水を行う必要性は消滅するのであろうか。たしかに、最近のテクノロジーの発展はすさまじく、人の存在できないような場所で働く極限ロボットの性能も日々向上してきている。したがって、人間と同じように柔軟に繊細に多目的に機能するロボットが出現すれば、人がわざわざ水の中に入っていく必要はなくなるだろう。

しかしながら、いま現在のところでは、ロボットの性能にも大きな制約があり、大気圧潜水器を用いた場合の効率も、深度を別にすれば人よりもはるかに劣るのが実状である。現に、二〇〇〇年八月十二日、バレンツ海で沈んだロシア潜水艦「クルスク」のハッチを開放して内部を確認したのはノルウェーの飽和潜水チームであることからも推測できるように、人の能力は侮りがたいのである。大気圧潜水器の造詣が深いハリス（Gary L. Harris）が大気圧潜水器に関する著作の中で、「人間ほど手先が器用で敏捷《びんしょう》、さらに変化への対応性にも優れる大気圧潜水器やロボットは、私が生きている間には出現しないだろう」と記していることも肯けるだろう。*45

また、それほど深くない潜水でも、飽和潜水の方が、通常の潜水よりもはるかに安全に容易に作業を実施できることも考慮しておかねばならない。例えば、先に触れた深度一一〇フィート（約三六メートル）の海に墜落したＴＷＡ航空機の捜索救難潜水作業を見てみよう。そこでは、およそ二二五人の海軍のダイバーと一五〇名の民間ダイバーが総計三九九二回のスクーバ潜水と七五二回の送気式潜水を行っているが、減圧時間を長くしたにも拘わらず、〇・三％の頻度にのぼる減圧症罹患者を出している。*46 この浅さでは飽和潜水装置を運用しにくいという意見もあるが、それはさておき、これをもし飽和潜水で行ったとすれば、少なくとも減圧症に罹患することはほぼ皆無に抑えられたのではないかと思う。

このようなところから、飽和潜水の能力を有しておくことのメリットはテクノロジーの進歩のため以前ほどではないが、それでもなお十分あると思われる。

…潜水深度…

では、どの程度の深さまでの飽和潜水が、日常的に可能であろうか。以下はあくまで暫定的な私見であるが、筆者は二〇〇メートル以浅であれば、それほど大きな問題はなく実施できるのではないかと考える。というよりも、大気圧潜水や潜水艇に比べても、むしろ効率よく潜水作業を行うことができると言ってもよいのではなかろうか。三〇〇メートルを超える飽和潜水はかなり慎重に対応した方が賢明だろう。深い潜水を行う必要性を十二分に検討し、その必要性が高い場合のみに限定しておいた方がよいのではないかと思う。

その理由は、先に述べたことと重複するが、やはり高圧神経症候群と呼吸である。明らかな高圧神経症候群の症状は二〇〇メートルを超えて出現することが多く、二〇〇メートル以浅では出現したとしても軽微である。ダイバーに与える不快感も少なくてすむ。三〇〇メートルになると、人によってはかなりな程度の高圧神経症候群の症状に見舞われることがあるのに加えて、呼吸の余裕も少なくなり、さらに味覚なども異なってくる。もちろん、模擬潜水では三〇〇メートル以深の潜水も大きな支障なく実施されているが、実海面ではより大きな余力を残しておいた方が望ましい。

このように、飽和潜水の運用に当たっては慎重な対応が求められるが、逆に飽和潜水の適応が拡大している動きもあるので、ぜひ触れておきたい。というのは、浅い深度、例えば五〇メートル程度の潜水であっても、気軽に飽和潜水を用いる傾向が欧州を主として認められるからだ。これまでの話からすると、五〇メートルというのは浅い潜水の印象をもたれるかもしれないが、ダイバーの体から見ると、それほど容易な潜水ではない。現に通常の送気式潜水では、五〇メートル以深になると実用的な観点から許容される滞底時間は短くなる一方で減圧時間は長くなり、減圧症への罹患率も増加してくる。*47 一言で言えば、ダイバーに加わる負担は大きくなる。ところが、その深度の潜水を飽和潜水を用いて行うと、滞底時間の制限が大きく緩和されることから潜水の効率は著明に向上し、しかも主として減圧の面からダイバーにかかる負担は少なくなるという一石二鳥の効果がある。とはいっても、もちろんそのためには、飽和潜水にかかる経費が少なくなければならない。欧州では先に一部触れたように、北海油田などでの活動を通して省力化の進んだ洗練された方法が取り入れられているので、比較的浅い潜水でも飽和潜水が十分成り立つらしい。

ところで、飽和潜水では三〇〇メートルという深度が一つの基準としてよく引き合いに出されるが、その数字を用いること自体には何ら生理学的な必然性がないことを知っておいた方がよい。むしろ、それは単に一〇〇〇フィートが約三〇〇メートルに相当することから、欧米で半ば自然に、と言うか、ある意味では、むしろ人為的に設定された当初の到達目標であった側面が強い。

第6章 バウンス潜水

バウンス潜水（bounce diving）も聞き慣れない言葉である。これは飽和潜水の発展に伴って出現してきた新しい用語で、飽和潜水とは対照的に、文字どおり球が弾むように急速に潜り、素早く浮上する潜水を指して使われる。[*1] もちろん、そうは言っても、減圧症に罹患するほど速く浮上してよいものではなく、あくまで規定の減圧速度に従って浮上するわけで、そうすると、減圧プロファイルからは送気式潜水もバウンス潜水と変わらなくなってしまう。したがって、広い意味では送気式潜水をバウンス潜水に含めることもあるが、両者を別の潜水として扱うことが多い。では、狭義のバウンス潜水という潜水は、なぜ出現したのだろうか。また、どのような潜水を指すのだろうか。以下に示すことにする。

なお、バウンス潜水を短時間潜水と称する向きもあるが、英語圏の用語ではバウンス潜水に短時間の意味はない。また、実際の潜水も日余に及ぶことがあり、常識的に見てとても短時間の潜水ではない。バウンス潜水を短時間潜水と称した背景には、バウンス潜水が飽和潜水と同時期に導入されたという事情があったらしい。たしかにバウンス潜水は飽和潜水に比較すれば短時間の潜水であるが、バウンス潜水という言葉は広義の意味で使われることもあり、飽和潜水と比較する必然性は必ずしも高くない。したがって、それを短時間潜水と呼ぶことは適切ではないだろう。

◎バウンス潜水の出現

狭義のバウンス潜水は、先に記したように飽和潜水が実用化されるに従って、いわば必然的に出現してきた潜水方法である。例えば、いま深度一〇〇メートルの海底に実際の作業時間五〇分を要する仕事があるとする。送気式潜水で一〇〇メートルの深さに潜ることは不可能ではないにせよ、ダイバーが耐えられる水中の減圧時間のことを考えると、許容される滞底時間はせいぜい一〇分、実際の作業に使えるのはどんなに無理をしてもせいぜい五分であろう。そうすると、この作業を終えるのに単純に加算しても一〇人のダイバーが潜らなければならないことになる。しかも、同時に一〇人が潜るのは不可能ではないにせよ、通常、一度に潜ることはないので、三～四日あるいはそれ以上かかってしまう。減圧症に罹患する懼《おそ》れもあるので、ダイバーの健康も心配だ。一方、同じ作業を飽和潜水で行おうとすると、飽和深度を八〇メートルに設定し一〇〇メートルまではエクスカーションで潜るにしても、減圧に一〇日弱かかってしまう。つまり、滞底時間が五〇分前後の場合も、それが二四時間以上にわたるときと同じだけの減圧時間が必要になってしまい、効率がいいとは言えなくなるのである。

ところで、先に滞底時間五〇分、深度一〇〇メートルの送気式潜水を通常の方法で行うのはほとんど不可能である、と記したが、その主な理由は一〇時間以上に及ぶことも少なくない水中の減圧時間にある。しかし、その減圧時間を水の中ではなくて、濡れた潜水服を着替えてトイレを備えた減圧室の中で過ごすことができるのなら、話は別になる。水の中で過ごすことに比べれば、はるかに快適だ。

そうすると、飽和潜水装置を設置した船を用いて潜水をする場合、船には減圧室が当然設けられているので、そこでダイバーは潜水服を着替え、乾いた状態で減圧時間を過ごすことが可能になるわけだ。そのようなところから、バウンス潜水の概念と実際の潜り方の開発が、飽和潜水とともに出現してきたのである。

◎バウンス潜水の実際

飽和潜水装置を用いたバウンス潜水は、次のようにして行われる（図6-1）。本格的な飽和潜水装置を用いない場合も、大同小異である。

まず、ダイバーは内部が大気圧状態のベルの中へ連結管を通って入り、ベルに二つあるハッチのうち、飽和潜水とは異なって外側のハッチを閉める。次いで、ベルをアンカーに繋がった索に沿って海中に降下させる。そうすると、ベル内部の圧力は大気圧なのに対し、ベルの外は海中の圧力になるので、ハッチは外からベルに押しつけられる。そして、ベルを作業する近傍の海底よりもやや浅いところまで降下し、そこでベルに付いている小さな窓を通して外部を観察する。もし、観察の結果、ベルから外に出な

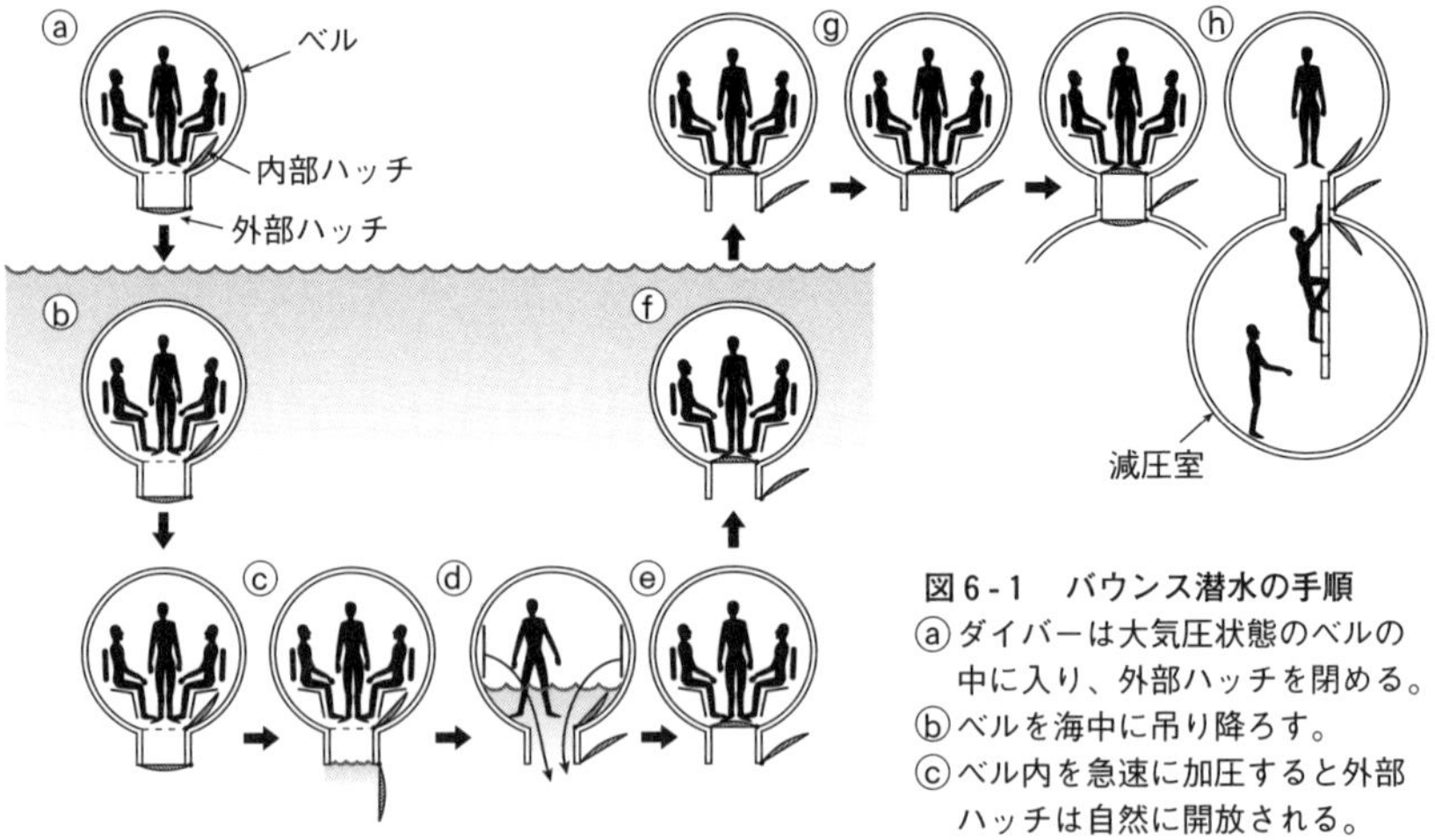

図6-1　バウンス潜水の手順

ⓐダイバーは大気圧状態のベルの中に入り、外部ハッチを閉める。

ⓑベルを海中に吊り降ろす。

ⓒベル内を急速に加圧すると外部ハッチは自然に開放される。

ⓓベル内を少し減圧して海水をベル内に入れ、ダイバーは泳ぎ出すように海中に進出し作業を行う。

ⓔ海中作業が終了するとダイバーはベル内に帰還し、ベルの内部ハッチを閉める。

ⓕベルを上昇させる。その際、減圧時間を抑えるためにベル内を適宜減圧していくことがある。

ⓖ浮上したベルを移動し、減圧室に連結する。

ⓗベルと減圧室の圧力を均等にし、ハッチを開いてダイバーは減圧室に移動する。なお、ベルを上昇させながら、所定のスケジュールに従ってベル内を減圧していくと、速やかに減圧できる。

くてもすむことが判明したら、そのままベルを引き揚げればよい。ちなみに、このようにダイバーが大気圧状態のベルの中に入って潜降し、ベル内部の圧力は大気圧のまま外部を観察する潜水を「観察潜水（observation diving）」という。

逆に、潜る必要があると判断したときは、ベルの深さを最も潜りやすい深さに調整する。水平位置を調整することはそれほど容易ではないが、もしベルがかけ離れた位置にあるのなら、躊躇《ちゅうちょ》せずにやり直した方がよい。バウンス潜水は飽和潜水と異なって滞底時間が厳しく制限されるので、できるだけ潜りやすい状態から潜るのが望ましいからだ。

さて、次はいよいよダイバーがベルの外に出て実際に潜る番だ。テンダー（ダイバーをサポートする要員）はベルの中でこれから潜っていくダイバーに潜水呼吸器を装着し、不具合のないことを確かめる。温水の供給量も調節する。交話チェックなども行い、すべての準備が完了した後に、ベルの中をヘリウム酸素混合ガスを用いて急速に加圧する。準備完了後に加圧するのは、滞底時間を最小限に抑えるためだ。また、飽和潜水の章で記したのと同様、ベル内に局所的な低酸素状態が生じないように、加圧するガスは酸素を含んだ混合ガスを用いる。加圧操作によってベル内の圧力が外界の圧力よりも大きくなれば、ベルを外から押さえつけていたハッチは自然に開き、海中に宙ぶらりんになる。その状態のままダイバーが外に出て行ってもいいが、ホースが絡んだりすることがないように、できればハッチをベルの外に固定したい（重いハッチの場合はそのままにする）。

海中に出たダイバーは、所要の作業を終えると速やかにベルの中へ帰還する。テンダーはダイバーをベル内に収容し、閉鎖面に物を挟んだり傷つけたりしないように十分気をつけながら内部ハッチを閉鎖する。そして、ハードウェアによって細かい手続きは異なるが、ベルを少し上昇させて、ガスの異常な漏れがないことを確認したのち、ベルを水面まで引き揚げる。ベルを引き揚げる際、ベルが海中にあるときからベル内のガスを排気できるような構造になっていると、ダイバーを取り巻く環境の圧力を速やかに下げることができるので、滞底時間を最小限にとどめ、減圧時間を短くすることが可能になる。

次いで、ベルを船上に移動し、あらかじめ所定の圧力に加圧されている減圧室に連結する。そして、ベル内部を徐々に減圧するとともに連結管は加圧し、両者が減圧室の圧力とほぼ等しくなったところで均圧弁を開き、ベル、連結管および減圧室の三者の圧力を同一にする。そこで、ベルと減圧室のそれぞれの内部ハッチを開き、ダイバーとテンダーは減圧室に降りて来て、残りの減圧時間を過ごすことになる。こうすれば、長時間に及ぶ減圧も海の中とは比べものにならないくらい快適に過ごせるので、長い減圧時間を要する潜水が実用的な観点からも可能になるわけだ。

以上がバウンス潜水の概要だ。この方法を用いることによって、飽和潜水を行うほどではないが、通常の送気式潜水では困難な潜水作業も比較的容易に実施することができるようになったのである。

◎呼吸ガス

ところで、減圧中のダイバーは、そのまま減圧室の中のガスを呼吸して過ごすことは少ない。不活性ガスの排出を促進する目的で、ビブス（BIBS: built-in breathing systems）といわれる減圧室の壁に組み込みの装置からマスクを介して、純酸素や酸素分圧の高い混合ガス、あるいは空気や窒素酸素混合ガスなどを呼吸することが多い。そこで、この機会にそれらのガスをなぜ用いるのか、用いる場合には何に注意しておかなければならないか、などを記すことにしよう。図6-2に一つの例として、バウンス潜水の潜水プロファイルを使用ガスとともに記しておく。

もちろん右に記したガスは、バウンス潜水に限らず他の潜水でもよく使用されており、バウンス潜水に用いるからといって、ガスそのものに変化があるわけではない。したがって、以下に示すことは、バウンス潜水のみならず、潜水全般においても言えることである。なお、以下の記述は減圧、言い換えれば不活性ガスの排出に主眼を置いたものであることをお断りしておく。例えば、酸素は不活性ガスの排出を促進するのみならず他にも様々な働きを有するが、それらはすべて割愛する。

…酸素を用いた不活性ガス排出の促進…

酸素を呼吸することが減圧症の予防と治療に有効なことは、広く知られている。減圧症の予防の面からは、酸素呼吸によって不活性ガスが体内から排出される速度を促進し、減圧症を惹き起こす原因となっている過剰に体内に溶けた不活性ガス、すなわち過飽和不活性ガスの量を減少させることが、酸素を用いる理由である。減圧症の治療については、減圧症の原因をなしている気泡の縮小消失の速度を速めることがその上に加わる。いずれの場合も、酸素を呼吸すると呼吸ガスの中に不活性ガスが含まれないことになるので（もっとも、通常はマスクの装着の善し悪しによって、ある程度からかなりの量までの不活性ガスが含まれるが）、その分、生体内から呼吸ガス中に移行する不活性ガスが増加するのが、基本的なメカニズムである。

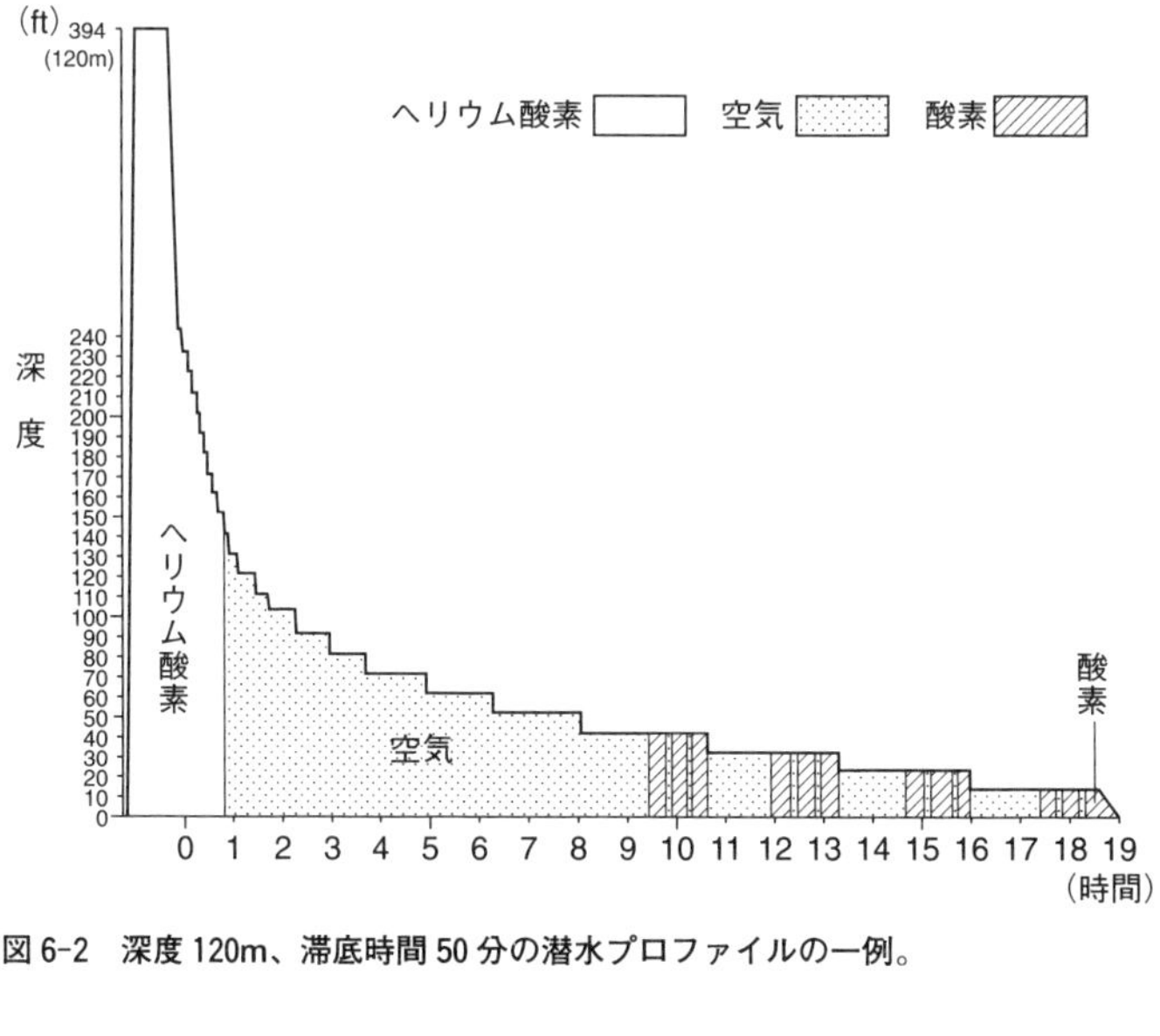

図6-2　深度120m、滞底時間50分の潜水プロファイルの一例。

すると、生体内からの不活性ガスの排出を最大にするためには常に純酸素を呼吸すればよいではないか、と言われるかもしれないが、それは次に述べる酸素中毒のために、深度が深く環境圧力が高い場合は不可能になる。そのときのために、酸素をいわば不活性ガスで希釈した他の混合ガスや空気を用いるのである。

⁝酸素中毒⁝

それがなくては人が生存できない酸素にも、酸素中毒として知られる毒性作用がある。酸素中毒は生体のどの組織にも生じ得るが、潜水において考慮しなければならないのは中枢神経と肺である。

脳などの中枢神経の酸素中毒は、次に述べる肺の酸素中毒に比較してより高分圧の酸素により短い時間曝露されることによって発生する。症状としては吐き気などの漠然としたものから、より特徴的なものとして唇周囲の筋肉の細かい収縮、視野の狭窄《きょうさく》、さらに痙攣《けいれん》発作などが挙げられる。重要なことは、痙攣発作が前駆症状を伴わず突然出現することが多いことだ。ということは、発症してからの対処を考えることよりも、予防が重要であることを意味する。そこのところからか、中枢神経の酸素中毒を来さない許容酸素分圧についての議論が活発である。

米海軍のハラビン（A.L. Harabin）によれば[2·3]、中枢神経の酸素中毒を起こす可能性が皆無である酸素分圧の上限は一・三気圧であろうとしている。しかし、この値は厳密な統計的検討から導き出したものであるものの、あまりにも厳しすぎるのではないかとして、上限を一・四〜一・六気圧に置くものが多い[4]。そして、潜水の形態によって上限を使い分ければよいのではないか、というのである。

もし、スクーバ潜水中に痙攣発作が起これば、水中で呼吸ができなくなるためにほぼ間違いなく死に至る。逆に、ヘルメット潜水の場合ならば、痙攣発作を起こしたとしても、それが直ちに死につながるというわけではない。現にフランスのアンベール（J.P. Imbert）との私信（一九九九年）によれば、正確な酸素分圧の記載はないものの、純酸素を呼吸しながら水中減圧を行っていた四万五〇〇〇例中、三例の痙攣発作が認められているが、いずれも生命に別状はなく、大きな問題にはなっていない。

以上のことを考えれば、レジャーとしてのスクーバ潜水では、厳しい一・三ないし一・四気圧を許容酸素分圧の上限とするのが望ましく、一方、より安全な送気式潜水では一・六気圧を上限としても許されるのではなかろうか。[*5]

もう一つの酸素中毒は、肺のそれである。これは中枢神経の酸素中毒と異なって、より低い酸素分圧に長時間曝露されることによって生じる。従来は肺活量の減少を指標として肺酸素中毒を扱ってきたが、海上自衛隊の鈴木信哉は、より鋭敏な肺の拡散能（肺胞の壁を通してガスが拡散する能力。肺胞壁の障害の程度を表す）を指標とした検討を加えた結果、〇・五気圧という低い酸素分圧でも長時間にわたって曝露された場合は一過性の障害を肺に与えることを明らかにした。[*6]

そうすると、バウンス潜水における減圧時間は、従来の送気式潜水とは比較にならないほど長く、その間、高い酸素分圧に曝露されることになるので、肺への配慮が必要になってくる。同一のダイバーが繰り返してバウンス潜水を行うことは避けた方が賢明だろう。

…ガス変換法…

バウンス潜水では、減圧途中に呼吸ガスをそれまでのヘリウムを主体としたガスから、窒素とヘリウム、あるいは窒素を主体としたガスに変換し、最終的には純酸素に切り替えることが多い。純酸素を呼吸することは、先に記したとおり不活性ガスの排出を促進するためであるが、窒素を含んだガスに切り替えることも、不活性ガスの排出を促すためである。そこで、なぜヘリウムから窒素に切り替えることによって不活性ガスの排出速度を速めることができるのか、簡単に記すことにしよう。なお、呼吸ガスを純酸素に切り替えることも広い意味ではガス変換に含められるかもしれないが、普通はヘリウムから窒素に切り替え、さらに酸素に移行して減圧する方法を指して、ガス変換法（gas switching method）という言葉が使われるようだ。

考え方の骨子は、不活性ガスが生体内へ取り込まれたり排出されたりする速度がガスによって異なることを利用しようとするものだ。ガスの移動速度は半減時間あるいは半飽和時間として表され、短い値をもつものほど移動速度が速い。古典的減圧理論に基づいてヘリウムと窒素を比較すると、ヘリウムの方が窒素に比べてはるかに速やかに溶け込みかつ排出される。そうすると、減圧途中でヘリウムから窒素に変換した場合、ヘリウムが急速に排出されるのに対し、窒素の取り込みは緩やかで、その結果、生体内の二つのガスの総和は、ヘリウムをそのまま用いて減圧したときよりも少ないことになる。言い換えれば、より急速に減圧しても大丈夫なわけだ。

これがガス変換法の基本だ。明快かつ単純な考え方で、当然といえば当然の考え方である。しかし、この考え方が最初に紹介されたときは一種センセーショナルな衝撃を与えたので、その折のエピソードを示しておこう。[*7]

このアイデアを最初に思いついたのは、スイスの数学教師ケラー（Hannes Keller: 図6-3）で、一九五八年ごろのことである。彼はチューリッヒ大学の生理学者のビュールマン（A.A. Buhlman）とチームを組んで実験潜水を始め、一九六〇年には加圧タンクに連結された水槽を用いて、当時としては驚異的な八三〇フィート（約二五三メートル）の深さ相当の圧力まで潜り、しかも通常よりもはるかに短い減圧時間で浮上してきたのである。彼自身はそのときのガス組成を明らかにしていなかったが、ここに記したようなガス変換法を用いてこの驚嘆すべき潜水を成し遂げたわけだ。[*8]

その後、彼は秘密にしておいたいくつかのガス組成と自らコンピュータ計算した減圧スケジュールを携えて、クストーや米海軍を訪れ売り込みを図ったものの、どういうわけかそれは失敗に終わっている。失敗の主な理由は、彼があまりにも秘密主義の立場をとったのと、彼自身が減圧症に罹患しにくい特異な体質をもっているのではないか、と疑われたことにあるらしい。

しかし、彼はそんなことには挫けず、今度は彼の減圧スケジュールが驚異的に速いのが自分の特異体質によるものではないことを示すべく、潜水の得意な新聞記者と一緒に潜って見せたのである。場所はスイスとイタリアの国境にあるマギー湖で、潜水深度は七二五フィート（約二二一メートル）に達するものであった。この成功のニュースは一面のトップを飾り、ようやく資金の援助も潤沢になり、ついにカリフォルニアのカタリナ諸島沖で深度一〇〇〇フィート（三〇五メートル）の実海面潜水を展示するに至ったわけだ。しかし、このときに一緒に潜ったピーター・スモール（Peter Small）という新聞記者が、前回と異なり潜水に関しては素人同然だったことが問題だった。一〇〇〇フィートの潜水記録を打ち立てて減圧中にガス漏れが生じ、二人が減圧のために使用しているカプセルを二〇〇フィート（約六一メートル）まで引き揚げなければならない羽目になった。そして、はっきりした原因は不明だが、おそらく低酸素のために意識を失い、待機していたダイバーを水面から急遽送り込んで空気ホースを取り付けたものの、スモールの意識は戻らなかったのである。加えて待機ダイバーの一人もその作業中に血を吐いた後に行方不明となり、都合二名の犠牲者を出してしまった。

この、一〇〇〇フィートの深さまで潜ることができたという意味では成功、別の意味からは失敗に終わった潜水が、しかし皮肉なことにガス変換法が深い潜水に極めて有用であることを広く知らしめる働きをしたことは否定できない。そのためか、欧州ではバウンス潜水はもちろんのこと、通常の潜

図6-3　ケラー（「マリンダイビング」*9）。

水でもガス変換法を用いることが半ば常態となっている。

ところが、ここに来て予想外の実験結果が米海軍によってもたらされているので、それについても記しておかねば片手落ちになるだろう。米海軍ではガス変換法が有効であることは当然のこととして、それを確実に実証し、できれば定量化すべく実験を行った。ところが豈《あ》に図らんや、実験結果はガス変換法の有効性を否定するものになってしまったのである。これは完全に予想外のことで、米海軍自体とまどいを隠せないでいるが、実験例数などの点から再吟味が必要、今のところはガス変換の明らかな利点は見出せない、という結論を報告書原案に記している。[*10] このように、ガスの動態を把握することは一筋縄ではいかないのだ。

第7章　大気圧潜水

これまで見てきたように、人が深く潜ろうとするときに最も大きな障害となるのは圧力である。圧力の影響の中でも、深い潜水によって体に取り込まれた不活性ガスを排出するのに要する減圧の問題は深刻だ。深度が深くなると、減圧症に罹患することなく安全に浮上するために必要な減圧時間は、通常の潜水を事実上不可能にするくらい長時間に及ぶ。また、深度は深くなくても、滞底時間が長い場合の減圧時間も同じく長時間になる。

飽和潜水を用いれば減圧の問題は大きく緩和されるが、それでも長時間を要する。さらに三〇〇メートルを超えるような深さの潜水では、先に飽和潜水の章で述べたように、減圧のみならず、圧力そのものがダイバーに何らかの影響を与える可能性についても考慮しなければならない。

圧力以外にも水の影響、特に水の熱伝導度が高いことに起因する温度の影響も大きい。

これらの問題を根本的に解決するためには、人が周りの圧力の影響を直接受けない固い容器の中に入って潜ればよい。この考え方が大がかりになったものが潜水艦や潜水艇であるが、本章ではダイバー一人が小さな容器に入って潜る、いわゆる大気圧潜水（atmospheric diving）について記すことにする。

大気圧潜水は、文字どおり大気圧状態で人が潜ることなので、筆者が関与している潜水医学など生理学的側面とはほとんど関係がなく、筆者の知識は非常に限られる。以下の文章の主要部分は、飽和潜水の章で触れたハリスの大気圧潜水に関するコンパクトかつ包括的な書籍『鉄の服―大気圧潜水服の歴史（Ironsuit: History of the atmospheric diving suit）』[*1]によっていることをあらかじめお断りしておく。

◎用語

右では、鉄の服、あるいは大気圧潜水服のように、suit を服と訳したが、日本で通常使われている言葉としては、大気圧潜水服よりも大気圧潜水器の方がより一般的だろう。本書では潜水服と潜水器という言葉に特に区別は設けけず、どちらを使ってもよいことにする。

大気圧潜水服は atmospheric diving suit、略してADSの訳語であるが、ADSには armored diving suit（装甲潜水服）の略語の意味もある。どちらも同じ大気圧潜水服を指す言葉であるが、「装甲」は圧力に対する装甲（armored against pressure）の意味で使われており、どちらかと言えば古い言い方である。その他にハードスーツ（hard suit）などの呼び方もある。

また日本では、先に記したヘルメット潜水を軟式潜水と呼ぶことがあるのは、ヘルメット潜水とは対極の位置にある大気圧潜水を硬式潜水と呼んでいたことの名残なのだろう。そして、硬式潜水という言葉は、ここに示した装甲潜水を硬式潜水と訳して用いられたことに由来するのではなかろうか。

◎大気圧潜水の歴史

…最初の例…

最初の大気圧潜水器は、一七一五年のレトブリッジ（John Lethbridge）による樽状の構造物である。横にした樽から二本の上肢を外に出して潜水をしている図はよく知られており（図7-1）、実際に使われた痕跡もあるものの、しかし、それが本当に可能だったのか疑問を投げかける向きも少なくなかったのが実状だ。特に、樽の中の圧力が一気圧なのに対し、上肢は海中の圧力に曝《さら》されているところから、圧力が生体に及ぼす影響が明らかになってくるに従い、その疑いが強くなっていったわけだ。

そこで、その樽状の構造物を使用して実際に潜水作業ができるか否かを検証する試みが、一九八〇年代にフランスのマルセイユでなされることになった。潜水の歴史にはしばしば同一の人物が登場してくるが、よく最初の飽和潜水ダイバーとして言及される前出のステニュイ（Robert Stenuit）もその一人で、彼自身が今度はこの樽状の装置を用いて海中で作業が可能かどうか試してみたのである。そして、何回かの失敗を経て、三〇フィート（九メートル）ほどの深さまでなら、腕にいくらかの圧迫感や痛みが現れるものの、十分満足できる海中作業ができることを実証している。

…ノイフェルト・クンケ…

レトブリッジの後も様々な大気圧潜水器が出現しているが、最初に見るべき成果を挙げたのは、ドイツのノイフェルト・クンケ（Neufeldt und Kuhnke）社によるもの（以下、NKモデルとする）である（図7-2）[*2]。第一次大戦以前にすでに特許申請がなされていたNKモデルは、一九一七年に第一世代が建造され、続けて一九二四年と一九二九年に改造モデルが作られている。

このモデルの特徴は、それまで有効な手段がなかった大気圧潜水器の関節部にボール・ソケット関節という構造を用いたことにある。つ

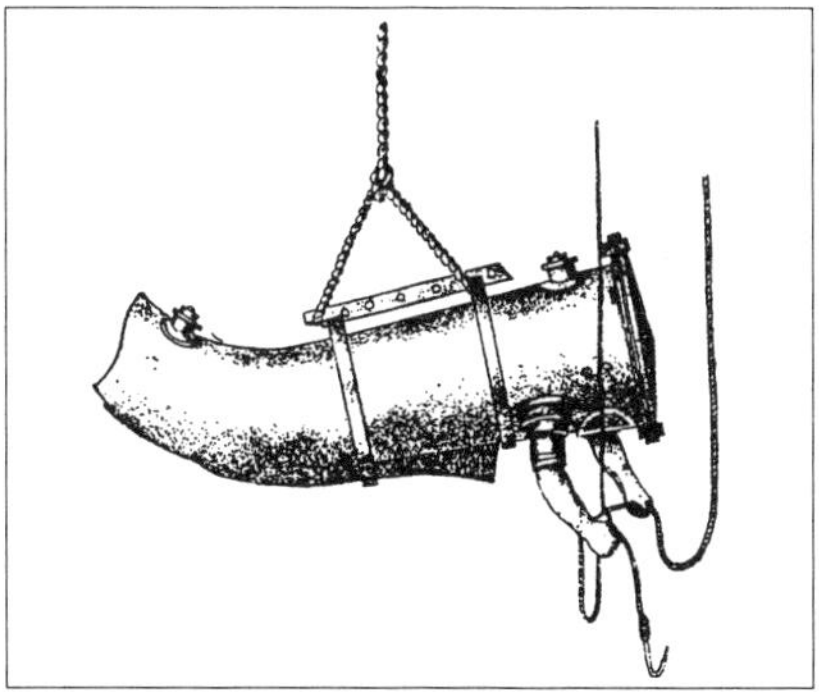

図7-1　レトブリッジの樽（Davis 1981[*2]）。

まり、受け皿となる関節のソケット部分とそこに差し込まれるもう片方の関節の間にボールベアリングを挿入し、そこで荷重を受け止めるとともに関節の動きも実現させようとしたのだ。潜水可能深度は公称七〇〇フィートとされていたが、実際には使用深度が深くなると関節の動きが非常に硬くなる欠点があった（もっとも、これは以降のモデルでも克服すべき最も大きな問題点であったが）。

しかしながら、NKモデルは十分とは言い難いその能力にも拘わらず、結構、多方面で使用されている。ドイツ海軍は当然のこと、ソビエト海軍でも使用された形跡がある。しかし、最も注目を浴び、大きな利益をもたらしたのは、一九二二年にフランスのビスケー湾で三九六フィート（約一二〇メートル）の深さに沈没したイギリスのP&O汽船の汽船「エジプト（SS Egypt）」をめぐる作業だ。「エジプト」は莫大な量の金のインゴットと金貨を積んでいたために（一説では、先述の八坂丸の一〇倍以上）、事故後、直ちに捜索が開始されたが、沈没した船を確認するのに七年を要し、金塊回収作業が終了したのは一九三四年になる。NKモデルはこの作業で、作業船のクレーンやバケットのツメを適切な場所に誘導するなど、重要な役割を果たしている。

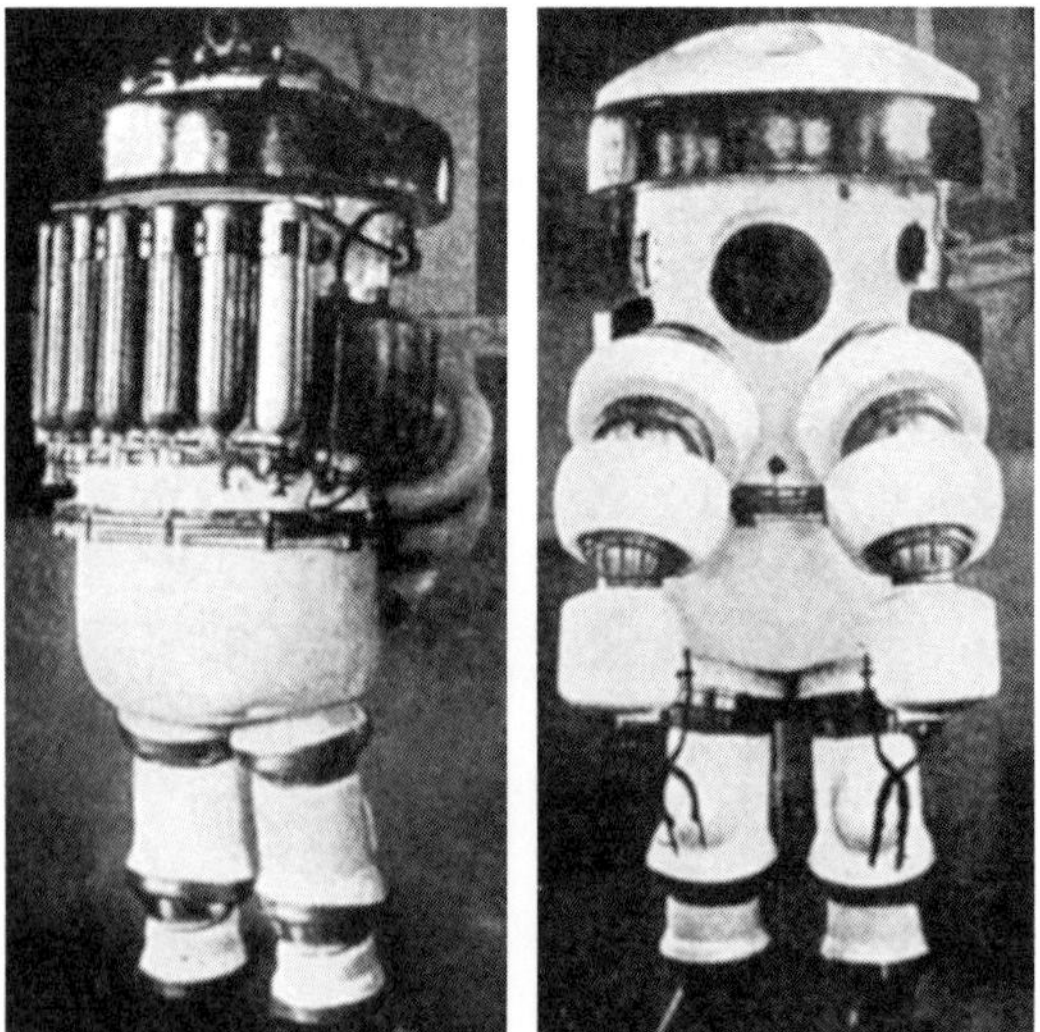

図 7-2　ノイフェルト・クンケのモデル（Davis 1981[*2]）。

∴トリトニア∴

「トリトニア（Tritonia）」は、イギリス人ペレス（Joseph Peress）が一九二二年に特許申請をした大気圧潜水器で（図7-3）、そのユニークな点は、関節機構として液体で満たされたユニバーサル・ジョイント（fluid-supported universal joint）を採用したことにある。彼のモデルは営業面では成功したとは言えなかったが、現在に続くモデルの原型という意味で重要である。

∴現在の大気圧潜水器∴

一九七〇年代以降の大気圧潜水器として代表的なものに、JIM（図7-4）、WASP（図7-5）、さらにニュースーツ（Newt Suit：図7-6）およびハードスーツ（Hard Suit）などがある。

JIMは、イギリスの若者ハンフリー（Mike Humphrey）とボーロー（Mike Borrow）がペレスの機構に着目し、すでに年老いていたペレスを引き込んで作り上げた大気圧潜水器である。公称潜水能力は二〇〇〇フィートないし六一〇メートルとされている。WASPは、JIMの関節機能を少し犠牲にして推進装置を備えたものと言える。カナダ東海岸バンクーバーで作られているニュースーツは、最も新しいもので、いくつかの新機構を備えている。その一つは製作会社のトップ、フィル・ヌーテン（Phil Nuytten）によって考案された、オイルで満たした回転関節（oil-filled rotary joint）というもので、それまでは環境圧力が増せば関節部に加わる力も増加して関節のスムースな動きが阻害されていた

図7-3　トリトニア。これはペレスが最初に組み立ててからほとんど使われることなく倉庫に放置されていたのを、30年の眠りの後にマイク・ハンフェリーとマイク・ボローが丹念に整備し直して組み立てたもの。1968年から69年ごろの撮影（提供：Mike Borrow）。

図7-4　JIM（提供：Mike Humphrey）。

図7-5　WASP（提供:Best Publishing Company: ©Jim Joiner）。

のを、特殊な構造により関節の内側からも力を加えるようにして、機能の低下を最小限に抑えている。また、基本的な構造もシンプルにされており、重量は五〇〇キログラム、公称潜水能力は一〇〇〇フィート（約三〇五メートル）とされている。さらに、最近ではHard Suit 2000と称して、深さ二〇〇〇フィート（約六一〇メートル）まで潜ることができる大気圧潜水器も開発されている。一説によると、ロシア海軍は原子力潜水艦「クルスク」の事故後、これをを八着購入したそうである。なお、これらの潜水器の開発にスペース・テクノロジーの援用が大きく与っていることは、大気圧潜水器の発展を語るうえで欠かせないポイントだろう。

ところで、Hard Suit 2000は潜水可能深度がニュースーツの倍あり、米海軍でも正式採用されているところから、新しい別の大気圧潜水器であると思われそうであるが、基本的にはニュースーツと同じである。実状は開発者のヌーテンが増資に伴って会社の支配権を失い、別の会社が大気圧潜水器を製作することになって名称を変えたに過ぎない。

このように熾烈《しれつ》な会社経営の中で、高校卒業前に潜水関連会社を設立するなど早熟な才能を見せていたさしものヌーテンも大気圧潜水器から撤退しているが、彼はニュースーツに限らずＪＩＭの開発やパテントの取引等、大気圧潜水器をめぐる重要な局面に顔を出し、大気圧潜水器の発展を語るに欠かせない人物である。

◎大気圧潜水器の用い方

大気圧潜水器は、ともすると万能の潜水器のような印象を与えかねない。しかしながら、他の潜水器と同様、それには長所もあれば短所もある。大気圧潜水器の能力を十分に発揮するためにはそれらをよく認識しておかねばならない。そこで、主要な長所・短所を挙げるとともに、使用に際して留意しておくべき基本的な事項について記すことにする。

…長　所…

何と言っても、ダイバーが圧力に曝露されないため、加圧減圧に要する時間が短くて済むことが第一である。深度にもよるが、例えば、飽和潜水では三週間ほど要する作業も一日で終えることが可能になる。当然のことながら、このメリットは作業深度が深くなるほど大きい。

次いで、飽和潜水に比べて、潜るためのコストが格段に安いことが挙げられる。ハードウェアを製作する初期費用が少ないのみならず、ヘリウム等の消耗品、あるいはダイバーへの支払いなど、運用コストも少なくて済む。

図7-6　ニュースーツ（提供:富山潜水）。

作業を実施するのに要する人員が格段に少ないことなども、費用の軽減に大きく寄与している。

その他、機動性が高く、作業計画の変更も容易であることなどが挙げられよう。

また、ＲＯＶ（Remotely-operated vehicle: 遠隔操縦の小型潜水艇ないし潜水装置。図７-７）に比較した場合でも、費用はたしかにＲＯＶの方が安くて済むかもしれないが、大気圧潜水器では人間が搭乗しているために、はるかに柔軟に状況の変化に対応できる利点がある。

図 7-7　潜水艦救難艦「ちはや」から降下されるROV(著者撮影)。これは ROV の中でも大型の部類に属する。さらに小型の ROV が多数活動している。

∴短所∴

一般的な短所としては、作業そのものの効率が人間の手に比べて落ちることが挙げられる。大気圧潜水器を用いた作業は、見るからに不器用で、要する時間はどうしても長くなりがちである。細かい場所の作業は不可能な場合がある。

また、視界が制限されたり、潮流が速いところでは、大気圧潜水器を有効に操作することが著しく困難になることも弱点の一つである。

さらに、もし大気圧潜水器が構造物や索に絡まって浮上できなくなった場合、自分の直近の状況を把握することが難しく、自力では問題を解決できなくなる懼《おそ》れが多分にある。そのほか浸水や感電の危険性もある。

大気圧潜水は外部から想像するほど簡単なものではなく、精神的なストレスも強いとされる。

…指針…

大気圧潜水器を使用するうえで最も恐れられていることは、右に記したように何らかの理由によって潜水器が拘束され、浮上できなくなることである。そこで、世界で最大規模の潜水会社の一つオーシャニアリング社では、大気圧潜水器の運用に当たっては必ず二台を用意し、一台を緊急時の対処に充《あ》てる原則を設けている。二台を用意できない場合も、できるだけ、例えば飽和潜水などの他の代替手段をとることが可能なように配慮するとしている（長期にわたって潜水技術をリードしてきたオーシャニアリング社は会社が分割され、現在は別の社名になっている模様である）。

もちろん、このような配慮をすることは直ちにそれだけ費用がかさむことを意味し、そのとおり実施することが容易ではないことは簡単に想像できるが、一つの指針として紹介しておきたい。

第8章……潜水艦脱出および救難

人が海の中へチャレンジするとき、最も深く到達できるのは、潜水艦あるいは潜水艇だ。軍用の潜水艦で深いものは数百メートル、研究用の潜水艇では数千メートルに達する。有名な艇としては、一九六〇年にスイスのピカール（Jacques Piccard）を乗せたバチスカーフ「トリエステ（Trieste）」が深さ三万五八〇〇フィート（一万九一九メートル）のマリアナ海溝に潜っている。[*1·2] 日本では、海洋科学技術センターの「しんかい2000」と「しんかい6500」がよく知られている。潜降深度は数字にメートルをつけた値が示すとおりで、深度はこれまでいちばん深いと言うわけではないが、稼働性は抜群で、日本近海で縦横に活躍し、多くの学術的成果を挙げている。残念ながら、使い勝手がよかったと言われる「しんかい2000」が平成十四年（二〇〇二）度をもって退役する報道がなされている。また、海洋科学技術センターそのものの改変が避けられない情勢にあり、「しんかい6500」も予断を許さない。なお、バチスカーフ（bathyscaph）が艇の名前のように報道されることがあるが、[*3] これは深海艇ないし深海潜水艇という意味の普通名詞である（bathy-は深さに関係した言葉、scaphはボートの意味）。

本書の「人はどこまで潜れるか」という副題に沿うならば、これら潜水艦や潜水艇の活動についても記さなければ不十分であろうが、筆者自身がハードウェアに関しては素人であること、およびそれらに関しては他の書籍も豊富にある（なかでも、"The History of American Deep Submersible Operations[*4]は手頃で読みやすい）ところから割愛し、逆に記述がほとんど認められない潜水艦からの脱出と救難について簡単に触れることにする。序章に記したように、「人が潜る」とは人が安全に帰ってくる、という意味も有しているのである。

なお、潜水艦脱出とは人が潜水艦から脱出することを意味し、潜水艦救難とは潜水艦脱出を含め、より広い意味で潜水艦乗員を救出するニュアンスで使われることが多いようだ。潜水艦脱出は個人脱出とも言われる。

◎なぜ潜水艦救難か

その前に、潜水艦脱出の考えそのものについて触れておきたい。というのは、日本人の特性というか、潜水艦救難そのものについて真剣に考えない性向があることは必ずしも否定できないと思われるからだ。たしかに、海底で行動不能になった潜水艦を救難するのは容易ではない。様々な障害が立ち塞がる。しかし、それでもなお、ある可能性をもって救難の方策を講じておかなければならない[*5]。

ここに、その原則を典型的に示す一つのモデルがあるので紹介しておこう。それは戦車の設計である。被弾した戦車から脱出するのは極めて困難だ。一方で、もし脱出を考えなくてもよいなら、格段に安い値段でより強力な戦車を作ることができる。しかし、それでもなお、いくらチャンスが少ないとはいえ、脱出の可能性がある構造にしなければならない。その考え方の根底には、人の命を疎《おろそ》かにはできないという、現在のほぼ普遍的な共通の価値観に立つ最低限の原則があるのだ。潜水艦救難も真剣に考えておかねばならない。

なお、日本の海軍の名誉のためにも次のことに触れておきたい。すなわち、海軍では昭和八年（一九三三）年から潜水艦に脱出衣（救命衣）を搭載しており、図8-1に示すように海軍潜水学校で脱出訓練を行っていたのである。[*6] 当時もそれなりに人命には配慮していたのだ。

◎救難方法

深海潜水艇の救難は、潜水艇そのものが小さいこともあって、別個に救難装置を備えることはほとんどない。人が搭乗している部分から艇体を切り離したり、錘《おもり》を捨てたりして、搭乗室の浮力をつけ、動力がなくとも海面に緊急浮上できるようにしているものが多い。そこで、以下は潜水艦に限って、様々な脱出ないし救難方法を述べることにする。

図8-1　海軍潜水学校における潜水艦脱出訓練のひとこま（海軍潜水学校史[*6]）。

…個人脱出…

最初の脱出は、本格的な潜水艦が建造される以前の一八五一年に行われており、[*7] 最も古くからある脱出方法であるが、現在に至るも潜水艦には必ず個人脱出の能力が備えられている。

個人脱出は、潜水艦の艦体にあらかじめ取り付けられている脱出筒を使って行われる。魚雷発射管から脱出した例もないではないが、あくまで例外である。脱出筒の上面と下面にはハッチがあり、乗員が脱出筒に入ったら下部ハッチを閉めて筒内を加圧する（上面は当然閉じられている）。このときに空気を節約するために海水を筒内に浸水させることもある。内部の圧力が水中の圧力と等しくなったところで、上面のハッチを開き、乗員は水面に向かって上昇して行くわけだ。

当初はスクーバ潜水の章に記したフルースの再呼吸装置、それを改良したデービスの脱出装置、あるいは米海軍のモンセン（Charles B. Momsen）の考案になるモンセン肺と呼ばれるよく似た装置などを使っていたが、顔面が水に露出し、しかも空気塞栓症を防ぐためにマウスピースをくわえた状態で息を吐くことにも留意しなければならないなど、脱出には相応のテクニックが要求されていた。そこで、米海軍では第二次大戦後、脱出者の胸部から頭部にかけて全体をすっぽり覆うことによって脱出者に与える恐怖感を少なくしたスタンキ・フード（Steinke hood: スタンキは考案者の中佐の名前）という装置を考案した。この装置を用いると、比較的容易に息を吐くことができることから空気塞栓症に罹患しにくく好評で、一九六四年には制式化され、米海軍以外でも広く使われた（図8-2、8-3）。

しかし、いずれの場合も、加圧に時間がかかるので減圧症に罹患することなく無事に脱出できる深度に限界があることと、水中での保温性に考慮がなされていないために、せっかく無事に浮上しても低体温症で致命的になる可能性が高い、などの欠点がある。

図8-2　スタンキ・フードを用いた脱出訓練。左:脱出開始（海上自衛隊第1術科学校）。右:水面に達したところ（著者撮影）。

図8-3　江田島にある脱出訓練筒。この中にある深さ約10mの円筒形水槽の底から脱出訓練を行う。

　そこで英海軍は個人脱出の方法を根本的に見直し、まず脱出可能深度を増すために、脱出筒を一人ないし二人分のスペースに小さくした。そうすると、加圧ガスの供給量を増やさずとも、格段に加圧スピードを速くすることができるので、高圧曝露の時間を少なくし、減圧症に罹患しにくくなる。次いで、低体温症を防ぐために、全身をすっぽりとカバーするＳＥＩＳ（submarine escape immersion suit）と呼ばれる装具を用いることにした（図8-4）。これによって、冷たい海上でも生存する確率が高まる。現在では、乗員が海から上がって乗り込む個人用の小さなラフト（ボート）をつけて、ＳＥＩＥ（submarine escape immersion equipment）と呼ばれる。

　実際の脱出方法は次のようにする。脱出筒に入ったダイバーは、猛烈な勢いで水中と同じ圧力まで加圧される。通常、数秒間で目標圧力に達する。そうすると半ば自動的に脱出筒の上部ハッチが開いて、乗員は水面に向かってロケットのように浮上して行く。この方法では鼓膜が破れる可能性が高いが、生命に直接の関係はない、として委細かまわず加圧する。事実かどうか知らないが、この訓練終了後にその乗員がたばこを吸ったところ、耳から煙が出た、という笑い話を筆者はイギリスで聞いたことがある。

　英海軍では、これを用いて深度一八三メートルに鎮座した潜水艦から実際に脱出浮上した訓練実績をもち、欧州の諸海軍ではほぼ標準装備になっている。また、現在、新造される大多数の通常動力潜水艦は欧州製な

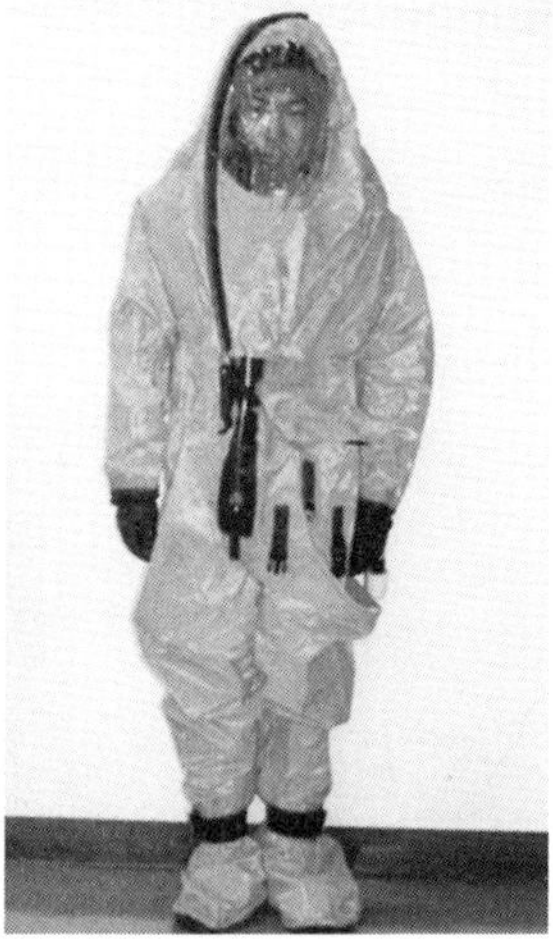

図8-4　ＳＥＩＥ（提供：和田孝次郎＆鷹合喜孝）。右：全体図。左：ラフト（ボート）に乗った状態。

いしそのライセンスに基づく建造であるために、欧州のみならず世界中の新しい潜水艦の標準装備になりつつある。ということは取りも直さず、この装備を有していない近代潜水艦は数少ないことを意味しているに他ならない。

個人脱出で最も気をつけなければならないことは、急速度で浮上する場合に生じがちな空気塞栓症であることは言うまでもない。訓練のときには十分注意したい。

…救難チャンバー…

これは、潜水艦救難艦に搭載されているマッカンチャンバー（McCann chamber）と呼ばれるチャンバーを使ってなされる救難である（図8-5、8-6）。

海底の潜水艦は、まず自らの遭難位置を示すメッセンジャーブイを水面に放つ。そのブイを見つけた救難艦はチャンバーをその近くの海面に降ろす。ブイと潜水艦の脱出筒の間は救難索で繋がれているので、チャンバーに備え付けのウインチを使ってその索を巻き込み、チャンバーを潜水艦の脱出筒の直上まで近づけ、潜水艦にメイティングさせる。メイティング部の中の海水を排水すると、外部の水圧のためにチャンバーは潜水艦に密着する。そこでチャンバーと脱出筒双方のハッチを開放し、潜水艦の脱出筒の中にいる乗員はメイティング部を通ってチャンバー内へ移乗する。移乗し終わると、双方のハッチを閉め、チャンバーを潜水艦から切り離して水面まで浮上させ、乗員をチャンバーの外に出す。この操作を繰り返すことによって、救出可能な乗員をすべて大気圧まで戻すのである。

先に送気式潜水の章で触れたように、潜水艦「スケイラス」からの乗員の救出はこの方法によるもので、その有用性が広く認識されるに至ったわけだ。そこで、米海軍のすべての潜水艦救難艦はこのチャンバーを装備することになり、第二次大戦後は西側諸国の海軍はおろか、ソ連海軍でも同様の考えに基づく救難方法

図 8-5　マッカンチャンバーを搭載した潜水艦救難艦先代「ちはや」。伊予灘において飛行艇の救難捜索作業で、定点に係留している。艦尾に近いところに搭載されているのがマッカンチャンバー（著者撮影）。

図 8-6　マッカンチャンバー（撮影：広山幸輝）。（上）チャンバーを艦から降ろしている様子。（下）水面に浮かんだチャンバー。ここからワイヤーをたぐって海底の潜水艦に達する。

を用意するようになったのである。

この方法の欠点は、救難可能深度が限られることと、海象により作業が大きく左右されることなどだ。船を定点に固定するのも簡単な作業ではない。そのようなところから、次に述べる深海救難艇の構想が浮上したわけである。

ところで、第3章で述べたことの繰り返しになり、かつ若干脇道にそれるが、このチャンバーについての興味深い話が最近、出版翻訳されているので紹介しておく。邦訳名『海底からの生還』によると、このチャンバーの構想とモデルの作成は個人脱出のところでも触れた米海軍の若い大尉モンセンによるもので、造艦当局は正規の官僚機構を経ずに実証された救難方法に気分を害し、チャンバーの名称に本来の構想者モンセンの名前をつけるのを拒んだ、というのだ。[*8] もっとも、経緯が明らかにされたこともあってか、米海軍の公式ホームページでは、従来使用されてきたマッカンチャンバーの代わりに、モンセン‐マッカンダイビングベルの呼称が採用されるようになった。

深海救難艇（ＤＳＲＶ）

深海救難艇（deep submergence rescue vehicle）は、英語の頭文字をとって、ＤＳＲＶと呼ばれる。これは救難用の水上艦や潜水艦に搭載されているＤＳＲＶを使ってなされる救難である。欧米では航空機を用いてＤＳＲＶを速やかに遠隔地へ移送できるような態勢がとられている。母艦から発進したＤＳＲＶは、自力で潜水艦の脱出筒の直上まで達し、そこで潜水艦とメイティングする。潜水艦乗員は脱出筒を通ってＤＳＲＶに移乗、ＤＳＲＶは母艦に収容されて乗員は大気圧状態に戻るわけだ。

この方法を用いることによって救難可能深度は飛躍的に向上するが、建造はもちろんのこと、維持整備に要する経費がそれまでの方法とは比べものにならないほど大きなものになる。

日本では、潜水艦救難母艦「ちよだ」と潜水艦救難艦「ちはや」がＤＳＲＶを搭載している（図８‐７、８‐８）。

救難球

乗員を潜水艦から個別に救出するのはそう簡単ではないことから、それならいっそのこと、潜水艦にあらかじめ脱出用の区画を設けておき、いざというときはその区画を潜水艦から切り離すことによって乗員を救難しようとするのが、この考え方である。英語では、rescue sphere と呼ばれており、とりあえず救難球と訳したが、脱出球の方が適切かもしれない。

これはドイツ海軍で取り入れられている極めて有効な方法であるが、潜水艦の図体は大きくなる。また、切り離された狭い区画の中で多人数が一定時間生存し、かつ実海面の様々な海象の中で救難球を回収することは、それほど容易なことではない。

…有線自走潜水バージ…

これはカナダで開発され、オーストラリア海軍で採用された重さ一六・五トンに達する潜水バージ（艀《はしけ》）で、レモーラ（Remora: 小判鮫《こばんざめ》）と名付けられている（図8-9）。動力源は母船から有線で得る方式を採用し、ある程度の自走能力を有している。オーストラリア海軍では、潜水艦救難に関する費用その他を熟慮した結果、潜水艇方式では費用が莫大になり、熟練した操縦要員の確保も難しいこと、個人脱出では脱出可能深度が限られることなどから、小判鮫の名のとおり（と言っても、鮫と違って接合部は頭の下にあることになるが）、潜水艦に密着する巨大な接合部を下部に設けた自走有線バージの構想を採用することにしたのである。救出可能深度は五〇〇メートル以上とされ、接合部の角度を大きく変えることによって、六〇度に傾いた潜水艦にも接合できる。この方式はオーストラリア海軍のみならず、米海軍も導入を決めており、将来は潜水艦救難の主流になるのではないかと推測される。

図 8-7　海上自衛隊のＤＳＲＶ。潜水艦救難艦「ちはや」に搭載されているＤＳＲＶで、着水式のときの姿である（提供：川崎重工㈱）

図 8-8　船体中央の開口部から海中に降下されるＤＳＲＶ。

以上が主な救難方法であるが、実際の救難に当たっては、毒性ガスの吸入や負傷などについても十分考慮しておかなければならない。また潜水艦内が高圧になっている場合には、高圧タンクなどを用いて徐々に大気圧まで戻す必要がある。さもないと、減圧症に罹患する。

なお、平成十四年（二〇〇二）四月から五月にかけて、韓国、シンガポール、オーストラリア、米国の諸海軍および海上自衛隊が参加して西太平洋潜水艦救難訓練が行われたが、訓練の一環として国際潜水艦救難医学シンポジウムが佐世保で開催され、議事録（プロシーディング）が近日刊行される予定である。[*9]

図8-9　オーストラリア海軍の潜水艦救難システム「Remora」（提供：Royal Australian Navy）。

終章

明日の潜水のために

◎潜水活動の種類

以上、意外に多岐にわたる潜水について、それぞれの特徴、問題点、限界などを歴史的回顧および将来への展望も含めて記してきたが、通常、潜水は何らかの目的があってなされるものである。そこで、まとめとして、目的から見た場合に潜水にはどのような活動形態があるか、ざっと眺めてみよう（表9-1）。

近年それに関与する人口の増加が著しいのが、スクーバ潜水によるレジャーないしスポーツ潜水である。この潜水の一つの特徴は、潜水の訓練をほとんど受けていない人でも簡単に潜水を行うことができる、あるいは現に行っている、ということである。スクーバ潜水そのものの持つ危険性も相まってか、最近報告されている潜水によって死亡する事例の大半は、このタイプの潜水によるものである。もう一つの特徴は、若年

表9-1　潜水活動の種類

レジャー・スポーツ潜水（含テクニカル潜水）
漁業
サルベージ
水中建設・土木
海洋の調査研究
捜索・救難
軍事・警察
教育・訓練
その他

層が多いとともに女性の占める割合が非常に大きいことだ。詳しいことはわからないが、若い人の中ではほぼ半数に達するという見方もある。一方、高度なテクニックを駆使して深深度に潜るいわゆるテクニカル潜水も、その潜水の動機からすると、この中に含めてもよいだろう。なお、日本ではレジャー潜水という言葉がよく使われるが、これは和製英語である。英語ではレクレーショナル潜水という。

漁業のための潜水は、文字どおり潜ることによって海産物を得ようとするものだが、直接関与するものだけではなく、漁網の設置や設置状況の調査、あるいは補修などに関わる潜水も含められる。魚礁の設置は海洋建設ないし土木に含めることもある。近年の水産資源の減少などにより、従事する人の数は減少している。

サルベージには救難の意味も含まれるが、ここでは海底の沈没艦船の引き揚げに用いられる潜水のことを示す。艦船そのものの引き揚げが主な作業だが、高価な金塊などの揚収を目的とすることもある。

水中建設ないし土木を目的とした潜水のうち、埠頭や防波堤あるいはドックの整備などを目的とするものは、「港湾潜水」とも言われる。大規模なものとしては、橋梁やダムの建設がある。海底油田の開発に飽和潜水が大きく関わったことは、飽和潜水の章で記したとおりである。このタイプの潜水は、サルベージ潜水とともに無人化ないし機械化が進んで、以前ほど人が潜ることに依存しなくなっている。

大学や研究所による海洋調査の手段として潜水が用いられることもあり、「科学潜水」という言葉が用いられることが内外ともに多い。[*1・2] また、いわゆる一般的な意味の海洋調査の範疇《はんちゅう》からは若干はずれるが、海中に埋没した遺跡の調査など、いわゆる水中考古学に用いられる潜水も科学潜水の中で大きな位置を占めていることも忘れてはならない。科学潜水に携わる人の数は限られるが、様々な意味で最新の情報に接する機会が多くかつ情報の発信もしやすい環境にあるためか、その影響力は規模以上のものがある。定評ある米国の海洋宇宙局ＮＯＡＡの潜水教範も元来は科学潜水のための教範である。

次に、捜索・救難と軍事・警察の二つに便宜上分けたが、これらは重なり合っている部分もあれば、峻別されるところもある。共通しているところとしては、いずれも命令によって過酷な条件のもとで潜ることを余儀なくされることがあり得ることだ。潜水作業が人命救助に直接結びつくことは少ないと思われるが、海中の捜索には不可欠である。捜索と救難は一体化して行われることが多い。わが国では、警察、消防、海上保安庁および海上自衛隊などの潜水部隊が従事している。警察や海上保安庁は、犯罪などの捜査を目的として潜ることがある。軍事組織には、通常の港湾潜水の範疇に属する艦船の保守管理のための潜水に加えて、軍隊特有の潜水が要求される。その一つは機雷処分に関するもので、近年無人化が進んでいるとは言え、なお人の潜水に頼る部分も多い。潜水艦救難の一環としてもある程度の潜水能力を備えているのが望ましい。また、米海軍などでは、隠密行動や特殊部隊の活動においても潜水が重要な部分を占めている。

また、人はいずれの潜水においても、最初から十分な潜水能力を身につけているわけではない。当然それなりの訓練教育が必要なわけで、レジャー潜水用のいわゆるダイビング・スクールから海上自衛隊や海軍等の高度な訓練施設に至るまで、それぞれの組織においてそれぞれに要求されるレベルの教育訓練がなされており、また、なされるべきである。

その他としては、例えばボランティア活動としての海底の清掃作業などがある。

◎今後の潜水

このように広い範囲に及ぶ潜水のうち、海上自衛隊の潜水というごく限られた分野でわずかの期間、しかも主に医学面からしか関与してこなかった分際で、「今後の潜水」などというおよそ分不相応のことを語るのは正直言って気が重いが、あえて記すことにする。もとより、今後の潜水の進むべき方向が以下のようになるであろうという保証は全くない。議論の種にでもなれば幸いである。

潜水が行われる動機は、軍事および特殊な例外を除いて、すべて経済的な報酬が得られることにある。[*3] レジャー潜水そのものは、経済的な理由よりも人の嗜好《しこう》によるものであろうが、それに密接に関連するダイブ・ショップやダイビング・スクール等は経済的なメリットがなければ存在することができない。これを逆に言えば、利益が得られなければ、ほとんどの潜水は成り立たなくなることを意味しているに他ならない。そうすると、先に触れたとおり、テクノロジーの発展に伴って、水中作業の多くが無人の水中機器を用いて廉価にできるようになっており、人に事故があった場合の補償費用が高騰していることもあって、作業として人が実際に潜る機会は減少してきている。また、軍事の面から見ても、人が潜ることが直接関与する割合はごく限られている。

このようなところから、業務としての潜水活動の範囲は縮小してきているのが実状である。特に、大気圧潜水は別として、人が実際に海中環境に曝露されながら潜る、いわゆる環境圧潜水ないし有人潜水の深度が今まで以上に深くなることは、特別の事情がない限り、ほぼあり得ないであろう。しかし、かと言って、人が潜ることの必要性がなくなるわけではない。大気圧潜水器の章でも触れたように、いくらROV（遠隔操縦無人艇）をはじめとする海中テクノロジーが発達しても、それが人の柔軟さ、繊細さに太刀打ちできるのはかなり先のことであろうし、人がどうしても潜らなければならない状況も存在する。

以上のことを勘案すると、今後の有人潜水技術の発展は、活動の範囲を広げる方向よりも今までの潜水をさらに安全に効率的に行う方向に、別の言葉で言えば、より洗練された潜水を目指して進んでいくものと思われる。なかでも安全性に関しては、これまで以上に重要視されるだろう。これはもちろん、レジャー潜水や軍事用の潜水にも当てはまる。そこで、以上を念頭に置いて、今後の有人潜水技術の展開を実現の可能性を考慮しながら挙げてみよう。なお、本文中ですでに触れた細かい改善点などについては、ここでは再述しない。また、以下に述べるのは、あくまで環境圧有人潜水に限る。ROVをはじめとする潜水機材や大気圧潜水の発展は今後めざましいものがあろうと思われるが、筆者にその知識が乏しいために割愛する。

…有人潜水機材の発展…

すでに実用の域に達している代表的なものに、汚染海域での潜水に用いる装具が挙げられる[*4・5]。以前とは比較にはならないくらいダイバーの健康状態に対する考慮が払われるようになった現在、種々の汚染物質を含んだ海域ないし水域で従来の方法を用いて潜ることはもはや許されなくなってきている。日本では平成八年（一九九六）に実施された屈斜路湖からの化学弾の引き揚げ作業に、イギリスからダーティハリーという装置一式を購入して潜水し注目されたが（図9-1）[*6]、これは別に化学弾の揚収という特殊の場合のみに当はまるわけではない。どのような有害物質が含まれているか判らないヘドロが堆積した海底で作業をする場合などでは、当然考慮しなければならない課題であろう。問題は価格で、現在の値段はとても簡単に採用できるような代物《しろもの》ではない。予期される危険性に応じて有害物質からの隔離の程度を緩めていけば、それに従って廉価な装具を産み出せるのではなかろうか。わが国においても、その方向に向かっての努力がなされている。

図 9-1　屈斜路湖における化学弾揚収作業のひとこま。使用されている潜水システムは通称「ダーティハリー」と呼ばれている（提供：橋本昭夫）。

近年著しく発展しているリブリーザー（再呼吸型潜水呼吸器）も、実際の使用によってさらにいっそう洗練されていくだろう。その方向は信頼性の向上と小型化になるのではないか。なかでも、呼吸ガス中の酸素と炭酸ガスを正確迅速に測定する方法には、まだまだ開発の大きな余地がある。というより、筆者の知る限り、炭酸ガス検知装置を備えたリブリーザーは未だに開発されていないと思われる。炭酸ガス中毒を来さないように前もって様々な工夫がなされているが、一つ間違えば致命的な炭酸ガス中毒が起こり得ることは、先に飽和潜水の章で見たとおりである。フェイルセイフの一つとしても、炭酸ガスをモニターする方法を備えておいた方が望ましい。機材の小型化は、そもそもリブリーザーを用いた潜水では深い深度に潜ることを想定し、かつガス変換用や予備のボンベを携行するなどバックアップ態勢をとる必要があることから限界があるが、想定深度ごとにハードウェアを変えればかなり小さくすることができる。さらに夢に近いかもしれないが、液体ガスを呼吸源として使用することが可能になれば、大深度に潜る場合でも小型化が可能になる。また、リブリーザーがより広く使われるためには、ハードウェアの開発以前に欠かせない前提がある。それは、リブリーザーの操作が一般のスクーバに比較して複雑であることと、酸素中毒などの恐れが通常のスクーバ潜水よりも高いことなどから、潜在する危険性や必要な訓練などの情報については、事前に十分ユーザーに開示し、必要な処置を講じておくことだ。

膜構造に関する知見の深まりも、目覚ましいものがある。かなり先の話になるかもしれないが、酸素を選択的に分離でき、しかも耐久性や信頼性等が向上した膜が開発されれば、海中の酸素を利用して潜ることができるようになるかもしれない。炭酸ガスに関しても、それを選択的に分離できる装置が開発され安価に供給されるようになれば、リブリーザーもいちだんと普及するだろう。というのは、今のところ炭酸ガスを除去するのは、炭酸ガス吸収剤を用いてなされているのがほとんどであるにも拘わらず、使い捨ての炭酸ガス吸収剤の値段がバカにならないのだ。少なくとも、レジャー潜水で気軽に何度も使える値段ではない。したがって、繰り返し使用が可能な膜が廉価に入手可能になれば、状況も変わってくるだろう。以前に人工えらを装着された人が海中を自由に泳いでいる絵が未来のイメージとして発表されたことがあったが、実現化のためには解決しなければならない問題が多く、夢物語のようなものであった。しかし、以上のように高度に発達した膜を用いれば、人工えらも必ずしも実現不可能というわけではない。

……ソフトウェアの整備……

本文中でも何回か触れたように、今後の潜水はますます無人化が進むと思われる。なかでもＲＯＶは多くの現場で使われるようになるだろう。ということは、つまり今後の潜水は今までとはかなり様相が変わってくることを意味するに他ならない。一方、有人潜水そのものの運用は、今のままでは従来どおりの考えで進められていく可能性が高い。そうすると、旧来の有人潜水のやり方が新しい潜水形態と整合しなくなる可能性がある。潜水作業それ自体は本書冒頭でも述べたように本来総合的なものであるので、様々な潜水方法を総合的に採用して目的を達する活動である。したがって、ここはどうしても、無人化が進み高度なテクノロジーを駆使して行われる潜水形態の中での有人潜水のあり方を根本的なところから考え直しておく必要がある（図９-２）。

ダイバーと機械を海中で同時に働かせる場合の安全性の確保はどうするのか、そもそもダイバーと機械が潜る妥当な線引きはどのあたりにあるのか、現在の社会通念上どの程度のリスクがダイバーに許容されるのか、などを検討しておくべきである。

しかし、このようにやや高度なレベルで将来のことを模索する以前に、わが国においてはより基本的なこ

図9-2　ＲＯＶとダイバー©S.Barsky. All right reserved)。

とを考えておいた方がよいかもしれない。というのは、日本には潜水のことを総合的に把握研究し必要な情報を発信する場がなく、関連する諸法規とその運用も信じられないほど現状から遊離しているからだ。例えば、本文中に述べたとおり飽和潜水はダイバーにとって送気式潜水よりもはるかにストレスの少ない潜水方法である。ところが、船上の機材として飽和潜水装置そのものを作ることには問題はないものの、一日八時間労働の原則にもとることから、労働関係部署に説明するのに骨が折れ、容易には許可されないと聞いている。もちろん、飽和潜水は複雑な潜水方法であるためにより厳格な管理が必要であることに異論はないが、現状では飽和潜水を行う以前の段階で止まっており、潜水技術が発展するために必要不可欠な現場からのフィードバックはもとより、一般的な情報や技術の共有化がなされず、欧米に比べればかなり見劣りがする。これなどは、飽和潜水という潜水方法を理解し評価するという基本的な活動さえ、責任をもって実行する能力がないことを示している。

もっと深刻で笑い話のような不備は、減圧に関連した分野に認められる。日本で公に認められている減圧スケジュールは、本来ダイバーが空気を呼吸しながら潜る場合を想定した高気圧作業安全衛生規則に定められた減圧表によるものしかない。もし、空気以外の、例えばヘリウム酸素混合ガスを呼吸しながら潜るときは、適用される減圧表が空気の場合とは異なってくるのが当然であるが、それを公的な場に持ち出すともめるケースが少なくない、と聞く。浮上について規定した規則は一つしかないのだから、ヘリウム酸素潜水の場合もそれを用いて潜るべきだ、と信じられない指導をされることもあるそうだ。どうしてもヘリウム酸素潜水を行う場合は、その都度、関与する医師のお墨付きを得たうえで、いわば黙認の形で実施するらしい。また、その医師の推奨する減圧スケジュールも、極端な場合は単に空気潜水の一・五倍あるいは二倍の減圧時間を設けているのだから安全だ、という安易な対応で済ますことが多いという。したがって、未だにそのような煩雑な手続きを取らざるを得ないために、ヘリウム酸素などを用いた混合ガス潜水に対して正面から取り組もうとする姿勢はほとんど認められないのが実状である。どだい、今時になって、深度九〇メートルに潜ろうとするに際して呼吸ガスとして空気しか想定していないとは、時代遅れも甚だしい。

減圧表そのものも大きな問題を含んでいる。日本で公的に認められている右に記した減圧表は、長く深い潜水をした場合の減圧時間が短いなど、世界的な標準からは大きく異なっている。もっとあからさまに言えば、かなり危険な減圧表である。また、その概念と用語も、ハルデーンとその後継者によって使用され、さらには世界で全般に通用しているものとはかなり異質のものである。この減圧表がどのような経緯によって制定されたか、どのような理論的根拠に基づいて導き出されたかは明瞭な形では開示されておらず、また体系的な評価もなされていない。それでいて、職業として潜水する場合にはこれに従うことが求められている。このように出自が不明で評価のほども定かでなく、しかも強制力がある減圧表が、最初の制定から三〇年間も改訂を受けることなく存続しているのは一種奇観である。

なお、現在の統計学的水準で検証に耐え得る減圧表を独自に開発することは、客観的なデータ集積の方法がないこと、および減圧に関する欧米並の知識を有する専門家が筆者も含め皆無であることなど、諸般の事情から日本の現状ではほぼ不可能である。したがって、ある一定の水準以上の評価を得ている外国の減圧表を、職業として潜る場合に用いても差し支えないように規則を変更するのも、次善の策として現実味があるのではなかろうか。しかし、できれば、やはり体格の問題もあるので、日本人ダイバーを対象として減圧結果を評価しておきたい。最近シンガポール海軍の医官から、体格の小さいシンガポールのダイバーのために、シンガポールではアジア版減圧表というのを制定している由、聞いた。参考になるかもしれない。

酸素の問題もある。酸素は一般的な救命効果に加え、減圧症の原因となる不活性ガスの排出を促進し、気泡が生じている場合はそれを縮小させる方向に働くことから、潜水においては重要な意味を有しているが、潜水の合理性から見た場合に、その使用基準が必ずしも明快ではない。というのは、わが国では酸素は医療ガスと看做《みな》され、その投与は医療行為に当たる、と解釈される懼《おそ》れがあるからだ。もちろん、酸素には良いことばかりではなく毒性もあり、適切に使用されない場合は水中での痙攣発作など致命的な結果に至ることもあり得るが、不必要にその使用が規制されているきらいがある。少なくとも、潜水において浮上後に異常が出現した場合に酸素を呼吸させることに関しては、実質的には何ら問題はないのではないか。潜水中の酸素の使用についても関係する条文が紛らわしく、酸素を使用してはならない、とも解釈し得る。酸素の使用については、潜水のテクニックの一つとして、その危険性も含め正面から向き合っていくべきであろう。

これらを考えてみると、船上のチャンバーも含む潜水機材は運輸船舶関連、作業に関わる時間や安全性は労働関連、酸素の使用は医療関連というように、異なった省庁の異なった法令に準拠して潜水活動が行われているところに問題があるのではなかろうか。つまり、潜水を一つの特性をもった独特の活動として素直に総合的に捉える姿勢に欠けていることが、日本で潜水が健全に育っていない要因の一つとして挙げられると思う。したがって、今後は我々に欠けているところを是正する方向、総合的に潜水を捉える術を見出す方向に向かうべきではないかと思われるが、ソフトウェアを軽視する日本人の特性もあり、容易ではないだろう。

…レジャー潜水の安全性…

ダイバーの数だけを見れば、職業や業務として潜る人よりもレジャーダイバーの方がはるかに多く、この傾向は今後も続くであろう。知っておくべきことは、潜水に起因する致死事故の大半がレジャーダイバーである、ということだ。その背景として、ダイビング人口を増やす意図があってか、「潜水は安全である」「誰にでもできるスポーツないしレジャーである」というー種のスローガンのようなものがあり、安易に潜水に取り組む姿勢があるのではないかとされている。[*7] 現にマスククリアの経験をしたこともない人が海で潜っているのは、先に記したとおりである。

しかし、潜水はそれほど安全なものではない。時間当たりの致死率で見ると、車の運転よりも少なく見積もって三〇倍以上あると思われ[*8]、激しい運動といわれるラグビーよりも一八〇倍以上とする報告もある。[*7] つい最近まで、例えば「ダイビングはゲートボールよりも安全だ」などとすることもあったが[*9]、さすがに最近では、潜水を無条件で安全だという人は少なくなってきた。ところが、ここに来て別の意味で気になる事例が生じてきている。

というのは、レジャー潜水で死亡事故が生じた際、関与していたインストラクターやガイドが過失責任を問われる判例が定着し、莫大な補償額を請求されるようになってきたことだ。おそらく大多数のインストラクターやガイドは、経済的な理由よりも潜りのお手伝いをしようという軽い善意で潜っているものと思われるが、事故の結果、将来の生活設計が狂ってしまった人もいると聞く。もとより、営利を追うあまり安全性への配慮を怠ったがために事故を引き起こしてしまった場合にはその責任は当然厳しく追及されるべきであろうが、問題は潜水による死亡事故には不可抗力やインストラクターの責任ではない場合もあることだ。例えば、何ら異常なく浮上しても致命的な空気塞栓症に罹患することがあり[*10]、潜水とは直接の関係はない心筋梗塞による死亡例も多い。最終的な判断を下す人々は、果たしてこれらのことをよく理解しているのであろうか、気にかかる。

したがって、理想を言えば、レジャー潜水の許容し得る危険性ないし安全性について広く共有できる一つのコンセンサスが形成されることが望ましいが、しかしそれは文字どおり理想に留まるような気がする。そうであれば、とりあえずは、その理想に至る道程の一つとして、危険性や経済性も含めたレジャー潜水全般に関する徹底した情報開示を行うことが次に取るべき道ではなかろうか。そうすれば、潜水は常にある程度の危険性を伴うものであり、より高い安全性を得ようとすれば、それ相応の費用がかかることが当然のこととして広く認識されるようになる可能性がある。悪貨が良貨を駆逐するように、安全性が低いことを隠した低料金のダイビングツアーや講習が、相応の費用のかかる良識的なそれを駆逐するようなことになってはならない。逆にまた、無実のインストラクターが塗炭《とたん》の苦しみを味わうようなこともあってはならない。

もっとも、一部のインストラクターの知識がお粗末なことも否定できない。例えば、減圧コンピュータで警報が鳴らなければ減圧症に罹患することはない、ということで、潜水していた人々が浮上したあと、減圧コンピュータを海中に沈めて圧力をかけ、警報が鳴らないようにする、あるいは一回のダイビングに二つのコンピュータを繋ぎ合わせた形で使って、警報が鳴るまでの時間を長くするように仕組む、などの行為を正しいこととして大真面目でするインストラクターが実際にいるという。信じられないような話だが、どうも事実らしい。

また、海上自衛隊出身の黒川武彦が、初心者に潜水を教えることに関して次のような内容を語ったことがある。それはつまり、「初心者というのはプロのダイバーの目から見ると信じられないくらい些細なことでパニック同然になることがある。したがって、潜水の準備の段階から細心の注意を払ってチェックしなければならない」ということだ。インストラクターやガイドは往々にして初心者も自分と同じようなレベルを持っていると思ってしまうことがある、と聞く。心しておきたい。

…山下弥三左衛門の述懐…

戦前から戦後にかけて日本の潜水界をリードした一人で、昭和天皇の海中生物研究のご案内役を務めたこともある山下弥三左衛門《やそうざえもん》が、「日本人ダイバーは優秀だ、ということで自分もそう思っていたが、戦争が終わってアメリカ人の実績をみると、どうやら我々は井の中の蛙《かわず》だったようだ」という趣旨の記述を残している。[*11] たしかに、例えば先述の八坂丸からの金塊引き揚げに携わった日本人ダイバーを指して、優秀である、という褒め言葉がたくさん発せられているが、仔細に検討してみると、それはむしろ当時の日本人の忍耐強さと従順さ、さらには体格に起因するものであった可能性が大きい。もっと具体的にいうと、彼らは減圧症に罹患することを半ば必然的なものと諦め、ある程度の犠牲をいとわず必死に潜って働いたわけだ。その証拠は、今なお南洋の各地に残る多くの日本人ダイバーの墓を見れば一目瞭然である。さらに、一般に体格の小さい人は減圧症に罹患しにくい傾向があるとされているので、当時の日本人の体格が現在に比べてかなり小さかったことを考えれば、彼らが減圧症には罹患しにくかった[*12]、と推測するのもあながち的はずれではないかもしれない。

そうすると、多くの現場に日本人ダイバーが進出しそこで地歩を固めていったのも、必ずしも彼らが一つの技能集団として優秀であったがためではなく、危険を軽視して命がけで働いたがための、ある意味で偶然のことだったのかもしれない。

たしかに、これまでの歩みを眺めてみると、ダイバー自身や市井《しせい》の企業家はたいへんな努力を重ね、その結果、ダイバー個々の作業能力は生来の器用さもあっておそらく卓越したものがあったであろうし、企業家の工夫も端倪《たんげい》できないものがあったのは、見てきたとおりである。しかしながら、潜水を専門とはしないものの潜水と重要な関わりをもつ人々、具体的には、種々の潜水組織や管理社会の上層に立つ人々、あるいは医学や生理学あるいは数学や物理学などの専門領域の人々との、対等の立場に立った連携に欠ける点が欧米に比べて多くあったのは否めないだろう。また、ダイバーの側も、生理学的な側面などに関して合理的に理解しようとする態度が必ずしも十分ではなかったように思われる。その結果、一つの固定した潜水技術を極めることはできても、そこから飛躍し合理的で新しい潜水体系を作り上げることは苦手だったのではなかろうか。そして、これは何も潜水の話に限定されるわけでもなく、潜水と似た性格を有する潜水以外の分野においても、現在に至るもなお同じ轍《てつ》を踏む、あるいは踏んでいる可能性が残っているのではないか、と危惧される。

昭和32年ごろ伊豆七島におけるテングサ採りのひとこま（提供：佐藤賢俊）。

閉鎖式潜水呼吸器で潜る（提供：田中光嘉）。

あとがき

冬晴れの一日、「ふかし」療法を確立した丹所《たんどころ》春太郎翁ゆかりの地を目に残さんと南総川津を訪れた。往時渺茫《びょうぼう》、翁が活躍された海を望む津慶寺の高台に築かれたコンクリート製の像は内部の鉄錆が浮き出て赭《あか》く変色していたが、花がごく自然に供えられており、翁の記憶が人々の間に今なお留まっていることをうかがわせるものであった。しかしその一方で、明治という遠い世界にあって一人精魂を傾けた翁の功績を思えば思うほど、寄与するところの尠《すく》ない自分自身を省みて、忸怩《じくじ》たる思いに駆られたのも事実である。それを補う意味で、潜水の現場で活動されている人々にとって本書が聊《いささ》かなりともお役に立つことがあれば本望である。

当初は軽い気持ちでキーボードをたたき始めた拙稿も、進めてみると知らないことが多いのに愕然とし、改めて多くの方々の援《たす》けを仰いだ。それぞれに本務をお持ちでご多用中にも拘わらず、貴重な情報や経験を快くご教示いただいた。本来ならば、個々にお礼申し上げるべきところであるが、あまりにもその人の数が多く、かなわなかったことをご容赦願いたい。また、直接のご教示にはあずからなかったものの、貴重な記録を残された内外の方々にもお礼申し上げておきたい。現在、防衛庁防衛技術研究本部に勤務されている畏友《いゆう》橋本昭夫氏からは貴重な資料のご提供をいただき、さらに折に触れ幅広いディスカッションを賜るなど、執筆の大きな刺激になった。特に記して謝す。妻の玲子は執筆の励ましと共に、いわば素人の立場から原稿に目を通して意外な視点を与えてくれた。感謝する。また、遠く離れた故地に病身を過ごしている両親にも謝意を記しておきたい。省みるところ甚だ少なく、申し訳ない限りである。

最後に大修館書店の平井啓允氏は当方の勝手な要望を聞き入れ出版に多大の便宜を図って下さった。ありがたくお礼申し上げる。

平成十四年三月十三日　於磯子杉田寓居　池田知純

参考文献一覧

序　章

1. Joiner JT, ed: NOAA Diving Manual. Diving for Science and Technology. 4th ed. Flagstaff AZ; Best Publishing Co., 2001. [ISBN 0-941332-70-5]
2. Nuckols ML, Tucker WC, Sarich AJ: Life Support System Design. Needham Height MA; Simon & Schuster Custom Publishing. 1996.[ISBN 0-536-59616-6]
3. 清水信夫，小寺山亘：海中工事．In:（社）日本造船学会海中システム部会編．『海中技術一般（改訂版）』東京；成山堂書店．pp.119-201, 1999. [ISBN 4-425-56012-4]
4. 池田知純『潜水医学入門 ―安全に潜るために―』東京；大修館書店．1995. [ISBN 4-469-26312-5]
5. 内田勝郎『海底への挑戦 ―未知の世界を拓く冒険と伝説の物語―』東京；いさな書房．1968.（本書は歴史的視点に重点を置いて著述された数少ない邦文書籍で、民間の潜水研究家の手になる貴重な労稿である．惜しむらくは記述の根拠が個々に記されていないが、潜水の発展に寄与してきた人々の活動が生き生きと描かれている）

第１章　素潜り

1. Arriaza B: Chile's Chinchoro mummies. National Geographic, Vol.187 No.3; pp.68-89, 1995.
2. Ito M, Ikeda M: Does cold water truly promote diver' ear? Undersea Hyperbaric Med25:59-62,1998.
3. 園田一匡（訳）『海底物語』東京；畝傍書房．1941.（原典は明記されていないが、おそらく Beebe の "Half Mile Down" New York; Duell, Sloan & Peace. 1934. と思われる）
4. Maas T, Sipperly D: Freedive! Ventura CA; Blue Water Freedivers, 1998. [ISBN 0-9644966-1-5]
5. Marx RF: Deep Deeper Deepest. Man's Exploration of the Sea. Flagstaff AZ; Best Publishing Co., 1998. ISBN: 0-94-1332-66-7]
6. 眞野喜洋（編著）『潜水医学』東京；朝倉書店．1992. [ISBN 4-88474-3596-5]
7. 田辺悟『日本蜑人伝統の研究』東京；法政大学出版局．1990. [ISBN 4-588-32109-9]
8. 田辺悟『海女』東京; 法政大学出版局．1993. [ISBN 4-588-20731-8]
9. 酒詰仲男『日本縄文石器時代食料総説』京都；土曜会．1961.
10. Rahn H, ed: Physiology of Breath-Hold Diving and the Ama of Japan. Washinton DC; National Academy of Sciences National Research Couoncil. 1965.
11. Gardette B, Massimelli JY, Comet M, Gortan C, Delauze HG: HYDRA 10: A 701 msw onshore record dive using "Hydreliox". In: Reinertsen RE, Brubakk AO, BolstadG, eds: XIXth Annual Meeting of EUBS on Diving and Hyperbaric Medicine. Trondheim Norway; SINTEFF UNIMED, pp.32-37, 1993. [ISBN 82-595-7932-4]
12. 池田知純『潜水医学入門－安全に潜るために－』東京；大修館書店．1995. [ISBN 4-469-26312-5]
13. 中村由信『海女』東京；マリン企画．1978.
14. Ferrigno M, Lundgren CEG: Human breath-hold diving. In: Lundgren AEG, Miller JN, eds. The Lung at Depth. New York NY; Marcel Dekker Inc. pp.529-585, 1999. [ISBN 0-8247-0158-5]
15. 早川信久（監訳）『アプネア』東京；（株）にじゅうに．1996. [ISBN 4-931398-02-2]（原題 Pelizzari: Profondamente）
16. Flynn ET, Catron PW, Bayne CG: Lesson 46: Breath-hold diving. In: Diving Medical Officer Student Guide. Naval Technical Training Command, 1981.
17. Hickey DD, Lundgren CG: Breath-hold diving. In: Shilling CW, Carlston CB, Mathias RA, eds. The Physician's Guide to Diving Medicine. New York; Plenum Press, 1984;pp.206-221. [ISBN 0-306-41427-7]
18. Lanphier EH, Rahn H: Alveolar gas exchange during breath-hold diving. J Appl Physiol 18:471-477,1963.
19. 暉峻義等博士追憶出版刊行会『暉峻義等博士と労働科学』東京；労働科学研究所内．1967.
20. Teruoka G: Die Ama und ihre Arbeit. Arbeitsphysiol 5:239-251,1932
21. Craig AB: Underwater swimming and loss of consciousness. JAMA 179:255-258, 1961.
22. Brubakk AO, Kanwisher JW, Sundnes G. Eds: Diving in Animals and Man. Trondheim Norway; Tapir Publishers, 1986. [ISBN 82-519-0737-3]
23. Elsner R, Gooden B: Diving and Asphyxia. Cambridge; Cambridge University

Press, 1983. [ISBN 0-521-25068-4]
24. Fedak MA: Diving and exercise in seals: A benthic perspective. In: Brubakk AO, Kanwisher JW, Sundnes G. eds. Diving in Animals and Man. Trondheim Norway; Tapir Publishers, pp.11-28, 1986.
25. Schytte Blix A: Diving bradycardia - fact or fiction? In: Brubakk AO, Kanwisher JW, Sundnes G. eds. Diving in Animals and Man. Trondheim Norway; Tapir Publishers, pp.205-215, 1986. [ISBN 82-519-0737-3]
26. Gabrielsen GW: Free and forced diving in ducks: habituation of the initial dive response. Acta Physiol Scand 123:67-72,1985.
27. 中山英明：潜水中の海女の心電図変化にかんする研究．日本内科学会雑誌．55:760-770，1966
28. Arnold RW: Extremes in human breath-hold, facial immersion bradycardia. Undersea Biomed Res 12:183-190,1985.
29. 大野文夫，大久保仁，石川紀彦：体位と耳管開閉能．耳鼻臨床．80:657-662,1987.
30. Anonymous: Apnea estrema. No Limits. No.66, pp.66-73.
31. 関邦博（訳）『イルカと、海へ還る日』東京；講談社．1993. [ISBN 4-06-206147-3]（原題 Jacques Mayol: Homo Delphinus.）
32. 北澤真木（訳）『海の記憶を求めて』東京；翔泳社．1998 [ISBN 4-88135-637-2]（原題 Jacgue Mayol & Pierre Mayol : Les Dix Rois de la Mer.）
33. 合志清隆，玉木英樹，奥寺利男，加藤貴彦，Wong RM，眞野喜洋：素潜りによる潜水障害．日本高気圧環境医学会雑誌．36:45-52,2001.
34. Strauss MB, Wright PW: Thoracic squeeze diving casualty. Clin Aviat Aerosp Med 42:673-675,1971.
35. Örnhagen H, Carlioz M, Muren A: Could fast ascents create arterial bubbles? Presentation No. 11. XIVth Annual Meeting of the EUBS European Undersea Biomedical Society. Aberdeen 1988.

第 2 章　ベル潜水

1. Marx RF: Deep Deeper Deepest. Man's Exploration of the Sea. Flagstaff AZ; Best Publishing Co. 1998. [ISBN: 0-94-1332-66-7]
2. Bachrach AJ: The history of diving bell. Historical Diving Times. No.21. pp.4-10,1998.
3. Bevan J: The Infernal Diver. London; Submex. 1996. [ISBN: 0-9508242-1-6]
4. 菱谷武平：「泳気鐘」雑考（一）．長崎談叢．62:56-70,1979.
5. 菱谷武平：「泳気鐘」雑考（二）．長崎談叢．63:68-100,1980.
6. Joiner JT, ed: NOAA Diving Manual. Diving for Science and Technology. 4th ed. Flagstaff AZ; Best Publishing Co. 2001. [ISBN 0-941332-70-5]
7. 野寺誠：高圧暴露後の減圧により生ずる血管内気泡の起源に関する研究：ラット脂肪組織微少循環系における減圧性気泡の出現．埼玉医科大学雑誌．19:447-454,1992.
8. Ikeda T, Suzuki S, Shimizu K, Okamoto Y, Llewellyn ME: M-mode ultrasonic detection of microbubbles following saturation diving: a case report and proposal for a new grading systems. Aviat Space Environ Med 60:166-169,1989.
9. 池田知純：減圧と減圧症．日本高気圧環境医学会雑誌．35：197-230, 2000.
10. Phillips JL: The Bends. Compressed Air in the History of Science, Diving, and Engineering. New Haven CT: Yale University Press, 1998. [ISBN 0-300-07125-6]
11. Hitchcock MA, Hitchcock FA（Translated）: Barometric Pressure. Researches in Experimental Physiology. Columbus OH; College Book Co., 1943（Republished by Undersea Medical Society, 1978）

第 3 章　送気式潜水

1. Joiner JT, ed: NOAA Diving Manual. Diving for Science and Technology. 4th ed. Flagstaff AZ; Best Publishing Co. 2001. [ISBN 0-941332-70-5]
2. Bureau of Ships: Diving Manual. Washington DC; U.S. Navy Department, 1952
3. Martin RC: The Deep-Sea Diver. Yesterday, Today and Tomorrow. Cambridge MD; Cornell Maritime Press Inc. 1978. [ISBN 0-87033-238-4]
4. Anonymous: Historical Diving Times, No.25. p.33, 1999.
5. Davis RH: Deep Diving and Submarine Operations. Eighth ed. London; Siebe, Gorman & Company, 1981. p.662, 674.
6. Harris GL: Ironsuit: The History of the Atmospheric Diving Suit. Flagstaff AZ; Best Publishing Company, 1994. [ISBN 0-941332-25-X]
7. 東原坦：ヘリウム酸素潜水深度 118.5m 達成．横須賀市；海上訓練指導隊司令部「艦船と安全」1975 年 10 月号（通巻 79 号）．pp.15-16.
8. 山下弥三左衛門『潜水奇譚』東京；雪華社．1964 （新版は 1989）.
9. 三浦定之助『潜水の科学』東京；霞ヶ関書房．1941.
10. 安藤玉治『海底に戦ふ－潜水夫物語－』東京；第一出版協会．1944.
11. Bevan J: The Infernal Diver. London; Submex. 1996. [ISBN: 0-9508242-1-6]
12. Marx RF: Deep Deeper Deepest. Man's Exploration of the Sea. Flagstaff AZ; Best

Publishing Co. 1998. [ISBN: 0-94-1332-66-7]
13. 眞野喜洋（監修）『潜水の歴史』東京；(財) 社会スポーツセンター．2001. [ISBN 4-88474-3596-5]
14. 大場俊雄『房総の潜水漁業史』流山市；崙書房「ふるさと文庫」1993.
15. 三浦定之助『潜水の友』東京；日本潜水株式会社．1935.
16. 菊池敬一，磯崎武志『南部潜水夫の記録』岩手県種市町；種市潜水夫の記録を残す会．1974.
17. 小川平『アラフラ海の真珠 － 聞書・紀南ダイバー百年史 －』東京；あゆみ出版．1976.
18. Blick G: Notes on diver's paralysis. Br Med J Dec 25:1796-1798,1909.
19. Bartholomew CA: Mud, Muscle, and Miracles. Washington DC; Department of the Navy. 1990.
20. Parker TR: 20,000 Jobs under the Sea. CA; Sub-Sea Archives. 1997. [ISBN 0-9657823-3-6]
21. 三宅玄造：旧海軍工作学校潜水実習の思い出．広島県江田島町；海上自衛隊第１術科学校：１術校．31 号，No. 4. pp.22-27, 1969.
22. Zinkowski NB: Diving equipment. In: Commercial Oil-Field Diving. Cambridge; Cornell Maritime Press Inc. pp.41-65, 1978. [ISBN 0-87033-235-X]
23. U.S. Navy Diving Manual, Volume 1 (Air Diving). San Pedro CA; Best Publishing Co. 1984.
24. 山下弥三左衛門『潜水読本』東京；東亜潜水機㈱. pp.58-62, 1960;
25. 佐藤賢俊：浅利熊記さんの思い出．東京；日本潜水科学協会：ドルフィン．第７巻２号．pp.8-11, 1963.
26. 佐藤賢俊：日本潜水史の一齣．東京都教職員潜水同好会会誌：碧泡．No.16; p.10 & 27, 1985
27. Kane JR, Leaney L: Joe Savoie. Diver, inventor, and legend of the Gulf Coast off-shore industry. Historical Diver, No.8, 8-12, 1996.
28. Leaney L, Kane JR: Joe Savoie Diver and inventor. Historical Diving Times No.20. pp.12-14, 1997.
29. アクアラングの発明は日本が先だった．マリンダイビング．No.9, pp33-36,1971.
30. 大串岩雄：大串式潜水器の発明者・大串岩雄氏は語る．マリンダイビング．No.10, pp. 12-16,1971.
31. 東京朝日新聞：大正 14 年 8 月 9 日夕刊一面記事．1925.
32. 片岡弓八（遺稿）：地中海の黄金．マリンダイビング．No.10,pp.18-23,1971., No.11,pp.12-17,1971., No.12,pp.22-27,1972., No.13,pp12-18,1972., No.14,pp.46 - 50,1972., No.15,pp.22 - 25,1972., No.16, pp.70 - 74,1972., No.17,pp.66-70,1972., No.18,pp.64-67,1973.
33. 田村孝吉：八坂丸金貨引揚秘話．勝浦市臨海荘：痩魚洞文庫．くろしお文化．第９集，pp.1-11, 1979.
34. 四国新聞．昭和 59 年 3 月 18 日記事．（讃岐人物風景 412）1984.
35. Anonymous: Review of the 10th annual meeting of the Historical Diving Society. Historical Diving Times, No.26. pp.10-14,2000.
36. Baker N: The decade of decompression, 1897-1907. Historical Divin Times. No.28. pp.9-19, 2000.
37. 関口篤（訳）『ダイバー列伝』東京；青土社．2000. [ISBN4-7917-5822-6] Norton T: Stars beneath the sea. The extraordinary lives of the pioneers of diving. London ; Century, 1999 [ISBN: 0-7126-8071-1
38. Report of a Committee Appointed by the Lords Commissioners of the Admiralty to Consider and Report upon Conditions of Deep-Water Diving. London; HMSO, 1907.
39. 池田知純：古典的減圧理論の展開 Ⅰ：最初の改訂減圧表まで．日本高気圧環境医学会雑誌．31:181-187,1996.
40. 池田知純：古典的減圧理論の展開 Ⅱ：米海軍標準空気減圧表の制定．日本高気圧環境医学会雑誌．31:229-237,1996.
41. 池田知純：古典的減圧理論の展開 Ⅲ：M値の概念及び古典的減圧理論の限界．日本高気圧環境医学会雑誌．32:101-105,1997.
42. 池田知純：減圧をめぐる諸問題．防衛医科大学校雑誌．23:149-162,1998.
43. 池田知純：減圧と減圧症．日本高気圧環境医学会雑誌．35:197-203,2000.
44. Boycott AE, Damant GCC and Haldane JS: The prevention of compressed-air illness. J Hygiene 8:342-443, 1908.
45. 海軍省：潜水用減圧標準表．In：『潜水教範』1927.
46. Thalmann ED: USN experience in decompression table validation. In: Schreiner HR, Hamilton RW, eds. Validation of Decompression Tables. Bethesda MD; Undersea Hyperbaric Medical Society. pp.33-44, 1989.
47. Workman RD: Calculation of Decompression Schedules for Nitrogen-Oxygen and Helium-Oxygen Dives. Research Report 6-65. Washington DC; U.S. Navy Experimental Diving Unit. 1965.
48. Weathersby PK, Homer LD, Flynn ET: On the likelihood of decompression sickness. J Appl Physiol 57:815-825,1984.

49. Weathersby PK, Hays JR, Survanshi SS, et al: Statistically Based Decompression Tables. II. Equal Risk Air Diving Decompression Schedules. NMRI Report 85-17. Bethesda MD; Naval Medical Research Institute, 1985.
50. Thalmann ED: Development of a Decompression Algorithm for Constant 0.7 ATA Oxygen Partial Pressure in Helium Diving. Report No. 1-85. Panama City FL; Naval Experimental Diving Unit. 1985.
51. Wienke BR: Basic Decompression Theory and Application. Flagstaff AZ; Best Publishing Co. 1991. [ISBN 0-941332-17-9]
52. 池田知純『潜水医学入門 —安全に潜るために—』東京；大修館書店．1995. [ISBN 4-469-26312-5]
53. 堂本英治，鈴木信哉，和田孝次郎，赤木淳，北村勉：減圧障害（減圧症と動脈ガス塞栓症）に対する再圧治療マニュアル作成の試み．日本高気圧環境医学会雑誌．36:1-17,2001.
54. 矢代嘉春：漁村史落穂潜水夜話．勝浦市；総南文化研究会．総南文化．第2号，pp.37-38，1964.
55. 矢代嘉春：ふかし療法事始め．勝浦市臨海荘，痩魚洞文庫．くろしお文化．第9集,12-13．1979.
56. 矢代嘉春：ふかし療法事始め．In：『黒汐反流奇譚』．東京；新人物往来社．pp.205-209，1981.
57. 大場俊雄：潜水器漁業百年—ふかし療法の開発—．東京水産大学楽水会：楽水．No.706．pp.5-9,1979.
58. 森輝『夷隅風土記』千葉；千葉県文化財保護協会．p. 114，1977.
59. 大岩弘典：日本における減圧症治療の推移と評価．In:『第2回潜水技術シンポジウム講演集』東京；海中開発技術協会．pp.219-228，1980.
60. Mummery NH: Diving and caisson disease. Br Med J June 28:1565-1567, 1908.
61. Kay E, Spencer MP. eds.: In-Water Recompression. MD: Undersea Hyperbaric Medical Society. 1998.
62. Behnke AR, Shaw LA: The use of oxygen in the treatment of compressed-air illness. US Navy Med Bull 35:61-73,1937.
63. Goodman MW: Minimal-recompression, oxygen-breathing method for the therapy of decompression sickness. In: Lambertsen CJ ed. Underwater Physiology Proceedings of the Third Symposium on Underwater Physiology. Baltimore; The Williams & Wilkins Co. pp.165 182, 1967.
64. Lynch PR, Krasner LJ, Vinciquerra T, Shaffer TH: Effects of intravenous perfluorocarbon and oxygen breathing on acute decompression sickness in the hamster. Undersea Biomed Res 16:275-281,1989.
65. Kayar SR, Miller MJ, Wolin EO, et al: Decompression sickness risk in rats by microbial removal of dissolved gas. Am J Physiol 275:R677-R682,1998.
66. Sayers RR, Yant WP. The value of Helium-Oxygen Atmosphere in Diving and Caisson Operations. Current Res Anesthesia Analgesia 5:127-138,1926.
67. Thomson E: Helium in deep diving. Science 65:36-38,1927.
68. Behnke AR: Physiological Studies of heliuim. US Navy Med Bull 6:542-558,1938.
69. Behnke AR, Thomson RM, Motley EP: The psychologic effects from breathing air at 4 atmospheres pressure. Am J Physiol 12:554-558.1935.
70. Mount T, Gilliam B: Mixed Gas Diving. The Ultimate Challenge for Technical Diving. San Dieg, CA; Watersport Publishing Inc. 1993.[ISBN 0-922769-41-9]
71. 池田知純：なぜ三種混合ガス（トライミックス）を用いるのか？ 日本高気圧環境医学会雑誌．印刷中
72. 梨本一郎：3種混合ガス（トライミックス）による潜水技術とその土木分野への応用．土木学会誌．81:18-21,1996.
73. French GRW: Diving operations in connection with the salvage of the U.S.S. "F-4." US Navy Med Bull 10:74-91,1916.
74. Behnke AR, Willmon TL: U.S.S. Squalus: Medical aspects of the rescue and salvage operations and the use of oxygen in deep-sea diving. US Navy Med Bull 37:629-640,1939.
75. 江畑謙介（訳）『海底からの生還 －史上最大の潜水艦救出作戦－』東京；光文社．2001. [ISBN 4-334-96112-6]（原題：Maas P: The Terrible Hours）.
76. Brauer RW ed: Hydrogen as a Diving Gas. Bethesda MD: Undersea Hyperbaric Medical Society. 1987.
77. Linden A, Muren A: Arne Zetterström and the First Hydrox Dives. Sweden; Swedish National Defence Research Institute, 1985.
78. Zetterström A: Deep-sea diving with synthetic gas mixtures. Mil Surgeon 103:104-107.1948.
79. Bjürstedt H, Severin G: The prevention of decompression sickness and nitrogen narcosis by the use of hydrogen（The Arne Zetterström method for deep-sea diving）. Mil Surgeon 103:107-116,1948.
80. Nuckols ML, Van Zandt KW, Finlayson WS: A Whole-body diber heating system using hydrogen catalytic reactions. Proceedings of the 16th Meeting of the United States - Japan Cooperative Program in Natural Resources（UJNR）Panel on

Diving Physiology. Rockvill MD ; National Oceanic and Atmospheric Administration, U.S. Deparment of Commerce, pp. 149-158, 2002.

第４章　スクーバ潜水

1. 佐々木忠義（訳）『海は生きている』東京；新潮社．1955．［原題：Cousteau JY: The Silent World. New York; Harper & Row Publishers, 1953.］
2. Marx RF: Deep Deeper Deepest. Man's Exploration of the Sea. Flagstaff AZ ; Best Publishing Co., 1998. [ISBN: 0-94-1332-66-7]
3. Davis RH: Deep Diving and Submarine Operations. Eighth ed. London; Siebe, Gorman & Company. pp.662 & 674. 1981.
4. 佐藤賢俊：日本潜水史の一齣（その３）．東京都教職員潜水同好会会誌　碧泡．No.19. pp.10 & 24,1988.
5. 杉浦満（訳）『海中探検家－Ｊ．Ｙ．クストー物語』東京；築地書館．1972.［原題：James Dugan: Undersea Explorer. 1957.］
6. 佐藤賢俊：昔から考えられた潜水器のいろいろ．日本潜水科学協会：ドルフィン．第２巻３号．27-30, 1959.
7. 佐藤賢俊：日本潜水史の一齣（その２）．東京都教職員潜水同好会会誌；碧泡．No.18. p.2,1987.
8. U.S. Navy Diving Manual, Volume 1（Air Diving）. San Pedro CA; Best Publishing Co. 1984.
9. 佐藤賢俊：潜水の触れ合い．In:（財）海中公園センター気付猪野峻博士記念事業会『猪野峻博士の研究と思い出』pp.20-22, 1984.
10. 佐藤賢俊：日本潜水史の一齣（その４）．東京都教職員潜水同好会会誌．碧泡．No.20. p.2 & p.23, 1989.
11. 東京水産大学百年史編集委員会『東京水産大学百年史・通史編』東京；東京水産大学．p.456, 1989.
12. 鈴木総兵衛『聞書・海上自衛隊史話－海軍の解体から海上自衛隊草創期まで－』東京；水交会．1989.
13. 飯田嘉郎：アクアラングと EOD．広島県江田島町；海上自衛隊第１術科学校．研究季報．第 19 号 No.3. pp.10-20. 1964.
14. 日向日日新聞：昭和 31 年９月８日記事．1956.
15. 竹内要：自給気潜水器装備の経緯と九死に一生の体験記．横須賀市；海上訓練指導隊司令部：艦船と安全　1976 年１月号（通巻 82 号）．pp.33-36.
16. 朝雲新聞社編集局『「湾岸の夜明け」作戦全記録 －海上自衛隊ペルシャ湾掃海派遣部隊の 188 日－』東京；朝雲新聞社. 1991. [ISBN 4-750980-13-7]
17. 内山芳樹：潜水事始め―１術校潜水課程の草創期―．広島県江田島町；海上自衛隊第１術科学校：１術校．117 号 pp.90-98, 1994., 118 号 pp.92-104,1994., 119 号 pp.82-98,1994.
18. 須賀潮美，渡井久美：ニッポン潜水 50 年史－黎明期から 21 世紀へ－．ダイバー．１月号 pp.6-19, 2000.
19. 望月昇『海底の冒険野郎』東京；マリン企画．1980.
20. Barsky SM, Thurlow M, Ward M: The Simple Guide to Rebreather Diving. Flagstaff AZ; Best Publishing Co., 1998. [ISBN 0-941332-65-9]
21. 門奈鷹一郎『海底の少年飛行兵－海軍最後の特攻・伏竜隊の記録』東京；光人社．1992.［ISBN 4769806183］
22. 門奈鷹一郎『海軍伏龍特攻隊』東京；光人社 NF 文庫．1999.［ISBN 4769822294］
23. Von Maier R: Solo Diving. The Art of Underwater Self-Sufficiency. San Diego CA: Watersport Publishing, Inc., 1991. [ISBN 0-922769-13-3]
24. Yamami N, Mano Y, Shibayama M, Hayano M: Diving injuries and fatalities. Jpn J Orthopaed Sports Med. 21: 309-314. 2002.
25. 案納昭則（訳）『HAS インストラクター・トレーニングコース及び HAS O/W ダイブバディ・トレーニングコース』大阪；ハンディキャップドスクーバアソシエーション日本支部．1996.
26. 椎名勝巳『ウエルカム！ハンディキャップダイバー－ようこそ「車椅子のいらない世界」へ』東京；中央法規．2001.［ISBN 4-8058-2054-3］
27. Palmer R: An Introduction to Technical Diving. Middlesex UK; Underwater World Publications Ltd. 1994. [ISBN 0-946020-23-X]
28. Jablonski J: Taking cave diving to the limit. Immersed. Vol. 4. No. 3: pp.28-33, 1999.
29. Jablonski J:（財）NHK 放送研修センター主催「限界に挑む～フロリダダイバーの挑戦～」での発言．(2001.12.2)
30. Ministry of Defence: Director of Naval Warfare: B.R.2806. Diving Manual. London; Her Majesty's Stationery Office. 1972.
31. Gilliam B: Deep Diving. An Advanced Guide to Physiology, Procedures and Systems. Revised ed. San Diego CA; Watersport Publishing Inc., 1995. [ISBN 0-922769-31-1]
32. 池田知純『潜水医学入門―安全に潜るために―』東京：大修館書店．1995.
33. Jablonski J: Doing It Right. The Fundamentals of Better Diving. High Springs FL; Global Underwater Explorers. 2000. [ISBN 0-9713267-0-3]

34. Hamilton B, Daugherty G, Kristovich A, Bowden J: What happened to Sheck Exley? Pressure Vol 24, No.1 pp.9-10, 1995.
35. 100m 潜水支援の会『330Ft Dream at 60＋1. プロジェクト報告』東京；㈱テ・ル；須賀次郎. 1996.
36. 小林浩, 後藤輿四之, 江田文雄, 梨本一郎：SCUBA による TRIMIX 混合ガス. 日本高気圧環境医学会雑誌. 24:153-159,1989.

第5章　飽和潜水

1. 池田知純, 鈴木信哉, 清水健, 四ノ宮成祥, 他：本邦最初の 300m 実海面飽和潜水プログラムにおける医学的諸問題. 防衛衛生. 37:31-41,1990.
2. 小沢浩二：高圧下の神経機能. In: 関邦博, 坂本和義, 山崎昌廣（編）：高圧生理学. 東京；朝倉書店. pp.155-172, 1988.
3. Lin YC: Formulation of saturation dive decompression tables based on critical pressure and experimental gas elimination. In: Lin YC Niu SKC, eds. Hyperbaric Medicine and Physiology. San Pedro CA; Best Publishing Co. pp.99-119, 1988.
4. 池田知純：英国海軍飽和潜水減圧表の発展と展望. 防衛衛生. 35:501-520,1988.
5. Lanphier EH, Camporesi EM: Respiration and exercise. In:Bennett PB, Elliott DH, eds. The Physiology and Medicine of Diving, 3rd ed. London; Bailliére Tindall, pp.99-156, 1982.
6. Brauer RW Ed: Hydrogen as a Diving Gas. Bethesda MD; Undersea Hyperbaric Medical Society. 1987.
7. Flynn ET, Vorosmarti J, Modell HI: Temperature Requirements for the Maintenance of Thermal Balance in High Pressure Helium Oxygen Environments. NEDU Report 21-73. Washington DC; Navy Experimental Diving Unit, 1974.
8. Tønjum S, Påshe A, Furevik D, et al: Deep Ex '80, Project II, Thermal Studies in Diving. NUTEC Report 40-80. Norway; Norwegian Underwater Technology Center. 1980.
9. Kuehem LA: Invited review: Thermal effects of the hyperbaric environment. In: Bachrach AJ & Matzen MM, eds. Underwater Physiology VIII. Bethesda MD; Undersea Medical Society, 413-439, 1984.
10. Bradley ME: Commercial diving fatalities. Aviat Space Environ Med 55:721-724,1984.
11. 鈴木久喜：ヘリウム音声. 日本音響学会誌. 51:616-617,1995.
12. Onarheim J, Tønjum S, Svendsen EW: Emergency, Contingency and Safety in Diving. NUTEC Report 2-83. Norway; Norwegian Underwater Technology Center. 1983. [ISBN 82-7280-054-3]
13. Jacobsen E, Tønjum S, Onarheim J, Pedersen O: Safety in Manned Diving. Stavanger Norway; Universitetsforlaget, 1984. [ISBN 82-00-06369-0]
14. 関邦博（訳）『海中居住学』東京:丸善, 1992. [ISBN 4-6210-3707-2]（Miller JW, Koblick IG: Living and Working in the Sea. New York NY; Van Nostrand Reinhold Company Inc., 1984. [ISBN 0-442-26084-9]）
15. Vorosmarti J. Jr: A very short history of saturation diving. Historical Diving Times. No.20. 4-11,1997.
16. Earle SA, Giddings A: Exploring Deep Frontier. The Adventure of Man in the Sea. Washington DC; National Geographic Society. 1980. [ISBN 0-87044-343-7]
17. Bachrach AJ, Desiderati BM, Matzen MM eds: A Pictorial History of Diving. San Pedro CA; Best Publishing Co. 1988. [ISBN 0-941332-09-8]
18. Behnke AR: Effects of high pressures; prevention and treatment of compressed air illness. Med Clin North Am 26:1213-1237,1942.
19. Van der Aue OE, Brinton ES, Kellar RJ: Surface Decompression, Derivation and Testing of Decompression Tables with Safety Limits for Certain Depths and Exposures. Report No. 1. Washington DC; Naval Experimental Diving Unit, 1945.
20. Bunton WJ: Death of an Aquanaut. Flagstaff AZ; Best Publishing Company, 2000. [ISBN 0-941332-81-0]
21. Vorosmarti J: Navy salvage teams key to investigation of TWA flight 800 tragedy - But where is our saturation diving capability when we need it? Pressure, Vol 25, No. 5. p.1, 1996.
22. Beckman EL, Smith EM: Medical supervision of the scientist in the sea. Texas Report Biol Med vol.30 No.3 special issue. pp.1-204, 1972.
23. 佐々木忠義『深海にいどむ －バチスカーフと日本海溝－』東京；東京出版. 1958. [ISBN4163119604]
24. 佐藤賢俊：潜水の触れ合い. In:（財）海中公園センター気付猪野峻博士記念事業会『猪野峻博士の研究と思い出』pp.20-22, 1984;
25. 梨本一郎『海底に住む―その可能性と問題点―』東京；NHK ブックス. 日本放送出版協会. 1971.
26. 梨本一郎（担当責任者）『海中居住および作業環境に関する研究』東京；（社）海中開発技術協会. 1971.
27. 梨本一郎『バブルとの闘い―わが潜水医学・高気圧医学のあゆみ―』私家版. 1991.

28. JDP 技報 No.1.『SDC たいりくだな号潜水実験第一報』東京；日本深海潜水プロジェクト．1969.
29. 朝日新聞：昭和 47 年 7 月 22 日記事．1972.
30. 特別企画－100m の海に「シートピア」を拓いた．海事広報協会「海の世界」1976 年 1 月号；pp.83-99,1976.
31. 石上秀次『わが航跡 I』私家版，pp.420-475，1990.
32. 石上秀次『わが航跡 II』私家版，pp.552-611，1990.
33. 中山英明『高圧に生きる―シートピアからシードラゴンまで―』私家版．1980.
34. 『第 1 回潜水技術シンポジウム議事録』東京；（社）海中開発技術協会，1976.
35. 『第 2 回潜水技術シンポジウム講演集』東京；（社）海中開発技術協会，1980.
36. 飯尾憲士『静かな自裁』東京；文芸春秋．1990.［ISBN 4-16-311960-4］
37. 池田知純，鈴木信哉，岡本安裕：40m 窒素酸素飽和潜水の一例．産業医学．30:284-285,1988.
38. Bennett PB, Coggin R, Roby J: Control of HPNS in humans during rapid compression with trimix to 650m（2132 ft）. Undersea Biomed Res 8:85-100,1981.
39. Bennett PB, Coggin R, McLeod M: Effect of compression rate on use of trimix to ameliorate HPNS in man to 686 m（2250 ft）. Undersea Biomed Res 9:335-351,1982.
40. Stoudemire A, Miller J, Schmitt F, Logue P, Shelton D, Latson G, Bennett P: Development of an organic affective syndrome during a hyperbaric diving experiment. Am J Psychiatry 141:1251-1254,1984.
41. Gardette B, Massimelli JY, Comet M, Gortan C, Delauze HG: HYDRA 10: A 701 msw onshore record dive using "Hydreliox". In: Reinertsen RE, Brubakk AO, Bolstad G, eds: XIXth Annual Meeting of EUBS on Diving and Hyperbaric Medicine. Trondheim Norway; SINTEFF UNIMED, 32-37, 1993. [ISBN 82-595-7932-4]
42. Gardette B, Gortan C, Delauze HG: "Helium in - hydrogen out" A new diving technique. In: Mekjavic IB, Tipton MJ, Eiken O, eds: Proceedings of the XXIIth Annual Scientific Meeting of the European Underwater and Baromedical Society, Bled Slovania; BIOMED, 228-233, 1997. [ISBN 961-90545-0-4]
43. Shields TG, Minsaas B, Elliott DH, McCallum RI, Eds: Long Term Neurological Consequences of Deep Diving. Stavanger Norway; EUBS and Norwegian Petroleum Directorate, 1983. [ISBN 82-991218-0-9]
44. Cox RAF: Diving: occupation or physiological experiment? J Roy Soc Med 82:63, 1989.
45. Harris GL: Ironsuit: The History of the Atmospheric Diving Suit. Flagstaff AZ; Best Publishing Company, 1994. [ISBN 0-941332-25-X]
46. Phoel WC, Vorosmarti J: Diving operations in support of the TWA flight search and recovery effort. In: Naraki N, Mohri M, eds: Proceedings of the 15th Meeting of the United States - Japan Cooperative Program in Natural Resources（UJNR）Panel on Diving Physiology. Yokosuka Japan; Japan Marine Science and Technology Center, 223 230, 1999.
47. 池田知純，妹尾正夫，大岩弘典：航空機救難潜水作業において発生した減圧症について．日本高気圧環境医学会雑誌．20:167-173,1985.

第 6 章　バウンス潜水

1. Freitag M, Woods A: Bounce diving. In: Commercial Diving - Reference and Operations Handbook. Chichester; John Wiley & Sons Ltd. 1983, pp.50-66. [ISBN 0-471-90003-6]
2. Harabin AL, Survanshi SS, Homer LD: A Model for Predicting Central Nervous System Toxicity from Hyperbaric Oxygen Exposure in Man: Effects of Immersion, Exercise, and Old and New Data. NMRI Report 94-03. Bethesda MD; Naval Medical Research Institute, 1994.
3. Harabin AL, Survanshi SS, Homer LD: A model for predicting central nervous system oxygen toxicity from hyperbaric oxygen exposures in humans. Toxicol Appl Pharm 132:19-26,1995.
4. Thalmann E: If you dive nitrox you should know about OXTOX. In: The Best of Alert Diver. Ed by Westerfield R. Flagstaff AZ; Best Publishing Company, pp.223 238, 1997. [ISBN 0-941332-62-4]
5. Nashimoto I, Ikeda T, Mochizuki T: Central nervous system oxygen toxicity in the use of enriched air nitrox for deep harbor diving. In: Proceedings of the 15th Meeting of the United States - Japan Cooperative Program in Natural Resources（UJNR）Panel on Diving Physiology. Tokyo, Japan Marine Science and Technology Center, pp.3-8, 1999.
6. Suzuki S, Ikeda T, Hashimoto A: Decrease in the single-breath diffusing capacity after saturation dives. Undersea Biomed Res 18:103-109,1991.

7. Gilliam B: Deep Diving. An Advanced Guide to Physiology, Procedures and systems. Revised ed. San Diego CA; Watersport Publishing Inc., 1995. [ISBN 0-922769-31-1]
8. Keller H, Bühlmann AA: Deep diving and short decompression by breathing mixed gases. J Appl Physiol 20:1267-1270,1965.
9. 海に憑かれた人たち－11．300m 潜水のケラー．マリンダイビング．Vol.5; No.1: pp.30-34, 1972.
10. Flynn ET, Parker EC: Failure of Nitrogen to Accelerate Decompression in Constant 1.3 ATA Oxygen in Helium Diving. Submitted.

第 7 章　大気圧潜水

1. Harris GL: Ironsuit: The History of the Atmospheric Diving Suit. Flagstaff AZ; Best Publishing Company, 1994. [ISBN 0-941332-25-X]
2. Davis RH: Deep Diving and Submarine Operations. Eighth ed. London; Siebe, Gorman & Company, 1981.

第 8 章　潜水艦脱出および救難

1. Earle SA, Giddings A: Exploring Deep Frontier. The Adventure of Man in the Sea. Washington DC; National Geographic Society. 1980. [ISBN 0-87044-343-7]
2. Davis RH: Deep Diving and Submarine Operations. Eighth ed. London; Siebe, Gorman & Company, 1981.
3. 佐々木忠義『深海にいどむ －バチスカーフと日本海溝－』東京；東京出版．1958.
4. Forman W: The History of American Deep Submersible Operations. Flagstaff AZ; Best Publishing Co. 1999. [ISBN 0-941332-72-1]
5. Molé DM: Submarine Escape and Rescue: An Overview. San Diego CA; Submarine Development Group One. 1990.
6. 海軍潜水学校史編纂委員『海軍潜水学校史』呉；海上自衛隊潜水艦教育訓練隊．p.80, 1996.
7. Marx RF: Deep Deeper Deepest. Man's Exploration of the Sea. Flagstaff AZ; Best Publishing Co., 1998. [ISBN: 0-94-1332-66-7]
8. 江畑謙介（訳）『海底からの生還』東京；光文社．2001.[ISBN 4-334-96112-6]（原題:Peter Maas: The Terrible Hours. 1999 HarperCollins Publishers [ISBN: 0060194804]．
9. Proceedings of the West Pacific Submarine Rescue Medical Symposium. To be published.

終 章

1. 岡本峰雄，山口仁，植田和男：海洋研究者の行うダイビングの現状について．日本造船学会：第 14 回海洋工学シンポジウム．pp.211-218, 1998.
2. Heine JN: Scientific Diving Techniques. A Practical Guide for the Research Diver. Flagstaff AZ; Best Publishing Company. 1999. [ISBN 0-941332-69-1]
3. Harris GL: Ironsuit: The History of the Atmospheric Diving Suit. Flagstaff AZ; Best Publishing Company, 1994. [ISBN 0-941332-25-X]
4. Lonsdale MV: Haz Mat diving. In: SRT Diver, revised ed. Los Angels CA; Specialized Tactical Training Unit. pp.67-86, 1999. [ISBN 0-939235-02-1]
5. Barsky SM: Diving in High-Risk Environments, 3rd ed. Santa Barbara CA; Hammerhead Press. 1999. [ISBN 0-9674305-1-8]
6. 橋本昭夫，鷹合喜孝：密閉式汚水用潜水システム「ダーティーハリー」について，広島県江田島町；海上自衛隊第 1 術科学校：研究季報．No.136:112-138,2001.
7. 中田誠『ダイビングの事故・法的責任と問題』東京；杏林書院．pp.6-10, 2001. [ISBN 4-7644-1562-3]
8. 池田知純，芦田廣：レジャー潜水は安全か．日本高気圧環境医学会雑誌．34;28,1999.
9. 産経新聞，平成 11 年（1999）6 月 20 日記事
10. 日高利彦，池田知純，田口順，藤野和浩，永瀬晃正，藤山寛：浮上直後の意識障害－明かな肺圧外傷を認めず空気塞栓症が疑われた潜水障害 2 例－．日本救急医学会雑誌．4:235-241,1993.
11. 山下弥三左衛門『潜水奇譚』東京；雪華社．1964（新装版は 1989）．
12. Ikeda T: "U.S. Navy Surface Decompression Tables Using Air" revisited: Incidence of decompression sickness in an aircraft salvage operation by the Maritime Self-Defense Force. In: Proceedings of the 15th Meeting of the United States - Japan Cooperative Program in Natural Resources (UJNR) Panel on Diving Physiology. Tokyo; Japan Marine Science and Technology Center, pp.231-237,1999.

欧文事項索引

欧文人名索引

和文人名索引

索　引

和文事項索引（「　」表示は艦船名）

●著者プロフィール

池田知純（いけだ　ともすみ）

昭和二五年（一九五〇年）香川県生まれ。

昭和五一年（一九七六年）信州大学医学部卒業、海上自衛隊入隊。

潜水艦救難母艦「ちよだ」艤装員（就役後衛生長）、潜水艦隊司令部幕僚、潜水医学実験隊実験三部長、自衛隊江田島病院長等を経て、現在防衛医科大学校教授、その間米海軍潜水医官課程及び英海軍飽和潜水課程履修。

一等海佐。

著書に『潜水医学入門―安全に潜るために』（大修館書店）がある。

ホームページ「もぐりのドクターの潜水医学入門」
http://www004.upp.so-net.ne.jp/diving/ を開設。

潜水の世界―人はどこまで潜れるか

初版第一刷――二〇〇二年一〇月二〇日

著者――池田知純
発行者――鈴木一行
発行所――株式会社大修館書店
〒101-8466 東京都千代田区神田錦町三-二四
電話 03-3295-6231（販売部）03-3294-2358（編集部）
振替 00190-7-40504
[出版情報] http://www.taishukan.co.jp

装丁者――中村友和（ROVARIS）
印刷所――横山印刷
製本所――牧製本

ISBN4-469-26505-5　Printed in Japan